“十四五”职业教育国家规划教材

“十三五”职业教育国家规划教材

职业教育专科、本科计算机类专业新形态一体化教材

U0783960

Android Studio 项目开发实战
——从基础入门到趣味开发（第2版）

马 静 刘 良 主 编

李观金 蔡 婷 何成燕 刘春峰 副主编

电子工业出版社

Publishing House of Electronics Industry

北京·BEIJING

内 容 简 介

本书以实战为导向，系统地介绍了 Android 应用开发的全过程，涵盖从基础入门到实际项目开发的各个核心知识点，旨在帮助读者快速掌握 Android 开发的精髓，并激发学习兴趣。

本书首先介绍 Android 的背景知识，然后详细介绍 Android Studio 开发环境的搭建方法，并进一步介绍 Android 动画技术和适配器的使用方法。本书以"薪火传承"App 为例，逐步引导读者完成"登录"模块、"底部导航"模块、"我的"模块、"首页"模块、"分享"模块和"社区"模块的设计与实现，使读者能够系统地掌握 Android 应用开发的实战技巧。

本书是一本专为高职院校学生及 Android 开发初学者编写的实用教材。无论读者是高职院校学生、成人高校学生，还是 Android 应用开发爱好者，本书都将是学习 Android 应用开发的得力助手。

图书在版编目（CIP）数据

Android Studio 项目开发实战 ： 从基础入门到趣味开发 / 马静，刘良主编. -- 2 版. -- 北京 ： 电子工业出版社, 2025. 7. -- ISBN 978-7-121-50186-9

Ⅰ . TN929.53

中国国家版本馆 CIP 数据核字第 2025ED5747 号

责任编辑：李　静
印　　刷：涿州市京南印刷厂
装　　订：涿州市京南印刷厂
出版发行：电子工业出版社
　　　　　北京市海淀区万寿路 173 信箱　　　邮编：100036
开　　本：787×1092　1/16　　印张：17.25　　字数：442 千字
版　　次：2020 年 3 月第 1 版
　　　　　2025 年 7 月第 2 版
印　　次：2025 年 7 月第 1 次印刷
定　　价：53.80 元

凡所购买电子工业出版社图书有缺损问题，请向购买书店调换。若书店售缺，请与本社发行部联系，联系及邮购电话：（010）88254888，88258888。

质量投诉请发邮件至 zlts@phei.com.cn，盗版侵权举报请发邮件至 dbqq@phei.com.cn。

本书咨询联系方式：（010）88254604 或 lijing@phei.com.cn。

前　言

党的二十大报告中指出，推动战略性新兴产业融合集群发展，构建新一代信息技术、人工智能、生物技术、新能源、新材料、高端装备、绿色环保等一批新的增长引擎。

为贯彻落实党的二十大精神，以培养高素质技能人才助推产业和技术发展，建设现代化产业体系，编者依据新一代信息技术领域的岗位需求和院校专业人才目标编写了本书。

在当今这个数字化浪潮席卷全球的时代，移动应用开发已经成为信息技术领域最具活力和创新性的方向之一。Android 作为全球市场份额最大的移动操作系统，为开发者提供了广阔的空间和无限的可能。无论是企业级应用开发，还是个人创意项目的实现，Android 应用开发技术都是一项必备的技能。为了满足高职院校学生及广大 Android 应用开发爱好者的实际需求，我们精心编写了这本教材。

本书以培养读者的职业能力为核心，紧密结合当前 Android 应用开发的最新技术和行业标准，采用项目驱动的教学模式，通过由浅入深、循序渐进的方式，引导读者逐步掌握 Android 应用开发的全过程。全书内容围绕一个完整的移动 App 项目——"薪火传承"App 展开，结合软件工程思想和移动应用开发的实际工作过程，将项目划分为多个典型工作任务，并根据工作任务特点构建基于工作过程的教学内容体系。在内容编排上，按照"工作任务概述→预备知识→热身任务→任务实现→工作小憩"的教学思路组织教学内容，循序渐进、由浅入深，读者可以在完成工作任务的过程中学习 Android 应用开发的关键技术与核心技能。

与其他 Android 项目开发书籍相比，本书具有以下特色。

1. 以真实项目为载体，以工作任务为驱动设计教学任务

本书采用以"项目载体引领、工作任务驱动"为核心的教学设计模式，按照功能模块和行业工作过程为贯穿始终的"薪火传承"App 项目划分工作任务、设计教学内容。通过工作过程与教学过程的对接、教学内容与岗位工作任务的对接，读者可以零距离体验实际工作情景，并在完成工作任务的过程中获得知识、掌握技能。

2. 打破传统章节知识体系，重构工作过程化的内容体系

本书以"基于工作过程导向"的职业教育思想为指导，打破传统章节知识体系，按照实际工作过程和人的认知过程特点，将知识点打散并重组为基于工作过程的教学内容体系。本书将"必需、够用"的知识点分解融入工作任务，实现理论知识与实践技能的有机结合。

3. 知识讲解通俗易懂，任务案例趣味性强

本书通过"预备知识"、"热身任务"和"工作小憩"三个环节，为读者提供全方位的学习支持。"预备知识"讲解详尽且通俗易懂；"热身任务"注重趣味性和实用性，寓学于乐、学以致用；"工作小憩"则通过心灵驿站、轻松时刻和深度思考等模块，缓解学习疲劳、愉悦身心，同时引导读者树立正确的世界观、人生观和价值观。教材中还设计了"小贴士"、"思考"和"深度思考"等模块，给予读者提示和帮助，引导读者发散思维。

4. 有机融入思政元素，构建全课程育人格局

本书深入挖掘课程所蕴含的家国情怀、人文底蕴、社会责任、科学精神、工匠精神、职业素养等思政元素，并有机融入教材内容，实现知识传授、价值塑造和能力培养的有机统一，达成"润物细无声"的课程思政目标。同时，本书注重培养学生的社会责任感和历史使命感，强调价值观塑造、道德修养和政治素养的提升，致力于培养全面发展的高素质技能型人才。

本书由广东新安职业技术学院、广东科贸职业学院等院校的一线教师团队联袂打造，凝聚了教师们多年的教学智慧与实战经验。我们希望这本教材能够成为高职院校学生学习 Android 应用开发的良师益友，也期待它能够帮助广大 Android 应用开发爱好者快速入门并提升开发水平。

鉴于作者水平有限，书中难免存在不足之处。我们诚挚地欢迎广大读者提出宝贵意见，共同完善本书。作者邮箱：664387516@qq.com。

在此，特别感谢电子工业出版社对本书编写工作的大力支持与帮助！

编　者

2025 年 6 月

教材资源服务交流 QQ 群

（QQ 群号：684198104）

目　　录

Android 程序设计基础

【教学目标】

- ◇ 了解 Android、Android Studio 及 SDK 的基本概念。
- ◇ 掌握 Android Studio 开发环境的搭建方法。
- ◇ 熟悉 Android Studio 开发环境及项目结构。
- ◇ 掌握新建及运行新项目的流程。
- ◇ 了解 Activity 的基本概念。
- ◇ 掌握 Android 程序的设计流程。
- ◇ 掌握组件布局与属性设置的方法。
- ◇ 掌握组件事件监听器的添加方法。
- ◇ 掌握 ImageView 组件的使用方法。
- ◇ 掌握 Button 组件的使用方法。
- ◇ 掌握 TextView 组件的使用方法。
- ◇ 掌握 ConstraintLayout 约束布局的使用方法。
- ◇ 掌握 Android 开发中的 Log 打印日志的过滤方法。
- ◇ 掌握 Android Studio Debug 断点调试的方法。

1.1 工作任务概述

搭建 Android Studio 开发环境，创建并运行第一个 Android 项目"HelloWorld"。在熟悉 Android Studio 开发环境的同时，学习 Android 程序的设计流程等相关知识，并完成"梦想从这里起航""Android 项目工程师""坚持路上总会有惊喜""Android Studio 调试之旅"等子任务。

1.2 预备知识

1.2.1 基本概念

1. Android

Android 是一个基于 Linux 并开放源代码的操作系统，它最初由 Andy Rubin 开发，主要应用于手机，2005 年 8 月被 Google 收购。2007 年 11 月，Google 与 84 家硬件制造商、软件开发商及电信运营商组建开放手机联盟，共同研发并改良 Android。之后 Google 以 Apache 开源许可证的授权方式，公布了 Android 的源代码。第一部 Android 智能手机发布于 2008 年 10 月，随后，Android 的应用逐渐扩展到平板电脑及其他设备，如电视、数码相机、游戏机等。2011 年，Android 在全球的市场份额首次超过 Symbian（塞班）系统。

2. Android Studio

Android Studio 是 Google 推出的基于 IntelliJ IDEA 的 Android 集成开发环境（Integrated Development Environment，IDE），它提供了集成的开发工具用于 Android 程序的开发和调试，是目前主流的 Android App 开发工具。除了强大的代码编辑器和开发者工具，Android Studio 还提供了更多可以提高 Android 应用构建效率的功能，如下所述。

（1）基于 Gradle 的灵活构建系统。

（2）快速且功能丰富的模拟器。

（3）可针对所有 Android 设备进行开发的统一环境。

（4）Instant Run，可将变更推送到正在运行的应用，无须构建新的 APK（Android Package）。

（5）可帮助开发人员构建常用应用功能、导入示例代码的代码模板和 GitHub 集成。

（6）丰富的测试工具和框架。

（7）可捕捉性能、易用性、版本兼容性及其他问题的 Lint 工具。

（8）C++和 NDK 支持。

（9）内置对 Google 云端平台的支持，可轻松集成 Google Cloud Messaging 和 App 引擎。

（10）功能强大的布局编辑器，开发人员可以利用该编辑器拖动 UI（User Interface，用户界面）组件并进行效果预览。

小贴士

本书的 Android Studio 使用的是 Giraffe（长颈鹿）版本。Giraffe 版本采用了全新的 IDE UI 效果，其中包括一些 Android Studio 特定的更改，如优化 Android 的默认主工具栏和工具窗口配置，更新图标风格等。

3. Android 的开发语言

（1）Java：Java 是 Android 开发的官方语言之一，被 Android Studio 支持。

（2）Kotlin：Kotlin 是另一种 Android 开发的官方语言。它在很多方面类似于 Java，但是更容易被人们理解。尽管它在 Android Studio 之外没有得到广泛使用，但它现在也是 Google 的优选语言。

小贴士

开发 Android App 不只局限于一种语言，可以结合使用多种语言。如果是 App 开发，就主要学习 Java 语言；如果是底层开发，就学习 C 语言，C 语言还可以用于 NDK 开发（本书主要使用 Java 作为开发语言）。

4. JDK

JDK 即 Java Development Kit，译为 Java 开发工具包，是整个 Java 的核心，包括 Java 运行环境（Java Runtime Environment，JRE）、Java 工具（如 javac、java、javap 等），以及 Java 基础类库（如 rt.jar）。

5. Android SDK

SDK 即 Software Development Kit，译为软件开发工具包，Android SDK 是 Android 的开发工具集合。

小贴士

本书的 Android 开发环境是由 Android Studio、JDK、Android SDK 三大部分组成的，从 Android Studio 2.2 开始，安装 Android Studio 时会自动安装 JDK 和 Android SDK。

6. APK

APK 即 Android Package，表示 Android 安装包。APK 是一种类似于 Symbian Sis 或 Sisx 的文件格式。APK 文件可以被直接安装到 Android 模拟器或 Android 智能手机中。

7. AVD

AVD 即 Android Virtual Device，是 Android 运行的虚拟设备，可以在计算机上模拟 Android 设备，以便进行测试与调试工作。

1.2.2 Android Studio 快速上手

Android Studio 的功能强大，且操作界面简单易用。下面对 Android Studio 进行简单介绍。

（1）所有对项目的变更都会自动存储，不需要执行存盘操作。

（2）每次启动 Android Studio 时都会自动回到上一次关闭 Android Studio 时的状态。每次打开项目时，都会出现和上一次关闭项目时相同的画面配置。若上一次关闭 Android Studio 时没有关闭项目，则再次启动 Android Studio 时会自动打开该项目并回到上一次关闭 Android Studio 时的状态。

（3）Android Studio 有较多的快捷键，如表 1-1 所示。

表 1-1 Android Studio 常用快捷键及其功能

快 捷 键	功 能
Ctrl+B	跳入/跳出方法或资源文件。将光标定位到某个方法或资源文件的调用处，按快捷键 Ctrl+B 可以跳入该方法或资源文件内部，功能等同于 Ctrl+鼠标左键；如果将光标定位到方法定义处或资源文件内部，那么按快捷键 Ctrl+B 可以返回调用处
Ctrl+O	查看父类中的方法，可以选择父类中的方法进行覆盖。将光标定位到类中代码的任意位置，按快捷键 Ctrl+O 可以在打开的面板中查看父类中的所有非私有方法，选择某个方法后按 Enter 键即可覆盖父类方法
Ctrl+K	提交代码到版本控制系统。当项目加入版本控制系统（如Git或SVN）后，按快捷键Ctrl+K可将当前编辑的代码由本地提交到版本控制系统中
Ctrl+T	从版本控制系统拉取代码到本地。当项目加入版本控制系统（如Git或SVN）后，按快捷键 Ctrl+T可将代码从版本控制系统中拉取到本地
Ctrl+H	查看类的上下继承关系。将光标定位到类中的任何一个位置，按快捷键 Ctrl+H 可以打开一个面板，在这个面板中会依照层级显示当前类的所有父类和子类
Ctrl+W	选择代码块。多次按快捷键 Ctrl+W 可以逐步扩大选择范围
Ctrl+E	显示最近打开的文件，可以快速再次打开这些文件

续表

快 捷 键	功 能
Ctrl+U	快速跳转至父类，或者快速跳转至父类中的某个方法。将光标定位到类名上，按快捷键 Ctrl+U 可以打开当前类的父类，若当前类有多个父类，则会提示要打开的父类。如果一个类中的方法覆盖了其父类的方法，那么将光标定位到子类的方法中，按快捷键 Ctrl+U 可以跳转到被覆盖的父类方法中
Ctrl+G	显示光标当前位置在代码文件中的行/列数（可以理解为光标在代码中的横纵坐标）
Ctrl+F12	查看类中的所有变量、方法、内部类、内部接口。将光标定位到当前类文件的任意位置，按快捷键 Ctrl+F12 可以弹出显示类中所有变量、方法、内部类、内部接口的对话框，之后按↑、↓键可以选择某个变量、方法、内部类、内部接口，接着按 Enter 键可以快速定位到该变量、方法、内部类、内部接口
Ctrl+F11	在光标所在行中添加书签。如果文件中的代码特别多，那么书签将是一个非常实用的功能，它可以帮助用户标记代码中的重要位置，方便用户下次快速定位到这些重要位置
Shift+F11	查看书签。可以快速查看之前添加的书签
Ctrl+Shift+F12	快速调整代码编辑窗口的大小
Ctrl+↑、↓	固定光标位置，上下移动代码
Alt+↑、↓	在内部接口、内部类和方法之间跳转
Ctrl+Shift+Backspace	回到上一次编辑的位置
Alt+数字	打开相应数字的面板。如终端控制台面板对应的数字是 6，那么按快捷键 Alt+6 可以快速展开或关闭终端控制台面板
Ctrl+Shift+I	快速查看某个方法、类、接口的内容。将光标定位到某个方法名、类名、接口名，按快捷键 Ctrl+Shift+I 可以在当前光标所在位置显示该方法、类、接口的内容
Shift+Esc	关闭当前打开的面板
Alt+J	选择多个名字相同的关键字、方法、类、接口，并同时对其进行更改
Ctrl+Tab	切换面板或文件。在切换面板或文件的对话框中，选中某个面板或文件，按 Backspace 键可以关闭选中的面板或文件
Ctrl+Shift+Enter	快速补全语句。例如，对于 if(){}代码块、switch(){}代码块，只要输入 if 或 switch（甚至 sw），并按快捷键 Ctrl+Shift+Enter 就可以快速完成代码块的构建
Ctrl+Alt+M	快速抽取方法。选中代码块，按快捷键 Ctrl+Alt+M 可以快速将选中的代码块抽取为一个方法
Ctrl+Alt+T	快速包裹代码块。选中一段代码，按快捷键 Ctrl+Alt+T 可以选择要对选中代码块进行包裹的内容，如 if / else、do / while、try / catch / finally 等
Ctrl+Alt+L	代码格式化
Ctrl+N	快速查找类。按快捷键 Ctrl+N 会弹出输入类名的对话框，在该对话框的输入框中输入要查找的类的名称，可以进行模糊检索，这样可以快速找到需要查找的类，这在查找类文件非常多的工程的某个或某些类时特别实用
Ctrl+Shift+N	快速查找文件。其功能和快捷键 Ctrl+N 的功能类似，但是除了可以搜索类文件，还可以搜索当前工程的所有文件
Double Shift	全局搜索。其功能和快捷键 Ctrl+N、Ctrl+Shift+N 的功能类似，但是搜索的范围更广，且支持符号检索，除了具有快捷键 Ctrl+N、Ctrl+Shift+N 的功能，还具有搜索变量、资源 ID 等功能

快 捷 键	功　　能
Ctrl+Alt+Space	给出类名或接口名提示。输入一个不完整的类名或接口名，按快捷键 Ctrl+Alt+ Space 会给出完整类名或接口名的提示
Ctrl+Q	显示注释文档。将光标定位到某个类名、接口名或方法名上，按快捷键 Ctrl+Q，会显示出该类、接口、方法的注释文档
Ctrl+PageUp/PageDown	将光标定位到当前文件的第一行/最后一行
Ctrl+Alt+B	跳转到抽象方法的实现。将光标定位到某个抽象方法中，按快捷键 Ctrl+Alt+B 可以快速跳转到该抽象方法的具体实现处，如果该抽象方法有多个具体实现，那么会弹出选择框以供选择
Ctrl+Shift+U	快速进行大小写转换
Ctrl+Shift+Alt+S	打开 Project Structure 面板
Ctrl+F	在当前文件中搜索输入的内容
Ctrl+R	在当前文件中替换输入的内容
Ctrl+Shift+F	全局搜索
Ctrl+Shift+R	全局替换
Shift+F6	快速重命名。选中某个类、变量、资源 ID 等，按快捷键 Shift+F6 可以快速重命名。只要改动一个位置的该类、变量、资源 ID 等的名称，其他位置的该类、变量、资源 ID 等的名称就会全部自动重命名
Alt+F7	快速查找某个类、方法、变量、资源 ID 被调用的地方
Ctrl+Shift+Alt+I	对项目进行审查。按快捷键 Ctrl+Shift+Alt+I 会弹出搜索审查项的输入框，在该输入框中输入关键字可以检索需要审查的内容。例如，输入 unused resource 可以搜索项目中没有被使用的资源文件。此外，在菜单栏中选择 "Analyze" → "Inspect Code" 选项，或者右击当前工程，在弹出的快捷菜单中选择 "Analyze" → "Inspect Code" 选项，可以使用 Lint 工具对项目进行审查
Ctrl+D	快速复制当前行
Ctrl+Shift+↑、↓	上下移动代码。如果是方法中的代码，那么只能在方法内部移动，不能跨方法移动
Shift+Alt+↑、↓	上下移动代码。方法中的代码可以跨方法移动
Shift+F10	启动 Module
Shift+F9	调试 Module
Ctrl+F9	创建 Project
Alt+Insert	快速插入代码。可以快速生成构造方法、Getter/Setter 方法等
Alt+Enter	快速修复错误

1.2.3　Android Studio（Giraffe 版本）操作界面

1. Android Studio 主窗口

Android Studio 主窗口如图 1-1 所示，其中各部分的名称和功能如下。

（1）工具栏：提供执行各种操作的工具，包括运行应用和启动 Android 工具（见图 1-1 序号 1）。

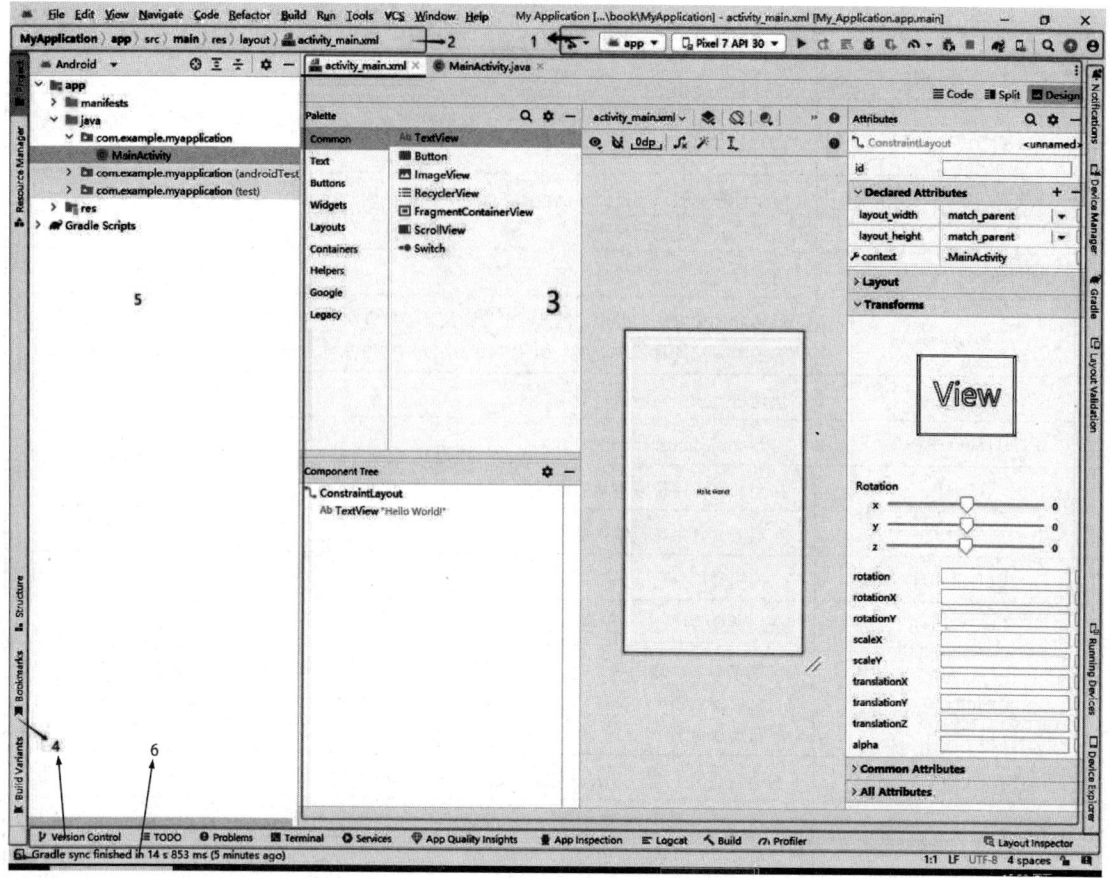

图 1-1　Android Studio 主窗口

（2）导航栏：显示当前选取或编辑中文件的路径，每个标签表示路径中的一个文件（见图 1-1 序号 2）。

（3）编辑器窗口：创建和修改代码的区域，编辑器显示的模式因当前文件类型的不同而有所差异，可利用上方的标签来切换文件（见图 1-1 序号 3）。

（4）工具窗口栏：在 IDE 窗口外部，并且包含可用于展开或折叠各个工具窗口的按钮（见图 1-1 序号 4）。

（5）工具窗口：提供对特定任务的访问，例如项目管理、搜索和版本控制等，可以展开和折叠这些窗口（见图 1-1 序号 5）。

（6）状态栏：显示项目和 IDE 本身的状态，以及任何警告或消息（见图 1-1 序号 6）。

小贴士

（1）可以通过隐藏或移动工具窗口调整主窗口，以便为编辑器窗口留出更多空间。

（2）Android Studio 可以使用键盘快捷键访问大多数 IDE 功能，可以随时通过按两下 Shift 键或单击 Android Studio 窗口右上角的放大镜按钮来搜索源代码、数据库、操作和用户界面的元素等。此功能非常实用，在忘记如何触发特定 IDE 操作时，可以利用此功能进行查找。

2. Android Studio 布局编辑器

使用 Android Studio 布局编辑器可以将界面元素拖动到可视化设计编辑器中（而无须手动编写 XML 布局文件），快速构建布局。布局编辑器还支持在不同的 Android 设备和版本上预览布局，并且可以动态调整布局大小，以确保它能够很好地适应不同的屏幕尺寸。在打开项目中的 XML 布局文件时（该文件一般存放于 res/layout 目录中），就会显示布局编辑器，如图 1-2 所示，其中各部分的名称和功能如下。

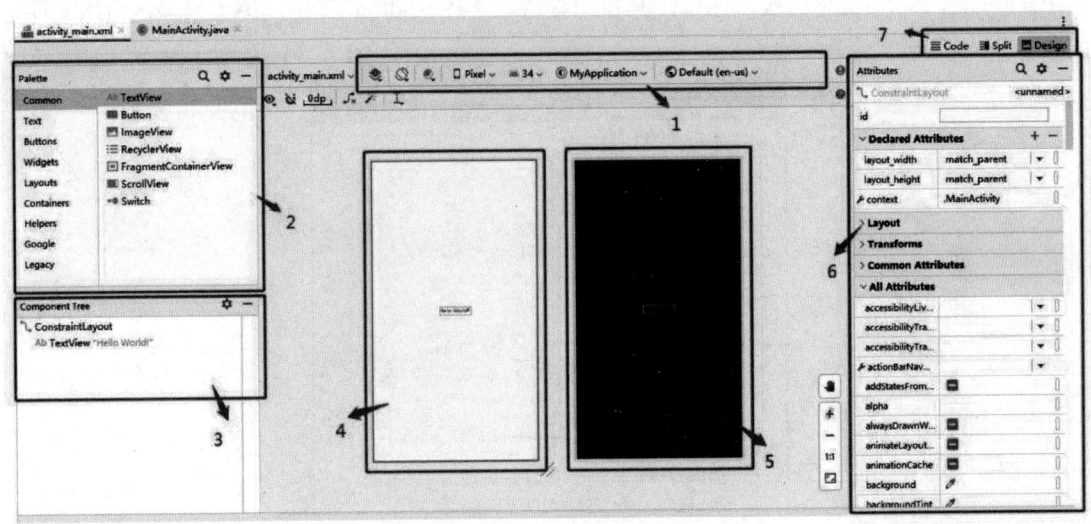

图 1-2　布局编辑器

（1）Toolbar（工具栏）：提供在编辑器中配置布局外观和编辑布局属性的按钮（见图 1-2 序号 1）。

（2）Palette：提供视图和视图组的列表，可以将视图和视图组拖动到编辑器内的布局中（见图 1-2 序号 2）。

（3）Component Tree：显示布局的视图层次结构。在此处单击某个项目可以看到它在编辑器中是被选中的状态（见图 1-2 序号 3）。

（4）Attributes（属性）：针对当前选择的视图显示属性设置面板（见图 1-2 序号 6）。

（5）Design：单击布局编辑器右上角的"Design"按钮（见图 1-2 序号 7），将布局编辑器切换为设计视图方式编辑布局外观，可以在 Design 视图（见图 1-2 序号 4）或 Blueprint 视图（见图 1-2 序号 5）中修改布局。

（6）Code：单击布局编辑器右上角的"Code"按钮（见图 1-2 序号 7），将布局编辑器切换为代码视图方式编辑布局外观。

（7）Split：单击布局编辑器右上角的"Split"按钮（见图 1-2 序号 7），将布局编辑器切换为设计视图与代码视图同时编辑布局外观的方式。

小贴士

单击"Design"按钮后，如果没有选中任何视图，那么按快捷键 Ctrl+B，将会切换到代

码视图方式；如果选中了某个视图，那么按快捷键 Ctrl+B，不仅会切换到代码视图方式，还会将编辑点定位到选中的视图在 XML 文件中相应的节点位置。

1.2.4　Android Studio 项目结构

Android Studio 项目结构如图 1-3 所示。单击 Android Studio 主窗口左侧工具窗口栏中的"Project"按钮，可以打开 Project 窗口，它用树状结构列出了项目文件夹中的文件，以便用户查看和存取。由于项目文件较多，所以工具窗口提供了一种 Android 视图，用于只显示常用文件。

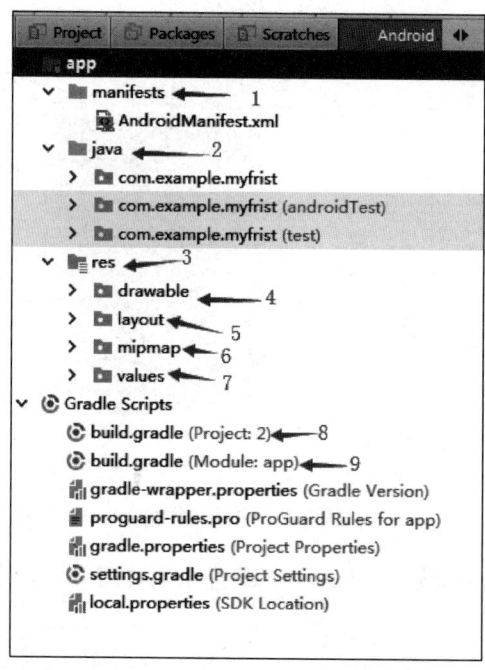

图 1-3　Android Studio 项目结构

图 1-3 中各序号对应资源的功能说明如表 1-2 所示。

表 1-2　Android Studio 项目中各项资源的功能说明

序　号	功　能　说　明
1	manifests 用于存放 App 的配置文件
2	java 用于存放程序文件和测试用的程序文件
3	res 用于存放各类资源文件
4	drawable 用于存放图形文件
5	layout 用于存放 XML 布局文件
6	mipmap 用于存放图形文件，mipmap技术是 Android在API level 17 时加入的，用于提高图片渲染的速度和质量
7	values 用于存放其他数据（如字符串、样式、尺寸等）
8	build.gradle（Project：2）中存放的是整个项目的 Gradle 配置文件
9	build.gradle（Module：app）中存放的是 app 模块的 Gradle 配置文件

小贴士

drawable 和 mipmap 在加载资源路径上有一定的差异，分别是 R.drawable.xxx 和 R.mipmap.xxx。在 Launcher（桌面启动器）中显示的应用图标一定要放至 mipmap 目录中，Launcher 会自动加载分辨率更加合适的资源。建议在 mipmap 所有密度的文件夹中都放一套图片，这样可较好地避免图片因为缩放出现失真问题，如果应用只使用一份切图，那么尽量使用最高分辨率的切图并且放在最高密度的文件夹中。因为同一张图片在高密度的文件夹中所占用的内存比放在低密度的文件夹中所占用的内存要小得多。

1.2.5　Android 程序设计流程

　　Android 程序的组成部分如图 1-4 所示。Android 程序设计工作大体分为两部分：一部分是程序视觉部分，即用户界面（User Interface，UI）设计；另一部分是程序逻辑部分，即程序代码的编写。Android 的 UI 设计采用 XML 语言，程序代码则是用 Java 语言编写的。

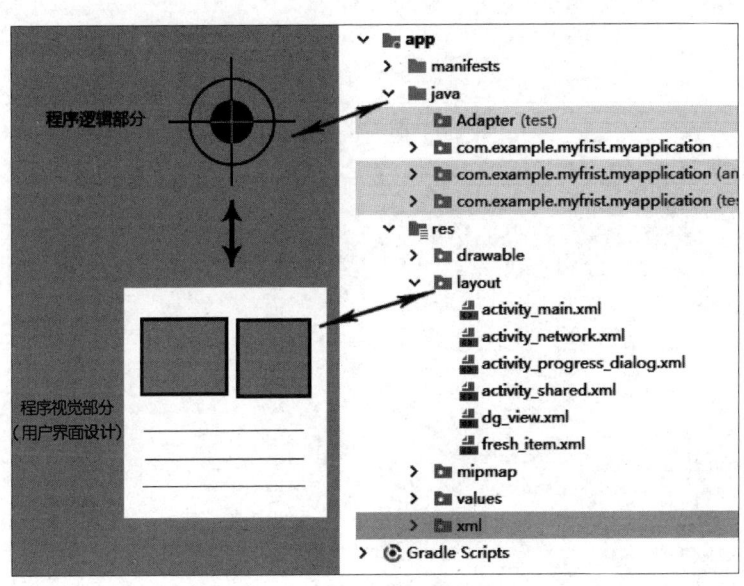

图 1-4　Android 程序的组成部分

1. 用图形化界面来进行 UI 设计

　　Android Studio 提供了"所见即所得"的图形化界面来进行 UI 设计，用户只需拖动对象并设置属性即可完成设计 UI 布局的工作。Android Studio 会自动将用户设计好的 UI 布局转换成 XML 布局文件，该文件与 Java 程序代码文件共同构建成 App（.apk）文件。图形化界面设计如图 1-5 所示。

　　为了实现更好的 UI 设计效果，经常需要对 XML 布局文件进行修改。XML 布局文件示例代码如下①。

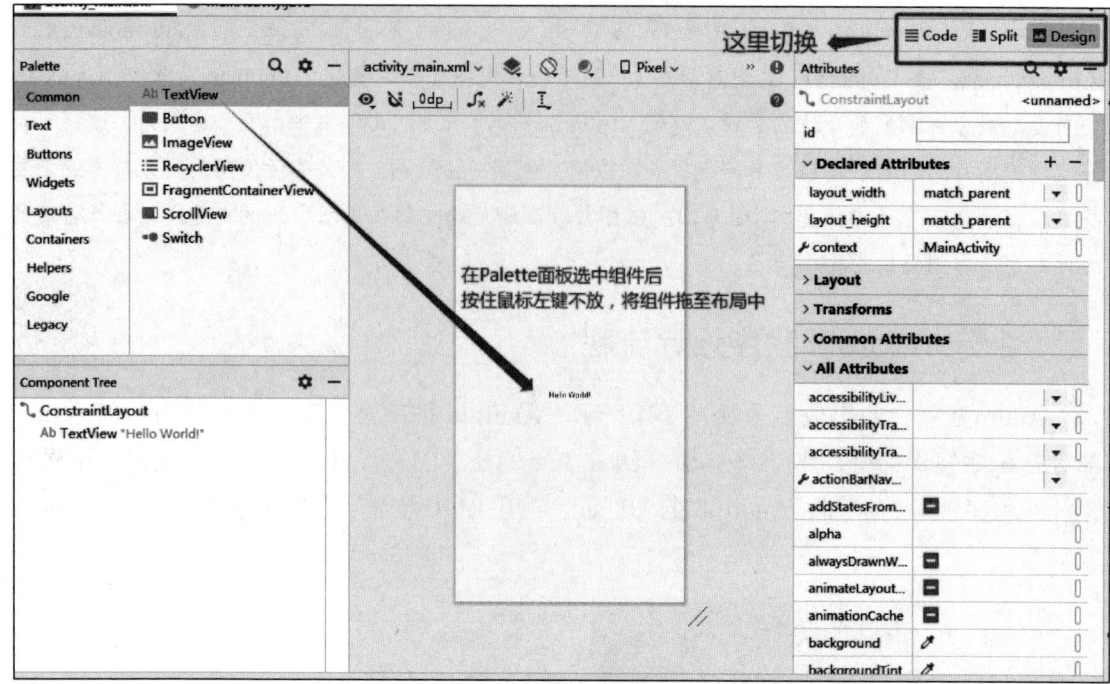

图 1-5　图形化界面设计

```
1. <?xml version="1.0" encoding="utf-8"?>
2. <androidx.constraintlayout.widget.ConstraintLayout xmlns:android="http://
schemas.***roid.com/apk/res/android"
3.     xmlns:app="http://schemas.***roid.com/apk/res-auto"
4.     xmlns:tools="http://schemas.***roid.com/tools"
5.     android:layout_width="match_parent"
6.     android:layout_height="match_parent"
7.     tools:context=".MainActivity">
8.     <TextView
9.         android:layout_width="wrap_content"
10.        android:layout_height="wrap_content"
11.        android:text="Hello World!"
12.        app:layout_constraintBottom_toBottomOf="parent"
13.        app:layout_constraintEnd_toEndOf="parent"
14.        app:layout_constraintStart_toStartOf="parent"
15.        app:layout_constraintTop_toTopOf="parent" />
16. </androidx.constraintlayout.widget.ConstraintLayout>
```

第 1 行代码用来声明 XML 布局文件所遵循的 XML 规格版本，以及数据的编码格式。

第 2 行代码中的 xmlns:android="http://schemas.***roid.com/apk/res/android"主要用于设置 App 内容所需的标签。

第 4 行代码是向 Android 工具展示的标签。

第 5 行和第 6 行代码分别用来设置根容器的宽度和高度与其父容器的宽度和高度一致，

---

① 本书中代码及正文网址部分内容用"*"代替，如需获得源码包，请到华信教育资源网获取。

这两行代码使得根容器的大小与设备屏幕的大小一致。

第 7 行代码用来说明当前的布局所在的渲染上下文是.MainActivity。

第 8～15 行代码表示布局中包含一个 TextView 组件。

2. 用 Java 语言来编写程序代码

Android 采用 Java 语言编写程序代码，实现相应的功能。Android Studio 为用户提供了完整的 Java 程序框架，如图 1-6 所示，用户在建立 Android 项目时可直接引用。

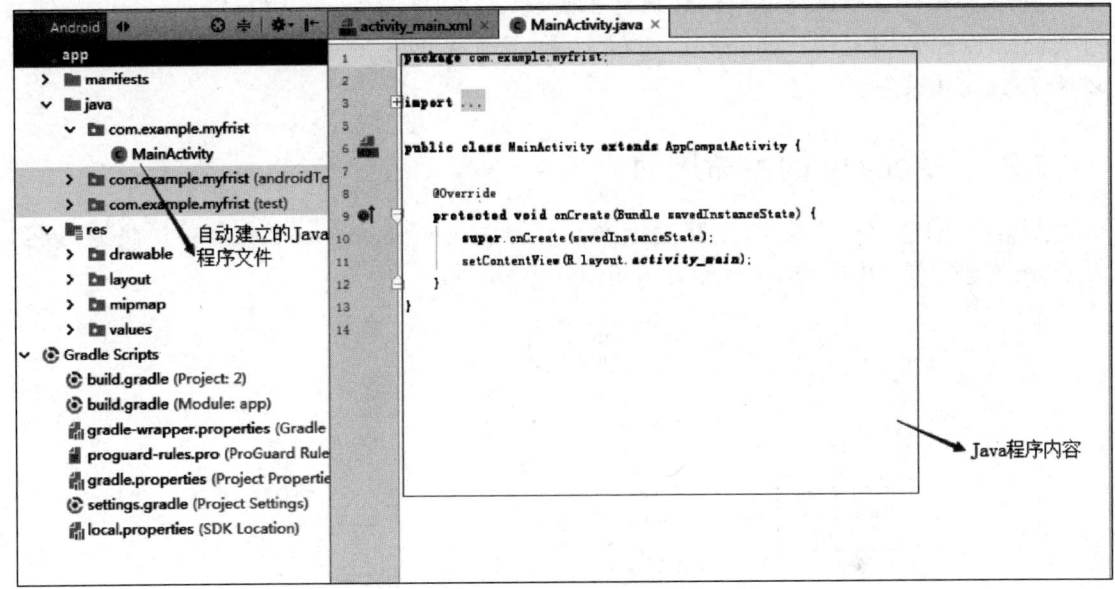

图 1-6 Java 程序框架

3. 构建（Build）APK 或 Android App Bundle 文件

将 XML 布局文件及程序代码构建（Build）成 APK 或 Android App Bundle 文件即可完成 Android 程序设计，Android 程序设计流程如图 1-7 所示。

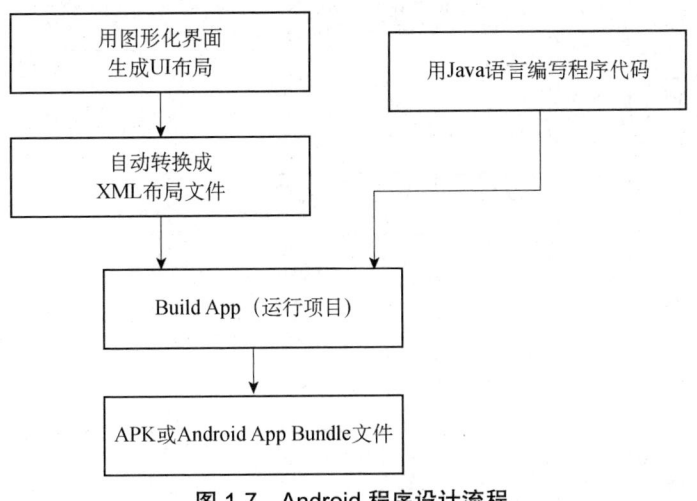

图 1-7 Android 程序设计流程

1.2.6　Activity

Activity 是 Android 中的四大组件之一，Activity 即程序活动，简称活动，主要负责显示屏幕画面，并处理与用户的互动。Android 程序是由许多画面组成的，每个画面都由一个对应的 Activity 负责。每个 Activity 都有一个窗口及相对应的程序代码来处理用户与该窗口的互动。

小贴士

Android Studio 在创建 MainActivity 时就自动继承 AppCompatActivity，AppCompatActivity 继承自 Android Support v4 包的 FragmentActivity（间接继承自 Activity），并且加入了很多新特性，它可以很好地兼容老设备。

1.2.7　Activity 的生命周期

Activity 创建了一个窗口，开发人员可以通过 setContentView(View)接口将 UI 放到 Activity 创建的窗口中。图 1-8 所示为 Activity 生命周期。

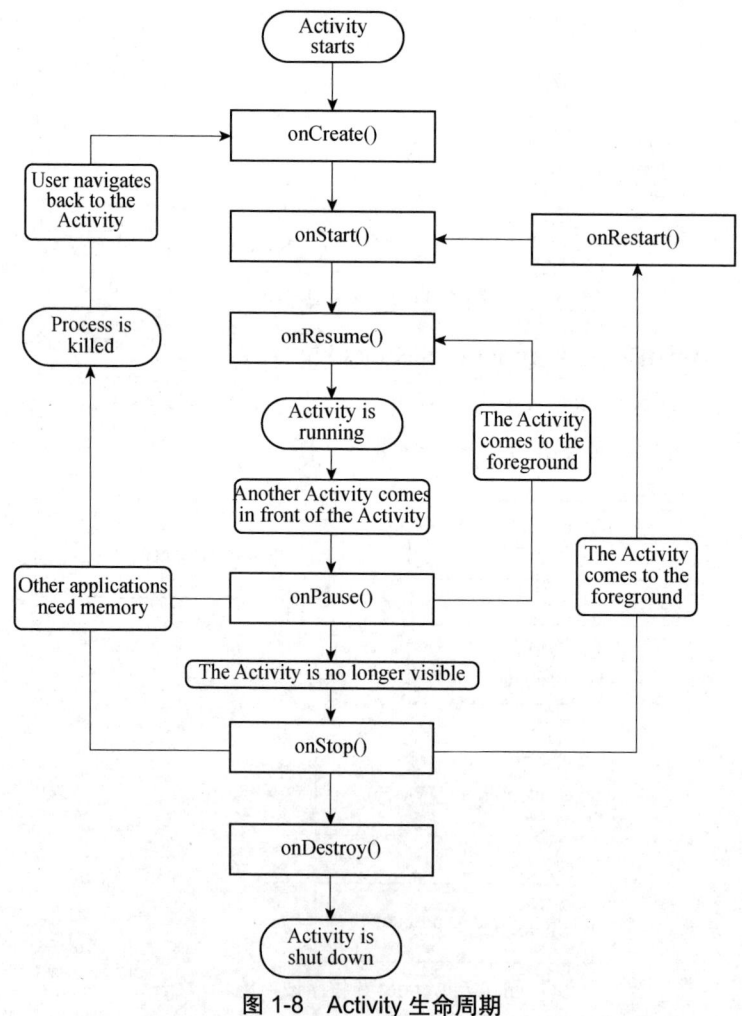

图 1-8　Activity 生命周期

图 1-8 中的相关内容说明如下。

（1）onCreate()：当 Activity 第一次被实例化时，系统会调用该方法，且在整个 Activity 生命周期内只调用一次。onCreate()方法通常用于初始化设置，可以进行动态的设置操作，如为 Activity 设置其所要使用的 XML 布局文件、为按钮绑定监听器等。

（2）onStart()：当 Activity 可见但未获得用户焦点而不能交互时，系统会调用该方法。

（3）onRestart()：当 Activity 已经停止并重新被启动时，系统会调用该方法。

（4）onResume()：当 Activity 可见且因获得用户焦点而能交互时，系统会调用该方法。

（5）onPause()：用来存储持久数据。Activity 在这一步是可见但不可交互的，系统会停止动画等占用 CPU 的动作。在这一步应该保存数据，因为这时程序的优先级降低，可能会被系统回收。

（6）onStop()：当 Activity 被新的 Activity 完全覆盖而不可见时，系统会调用该方法。

（7）onDestroy()：当 Activity 被系统销毁（用户结束程序或系统内存不足）时，系统调用该方法（在整个生命周期内只调用一次），用来释放 onCreate()方法创建的资源。

在整个 Activity 生命周期中有如下 3 个关键的循环。

（1）整个生命周期：从 onCreate()方法开始，到 onDestroy()方法结束。Activity 在 onCreate()方法中设置所有的全局状态，在 onDestroy()方法中释放所有的资源。例如，某个 Activity 有一个在后台运行的线程，该线程用于从网络下载数据，则该 Activity 可以在 onCreate()方法中创建线程，在 onDestroy()方法中停止线程。

（2）可见的生命周期：从 onStart()方法开始，到 onStop()方法结束。Activity 在可见的生命周期中对用户是可见的，用户可以与其交互，其中一些 Activity 不在前台，无法和用户交互，当它需要在 onStart()方法和 onStop()方法之间保持显示 UI 数据和资源时，我们可以在 onStart()方法中注册一个 IntentReceiver 来监听由数据变化导致的 UI 变动，当不再需要显示 UI 的变动时，可以在 onStop()方法中注销 IntentReceiver。onStart()方法、onStop()方法都可以被多次调用，因为 Activity 随时可以在可见状态和不可见状态之间转换。

（3）前台的生命周期：从 onResume()方法开始，到 onPause()方法结束。在前台的 Activity 位于所有 Activity 的最前面，与用户进行交互。Activity 可以经常性地在 Resumed 状态和 Paused 状态之间切换，如当设备准备休眠时、当一个 Activity 处理结果被分发时、当一个新的 Intent 被分发时等。在这些接口方法中的代码应该属于非常轻量级。

1.2.8　组件的布局与属性设置

1. 组件的布局

为了方便用户进行程序设计，Android Studio 提供了许多常用的视觉组件。用户只要将这些组件拖动到布局编辑器中，或者单击右上方的"Code"按钮，切换到代码视图方式，在该模式下加入组件的标签，就可以快速创建按钮、文本框等视觉组件。

2. 资源的 ID

当视觉部分和程序代码分开设计时，最后需要使用资源 ID 将程序代码与视觉部分联系起来。

（1）资源 ID 简介。

Android 应用程序资源可以分为两大类，分别是 assets 和 res。

assets 类资源放在项目根目录的 assets 子目录中，其中保存的是一些原始的文件，可以以任何方式进行组织。这些文件最终会被原封不动地打包在 APK 文件中。如果我们要在程序中访问这些文件，那么需要指定文件名来访问。

res 类资源放在项目根目录的 res 子目录中，其中保存的文件大多数都会被编译，并且都会被赋予资源 ID。这样就可以在程序中通过 ID 来访问 res 类的资源。资源 ID 是一个用于标识 res 类资源的唯一字符串，每个 ID 都必须是唯一的，以确保开发人员可以准确地引用相应的资源。

赋予资源 ID 的方式可分为自动方式和手动方式，在添加或定义图像资源、字符串、样式、尺寸、颜色等资源时，系统会自动赋予资源 ID，而在添加布局文件中的组件时，更多采用手动赋予资源 ID 的方式。用户可以在属性面板或代码视图方式下通过 android:id 属性设置资源 ID，通常以 @+id/ 开头，后面跟随一个名称，如 @+id/button。

（2）资源 ID 的使用。

在开发过程中，需要将每种类型的资源放在项目 res 目录的特定子目录中，且在管理资源 ID 时也会分类管理。在程序中，可以用"R.资源类.资源名称"的格式来读取 res 目录中的各项资源。资源目录（res）中各类资源的作用、存放位置和引用方式如表 1-3 所示。

表 1-3　资源目录中各类资源的作用、存放位置和引用方式

序　号	资 源 类 型	作　　用	资源存放位置	程序中资源引用方式
1	动画资源	定义预设动画，包括属性动画、视图动画、逐帧动画	属性动画保存在 res/animator/ 目录中 视图动画保存在 res/anim/ 目录中 逐帧动画保存在 res/drawable/ 目录中	属性动画、视图动画使用 R.anim 访问 逐帧动画使用 R.drawable 访问
2	颜色状态列表资源	定义基于 View 状态更改的颜色资源	保存在 res/color/ 目录中	使用 R.color 访问
3	图片资源	使用位图或 XML 文件定义各种图形	保存在 res/drawable/ 目录中	使用 R.drawable 访问
4	布局资源	定义应用程序 UI 的布局	保存在 res/layout/ 目录中	使用 R.layout 访问
5	菜单资源	定义应用程序菜单的内容	保存在 res/menu/ 目录中	使用 R.menu 访问
6	字符串资源	定义字符串、字符串数组和复数（包括字符串格式和样式）	保存在 res/values/ 目录中	字符串使用 R.string 访问 数组使用 R.array 访问
7	样式资源	定义 UI 元素的外观和格式	保存在 res/value/ 目录中	使用 R.style 访问
8	字体资源	定义字体系列并在 XML 文件中添加自定义字体	保存在 res/font/ 目录中	使用 R.font 访问

小贴士

在 Java 程序中，需要使用 findViewById() 方法获取视图（布局）中的对象实体。例如，某组件的 ID 为 tv1，则使用 findViewById(R.id.tv1) 方式获取视图（布局）中的对象实体。

3. 组件的属性设置

为了使组件达到预期的视觉效果或功能，用户需要设置组件的相关属性。下面以修改一个 TextView 组件（组件 ID 为 TextView1）的文字颜色为例来介绍常用的修改组件属性的方法。

方法一：将布局编辑器切换为设计视图方式，在此方式下通过修改属性控制面板（见图 1-9）中的属性值来修改组件属性。选取要修改属性的 TextView 组件，在其右侧的“Attributes”（属性控制）面板中找到设置文字颜色的 textColor 属性，并将其值设置为#ff0000。

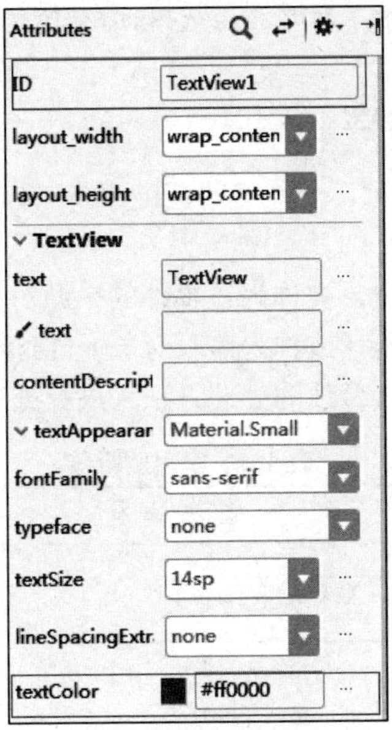

图 1-9　属性控制面板

方法二：通过修改 XML 布局文件代码来修改组件属性。将布局编辑器切换为代码视图方式，在 ID 为 TextView1 的组件对应的 XML 布局文件中添加代码“android:textColor="#ff0000"”，如图 1-10 所示。

```
<?xml version="1.0" encoding="utf-8"?>
<LinearLayout xmlns:android="http://schemas.android.com/apk/res/android"
    xmlns:app="http://schemas.android.com/apk/res-auto"
    xmlns:tools="http://schemas.android.com/tools"
    android:layout_width="match_parent"
    android:layout_height="match_parent"
    tools:context=".MainActivity">

    <TextView
        android:id="@+id/TextView1"
        android:layout_width="wrap_content"
        android:layout_height="wrap_content"
        android:text="TextView"
        android:textColor="#ff0000" />
</LinearLayout>
```

图 1-10　通过修改 XML 布局文件代码来修改文字颜色

方法三：利用 Java 代码动态修改组件属性。将布局编辑器切换为代码视图方式，在程序中通过使用 TextView 组件的 tv1.setTextColor()方法动态修改文字颜色，如图 1-11 所示。

图 1-11 中相关代码说明如下。

第 5 行代码用于获取对象实体。

第 6 行代码调用 setTextColor()方法设置文字颜色。

```
1. public class MainActivity extends AppCompatActivity {
2.     protected void onCreate(Bundle savedInstanceState) {
3.         super.onCreate(savedInstanceState);
4.         setContentView(R.layout.activity_main);
5.         TextView tv1=this.findViewById(R.id.textView1);
6.         tv1.setTextColor(Color.red);
7.     }
8. }
```

图 1-11　利用 Java 代码动态修改文字颜色

1.2.9　组件的事件处理

当用户对手机进行各种操作时，会产生对应的事件（Event）。Android 程序通过对各种事件的处理来实现与用户的互动。

事件发生的来源（如某个按钮）被称为该事件的来源对象。如果要处理某个事件，那么必须准备一个能处理该事件的监听器（或称为监听对象）（Listener），当来源对象有事件发生时，程序就会自动调用监听器中对应该事件的处理方法来进行处理。常用监听器如表 1-4 所示。

表 1-4　常用监听器

监 听 器	监 听 事 件	常 用 组 件
setOnClickListener	监听组件的单击事件	Button（按钮）、ImageView（图像）、TextView（文本）
setOnKeyListener	监听组件按键的各种事件（按下、释放、长按、多次按键）	EditText（编辑框）
setOnCheckedChangeListener	监听组件选项的改变事件	CheckBox（复选框）、RadioGroup（单选按钮组）
setOnItemSelectedListener	监听组件条目获取焦点事件	Spinner（下拉列表）
setOnItemClickListener	监听组件条目单击事件	ListView（列表）、GridView（网格）
setOnDateChangedListener	监听日期选择器选择日期事件	DataPicker（日期选择器）
setOnTimeChangedListener	监听时间选择器选择时间事件	TimePicker（时间选择器）
setOnDrawerOpen（Close）Listener	监听滑动式抽屉打开或关闭事件	SlidingDrawer（滑动式抽屉）
setOnSeekBarChangedListener	监听进度条进度变化事件	SeekBar（进度条）
setOnChronometerTickListener	监听计数器计数事件	Chronometer（计数器）
setOnTouchListenter	监听组件触屏事件（按下、释放、长按、多次按键）	需要添加触屏功能的组件都可添加 setOnTouchListenter 监听器

为来源对象添加监听器的方法有以下 3 种（以给一个 ID 为 button1 的 Button 按钮添加一个单击事件监听器为例）。

1. 方法一：使用匿名内部类监听单击事件

第一步：初始化组件。

```
1.    private Button bt1;  //在 onCreate()方法外
2.    Button bt1 = findViewById(R.id.button1);
```

第二步：设置事件监听器。

```
1.    bt1.setOnClickListener(new Button.OnClickListener(){
```

```
2.    public void onClick(View v){
3.      System.out.println("我的按钮被单击了");
4.    }
5.  });
```

2. 方法二：使用外部类监听单击事件

第一步：初始化组件。

```
1.  private Button bt1;  //在 onCreate()方法外
2.  bt1 = findViewById(R.id.button1);
```

第二步：设置事件监听器。

```
1.  bt1.setOnClickListener(new MyOnClickListener(){
2.      public void onClick(View v){
3.        super.onClick(v);  //执行父类的 onClick()方法
4.        System.out.println("我是子类");  //执行子类的 onClick()方法
5.      }
6.  });
```

父类的 onClick()方法如下。

```
1.  class MyOnClickListener implements OnClickListener{
2.      public void onClick(View v){
3.        System.out.println("我是父类");
4.      }
5.  }
```

小贴士

　　如果使用方法二，那么在单击按钮后会执行父类的 onClick()方法和子类的 onClick()方法，这样可以让多个按钮都执行相同的父类 onClick()方法。

3. 方法三：通过实现一个接口的方式监听单击事件

第一步：初始化组件。

```
1.  private Button bt1;  //在 onCreate()方法外
2.  bt1 = findViewById(R.id.button1);
```

第二步：设置事件监听器。

```
1.  bt1.setOnClickListener(this);
```

第三步：利用 MainActivity 类实现一个接口。

```
1.  public class MainActivity extends Activity implements OnClickListener{
2.  }
```

第四步：在 onCreate()方法外实现这个接口。

```
1.  public void onClick(View v){
2.      System.out.println("第三种方法实现");
3.  }
```

小贴士

　　如果多个组件都需要添加事件监听器，那么需要使用方法三。这样只需要编写一个

onClick()方法，在重写 onClick()方法时用 switch 语句即可管理事件的触发，每个 case 都对应一个组件的 ID。

1.2.10　ConstraintLayout

1. ConstraintLayout 概述

ConstraintLayout（约束布局）在 Android Studio 中作为默认布局，能够减少布局的层级并提高布局性能；能够灵活地定位子 View 并调整其大小，在这种布局中，子 View 依靠约束关系来确定位置。一个约束关系中需要有一个 Source（源）及一个 Target（目标），Source 的位置取决于 Target 的位置。可以理解为，通过约束关系，Source 与 Target 连接在了一起，Source 的位置相对于 Target 的位置是固定的。

2. 为视图添加约束

如果要为视图添加约束，那么需要将视图从 Palette 窗口拖动到布局编辑器中。当在 ConstraintLayout 中添加视图时，会在约束方框的每个角上显示方形大小控制柄，并在每条边上显示圆形约束控制柄，如图 1-12 所示。

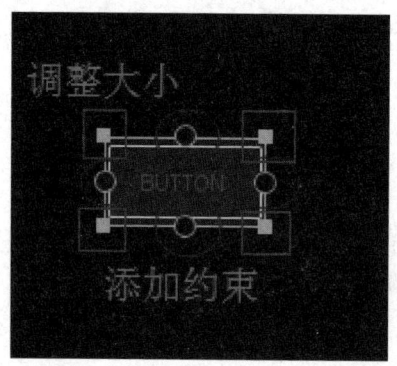

图 1-12　在 ConstraintLayout 中添加约束示意图

图 1-13 标识了大小控制柄，可以通过拖动它来调整视图的大小。

图 1-14 标识了约束控制柄，单击该控制柄，在视图的每一侧会显示圆形约束控制柄，将该控制柄拖动到另一个约束控制柄或父容器边界上，可以创建约束。约束由 Z 字形线表示。

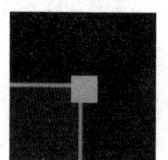

图 1-13　大小控制柄

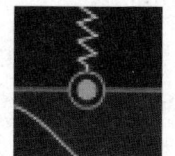

图 1-14　约束控制柄

注意： 在为视图添加约束时，最少需要添加两个约束（左上、左下、右上、右下），当添加的约束不满足条件时，会出现红线。

3. ConstraintLayout 常用属性及说明

ConstraintLayout 常用属性及说明如表 1-5 所示。

表 1-5 ConstraintLayout 常用属性及说明

属 性	说 明
app:layout_constraintTop_toTopOf	将所选视图的顶部与另一个视图的顶部对齐
app:layout_constraintTop_toBottomOf	将所选视图的顶部与另一个视图的底部对齐
app:layout_constraintBottom_toTopOf	将所选视图的底部与另一个视图的顶部对齐
app:layout_constraintBottom_toBottomOf	将所选视图的底部与另一个视图的底部对齐
app:layout_constraintLeft_toTopOf	将所选视图的左侧与另一个视图的顶部对齐
app:layout_constraintLeft_toBottomOf	将所选视图的左侧与另一个视图的底部对齐
app:layout_constraintLeft_toLeftOf	将所选视图的左侧与另一个视图的左侧对齐
app:layout_constraintLeft_toRightOf	将所选视图的左侧与另一个视图的右侧对齐
app:layout_constraintRight_toTopOf	将所选视图的右侧与另一个视图的顶部对齐
app:layout_constraintRight_toBottomOf	将所选视图的右侧与另一个视图的底部对齐
app:layout_constraintRight_toLeftOf	将所选视图的右侧与另一个视图的左侧对齐
app:layout_constraintRight_toRightOf	将所选视图的右侧与另一个视图的右侧对齐

ConstraintLayout 的通用形式为 app:layout_constraintXXX_toYYYOf ="@+id/view"，表示将所选视图的 X 方位与 view 视图的 Y 方位对齐。

当 XXX 和 YYY 相反时，表示所选视图自身的 XXX 在 view 视图的 YYY 一侧。例如，app:layout_constraintLeft_toRightOf="@id/button1"表示的是视图自身的左侧在 button1 的右侧。

当 XXX 和 YYY 相同时，表示所选视图自身的 XXX 和 view 视图的 YYY 的一侧对齐。例如，app:layout_constraintBottom_toBottomOf="parent"表示视图自身底部与父视图底部对齐。

ConstraintLayout 方位示意图如图 1-15 所示。

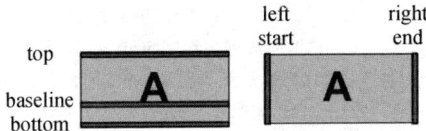

图 1-15 ConstraintLayout 方位示意图

1.2.11 Button 组件

Button（按钮）组件是各种 UI 中常用的组件之一，用户可以通过触摸它来触发一系列事件，如单击事件等。Button 的常用属性及说明如表 1-6 所示。

表 1-6 Button 的常用属性及说明

属 性	说 明
android:clickable	设置是否允许单击。 android:clickable=true：允许单击 android:clickable=false：禁止单击

续表

属　　性	说　　明
android:background	通过资源文件设置背景色。 默认背景色为 android.R.drawable.btn_default
android:text	设置文字
android:textColor	设置文字颜色
android:onClick	设置单击事件

1.2.12　ImageView 组件

ImageView（图片）组件负责显示图片，其图片的来源既可以是资源文件，也可以是 Drawable 对象或 Bitmap 对象，还可以是 Content Provider 的 URL。ImageView 的常用属性及说明如表 1-7 所示。

表 1-7　ImageView 的常用属性及说明

属　　性	说　　明
android:layout_width	设置组件的宽度
android:layout_height	设置组件的高度
android:scaleType	设置组件显示方式。 相关参数说明如下。 center：按图片原来的尺寸居中显示，当图片的长（宽）度超过 View 的长（宽）度时，则截取图片居中部分显示； centerCrop：按比例扩大图片的尺寸后居中显示，使图片的长（宽）度等于或大于 View 的长（宽）度； centerInside：将图片完整地居中显示，按比例缩小图片尺寸或按原来的尺寸使图片的长（宽）度小于或等于 View 的长（宽）度； fitCenter：将图片按比例扩大/缩小到 View 的宽度，居中显示； fitEnd：将图片按比例扩大/缩小到 View 的宽度，显示在 View 的下半部分； fitStart：将图片按比例扩大/缩小到 View 的宽度，显示在 View 的上半部分； fitXY：将图片按比例扩大/缩小到 View 的大小并显示； matrix：用矩阵来绘制
android:src	设置要显示的图片

1.2.13　TextView 组件

TextView（文本框）组件是用于显示文本的组件。TextView 的常用属性及说明如表 1-8 所示。

表 1-8　TextView 的常用属性及说明

属　　性	说　　明
android:id	为 TextView 设置一个组件 ID，根据 ID，开发人员可以在 Java 代码中通过 findViewById()方法获取该对象，并进行相关属性的设置
android:layout_width	设置组件的宽度

续表

属　　性	说　　明
android:layout_height	设置组件的高度
android:gravity	设置组件中内容的对齐方向
android:text	设置显示的文本内容,一般是先将字符串写到 strings.xml 文件中,然后通过@string/xxx 获取对应的字符串内容
android:textColor	设置字体颜色,一般是先将颜色配置到 colors.xml 文件中,然后通过@color/xxx 获取字体颜色
android:textStyle	设置字体风格,有 3 个可选值:normal(无效果)、bold(加粗)、italic(斜体)
android:textSize	设置字号大小,单位一般采用 sp
android:background	设置组件的背景,可以设置背景颜色,也可以设置背景图片

1.2.14　Android 开发中的 Log 打印日志

Logcat 是 Android 日常开发过程中的重要组成部分。Logcat 上会显示日志,包括系统信息、使用 Log 类添加到应用的信息、应用运行异常信息等,通过日志,我们可以实时监控应用运行状态,为应用调试提供重要参考。Log 类是 android.util 包中的一个类,它包含 5 个常用方法,如表 1-9 所示。

表 1-9　Log 类常用方法说明

序　号	方　　法	功　能　说　明
1	Log.v(String tag, String msg)	对应 level:Verbose 级别,该方法用于打印最为琐碎的、意义最小的日志信息,是 Android 日志级别最低的一种
2	Log.d(String tag, String msg)	对应 level:Debug 级别,该方法用于打印调试信息,可以在 Release 版本中关闭,比较常见,开发过程中经常选择输出此级别的日志,有时在 beta 版应用中出现
3	Log.i(String tag, String msg)	对应 level:Info 级别,该方法用于打印一些比较重要的数据,该等级日志显示运行状态信息,可在产品出现问题时提供帮助,从该级别开始的日志通常包含意义完整的英语语句和调试信息,是最常见的日志级别
4	Log.w(String tag, String msg)	对应 level:Warn 级别,该方法用于打印一些警告信息,表示运行出现异常,即将发生错误或已发生非致命性错误
5	Log.e(String tag, String msg)	对应 level:Error 级别,该方法用于打印程序中的错误信息,表示已经出现可影响程序运行的错误,比如程序 crash 时输出的日志

方法中的 tag 是标签,主要用于标明日志发起者并对日志进行过滤筛选。msg 即 message 信息,是日志的主体内容。

为了过滤 Logcat 显示的信息,以便更好地查看特定的日志信息,可以通过 Android Studio Logcat 过滤设置来实现,常用设置方法如下。

(1)按包名过滤:如图 1-16 所示,在过滤器中输入包名,如 package:com.amap.android. location。

(2)按日志等级过滤:如图 1-17 所示,在过滤器中输入"level:debug",日志等级主要包括 Verbose、Debug、Info、Warn、Error 5 种。

（3）按 tag 过滤：如图 1-18 所示，在过滤器中输入 Log 系列方法所标识的 tag 标签。

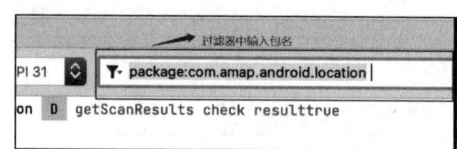

图 1-16　按包名过滤

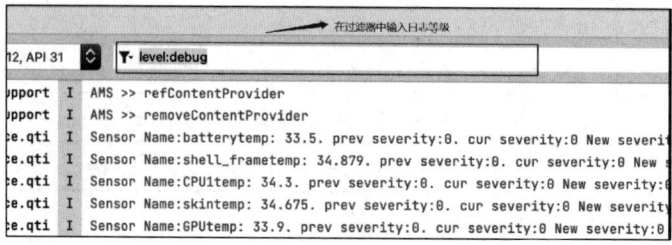

图 1-17　按日志等级过滤

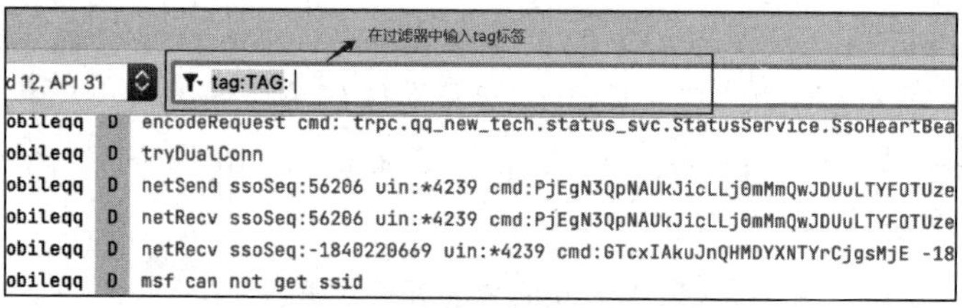

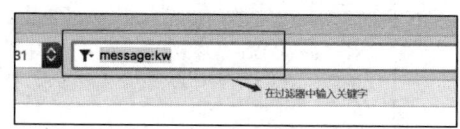

图 1-18　按 tag 过滤

（4）按关键字过滤：如图 1-19 所示，在过滤器中输入关键字。

图 1-19　按关键字过滤

除了上述过滤方法，还可以使用组合过滤、正则表达式过滤、时间过滤、反向过滤等方法。

下面通过一个简单的案例，介绍如何使用 Log 打印日志。该案例主要实现了单击"点击我"按钮后，在 Logcat 日志窗口中输出"我是日志输出的信息，请在 Logcat 中查看"的功能，具体操作步骤如下。

第一步：实现如图 1-20 所示的案例布局效果。

图 1-20　案例布局效果

第二步：在 Java 源程序中添加以下代码。

```
1.    private Button bt1;  //在 onCreate()方法外
2.    bt1 = findViewById(R.id.button1);
3.    public class MainActivity extends AppCompatActivity {
4.       protected void onCreate(Bundle savedInstanceState) {
5.       super.onCreate(savedInstanceState);
6.       setContentView(R.layout.activity_main2);
7.       Button bt=findViewById(R.id.button);
8.       bt.setOnClickListener(new View.OnClickListener() {
9.          public void onClick(View view) {
10.              Log.d("test","我是日志输出的信息，请在 Logcat 中查看");
11.         }
12.      });
13.   }
```

代码说明如下。

第 7 行代码用于获得布局中的按钮对象。

第 8 行代码用于给按钮对象添加单击事件监听器。

第 9 行代码用于给单击事件监听器添加回调函数。

第 10 行代码通过 Log.d()方法输出调试信息，其中 test 是用于过滤的标签，"我是日志输出的信息，请在 Logcat 中查看"是在日志中显示的字符信息。

第三步：在 Logcat 窗口中查看调试信息，具体做法是单击图 1-21 序号 1 所示的"Logcat"按钮，打开 Logcat 调试窗口，在图 1-21 序号 2 所示的过滤器中输入"test"，使 Logcat 调试窗口中仅显示 tag 为 test 的信息，如图 1-21 序号 3 所示。

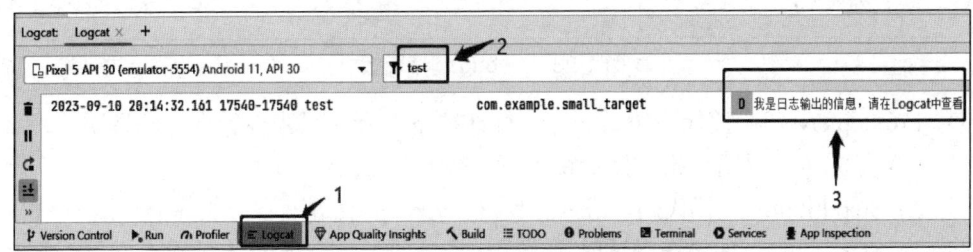

图 1-21　在 Logcat 窗口中查看调试信息

小贴士

每写一条 Log 语句，都需要传入一次 tag 参数，当我们使用相同的 tag 参数时，可在类中创建一个字符串类型的变量 TAG，把这个变量作为 tag 参数传入 Log 语句。

1.2.15　Android Studio Debug 断点调试

断点调试是在程序的某一行设置一个断点，当调试时，程序运行到此就会停住，之后调试者可一步一步地往下调试，在调试过程中可以看到各个变量的值，若程序中有错误，则调试到出错的代码行时就会显示错误。进行断点调试是程序员必备的技能。

1. 进入 Debug 模式的方法

（1）如图 1-22 所示，单击图中序号 1 标识的圆圈圈起的按钮，进入 Debug 模式，也可以使用快捷键 Shift+F9 进入 Debug 模式。

（2）如图 1-22 所示，单击图中序号 2 标识的圆圈圈起的按钮，开启 Attach Debugger 模式，可以将调试程序连接到正在运行的应用。

图 1-22　进入 Debug 模式按钮

2. Debug 调试面板介绍

在 Debug 模式中，主要通过 Debug 调试面板控制程序流程，观察数据的变化。Debug 调试面板如图 1-23 所示。

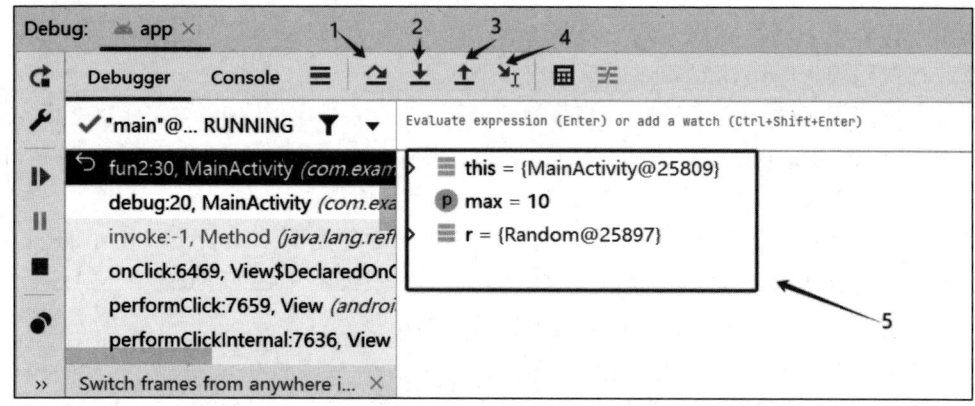

图 1-23　Debug 调试面板

序号 1（Step Over）：按代码逻辑一行一行地往下走（如果当前行有方法调用，那么系统会先将方法执行完毕并返回结果，然后跳到下一行）。

序号 2（Step Into）：运行代码，进入自定义方法（不会进入官方类库的方法）。

序号 3（Step Out）：如果在调试时进入了一个方法，并认为该方法没有问题，那么我们可以单击"Step Out"按钮跳出该方法，返回到该方法被调用处的下一行语句。值得注意的是，该方法已执行完毕。

序号 4（Run to Cursor）：从当前断点跳到下一个断点，若当前断点为最后一个断点，则单击该按钮后调试结束，程序正常运行。

序号 5：在此处可观察程序中的变量变化情况。

3. Debug 调试步骤

第一步：设置断点。

第二步：进行调试。

第三步：查看代码的执行流程，以及观察变量值的变化。

第四步：发现问题并解决问题。

4. 如何设置断点

选择要设置断点的代码行，单击行号后面的区域即可，如图 1-24 所示。

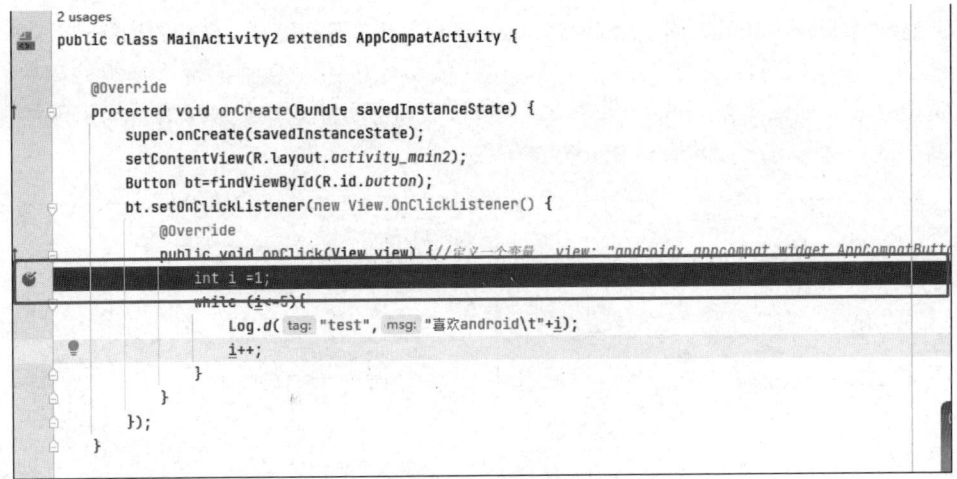

```java
2 usages
public class MainActivity2 extends AppCompatActivity {

    @Override
    protected void onCreate(Bundle savedInstanceState) {
        super.onCreate(savedInstanceState);
        setContentView(R.layout.activity_main2);
        Button bt=findViewById(R.id.button);
        bt.setOnClickListener(new View.OnClickListener() {
            @Override
            public void onClick(View view) {//定义一个变量   view: "androidx.appcompat.widget.AppCompatButt
                int i =1;
                while (i<=5){
                    Log.d( tag: "test", msg: "喜欢android\t"+i);
                    i++;
                }
            }
        });
    }
}
```

图 1-24　设置断点

1.3　搭建 Android Studio 开发环境

1. 知识点

Android Studio 的下载、安装及配置方法。

2. 工作任务

搭建 Android Studio 开发环境。

3. 操作流程

（1）下载 Android Studio。读者可以在 Android Studio 官网等网站下载安装包，如图 1-25 所示。

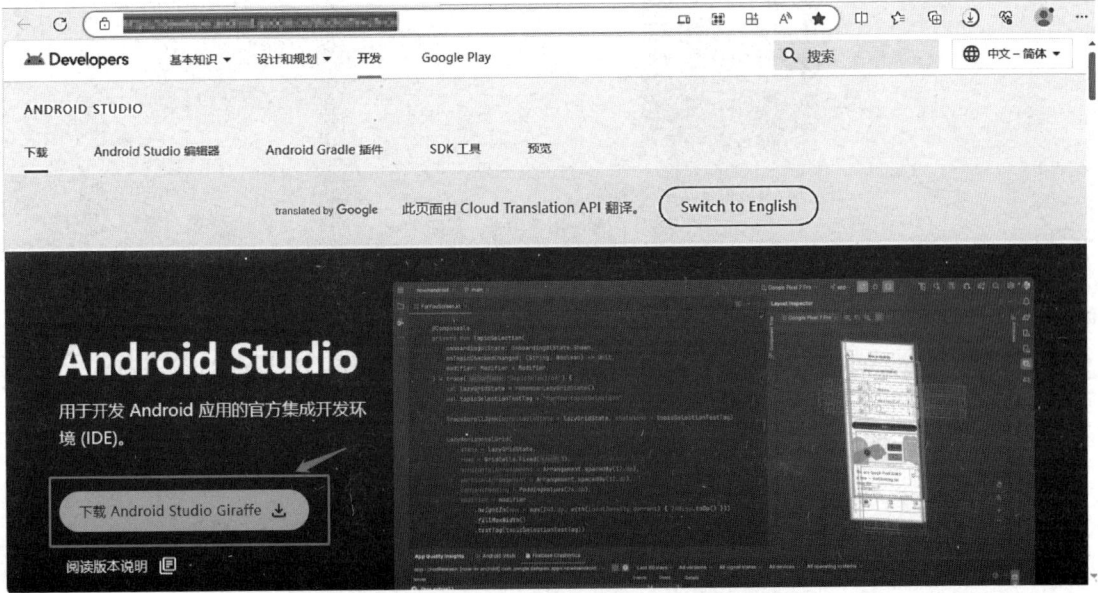

图 1-25　Android Studio 安装包下载网站

（2）启动 Android Studio 的安装向导。Android Studio 下载完成后，双击下载完成的文件，启动安装向导。安装向导启动之后，一直单击"Next"按钮，直到出现选择组件窗口，勾选全部组件复选框，如图 1-26 所示。单击"Next"按钮，再次同意条款和条件，当出现如图 1-27 所示的窗口时，可以选择 Android Studio 的安装位置。

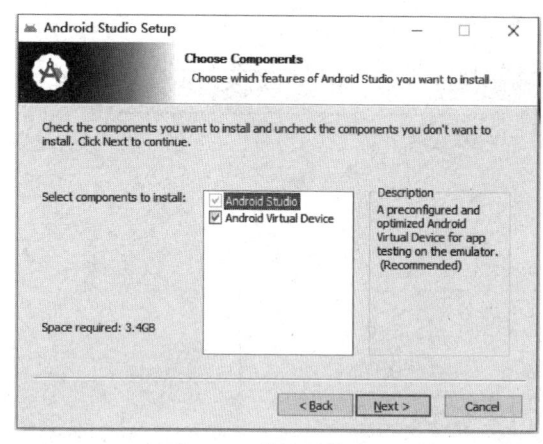
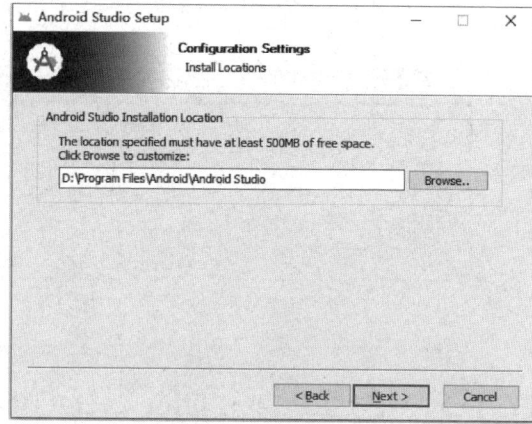

图 1-26　选择组件窗口　　　　　　　　　　图 1-27　选择 Android Studio 的安装位置

（3）选择好 Android Studio 的安装位置后，单击"Next"按钮，直到出现如图 1-28 所示的窗口。勾选"Start Android Studio"复选框并单击"Finish"按钮，Android Studio 安装完成。

图 1-28　Android Studio 安装完成

（4）启动 Android Studio 后，会弹出如图 1-29 所示的导入设置文件的对话框，如果本地有设置文件，就选中"Config or installation directory"单选按钮并选择设置文件；如果本地没有设置文件，就选中"Do not import settings"单选按钮。若是第一次安装 Android Studio，则直接选中"Do not import settings"单选按钮并单击"OK"按钮。

（5）跳转到如图 1-30 所示的"Help improve Android Studio"界面，读者可根据自己的需求单击相应按钮，本书单击"Don't send"按钮。

（6）单击"Don't send"按钮后，Android Studio 会开始查找可用的 SDK 组件，若未找到，则弹出未找到组件对话框，如图 1-31 所示。

（7）单击"Cancel"按钮后，跳转到 Android Studio 使用界面（见图 1-32）。

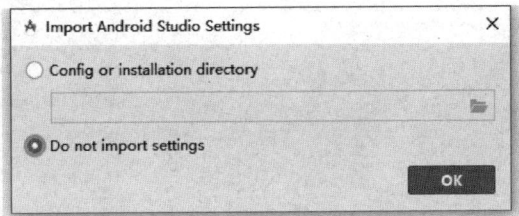

图 1-29 导入设置文件

图 1-30 "Help improve Android Studio" 界面

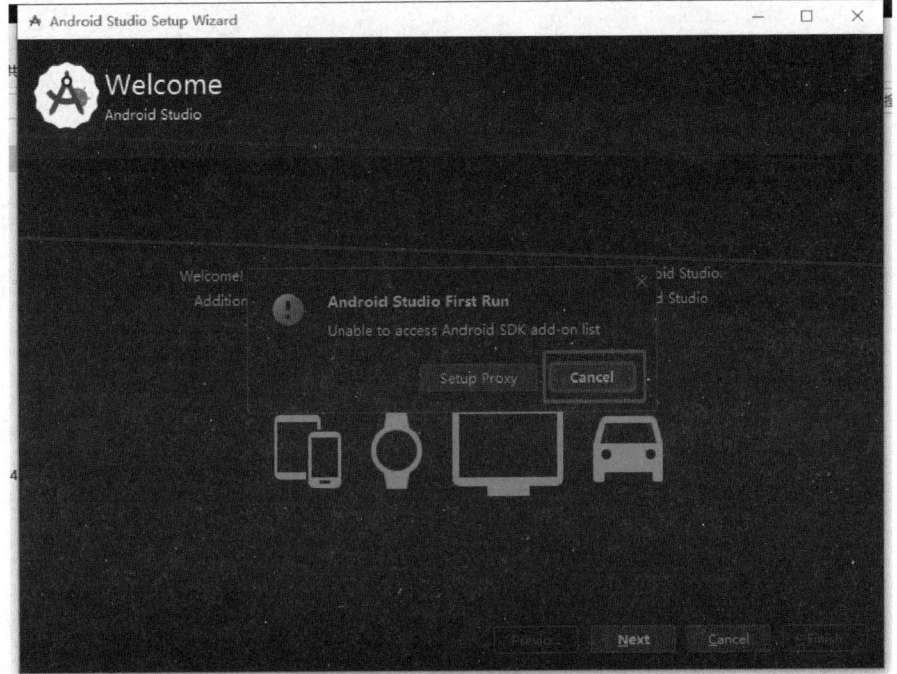

图 1-31 未找到组件对话框

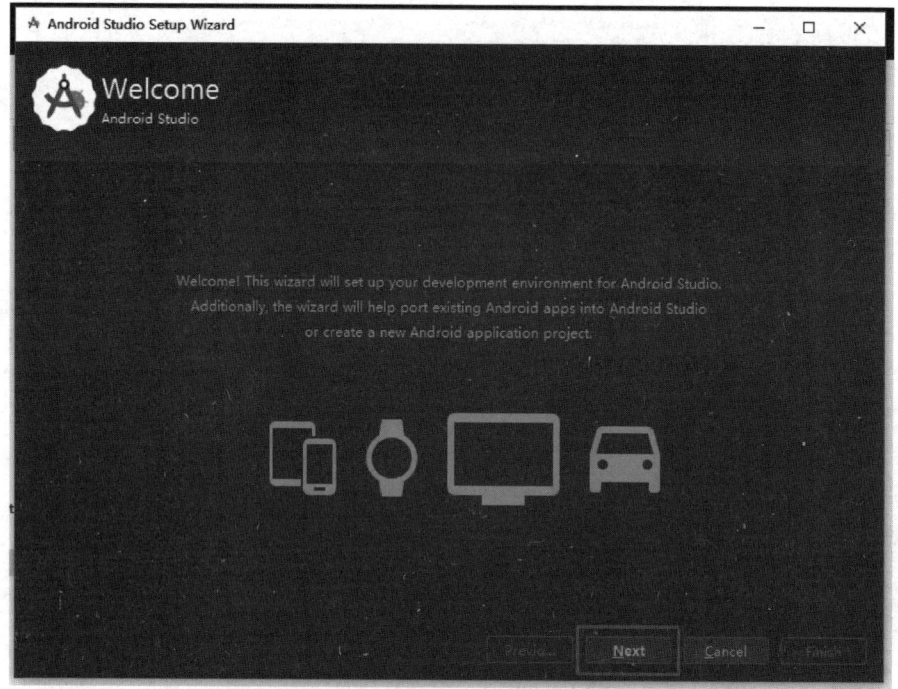

图 1-32　Android Studio 使用界面

（8）单击"Next"按钮后，跳转到如图 1-33 所示的安装类型选择界面，界面中提供了"Standard"（标准安装）和"Custom"（自定义安装）两种安装类型，本书选择"Standard"安装类型（对于初学者，建议选择"Standard"安装类型）。

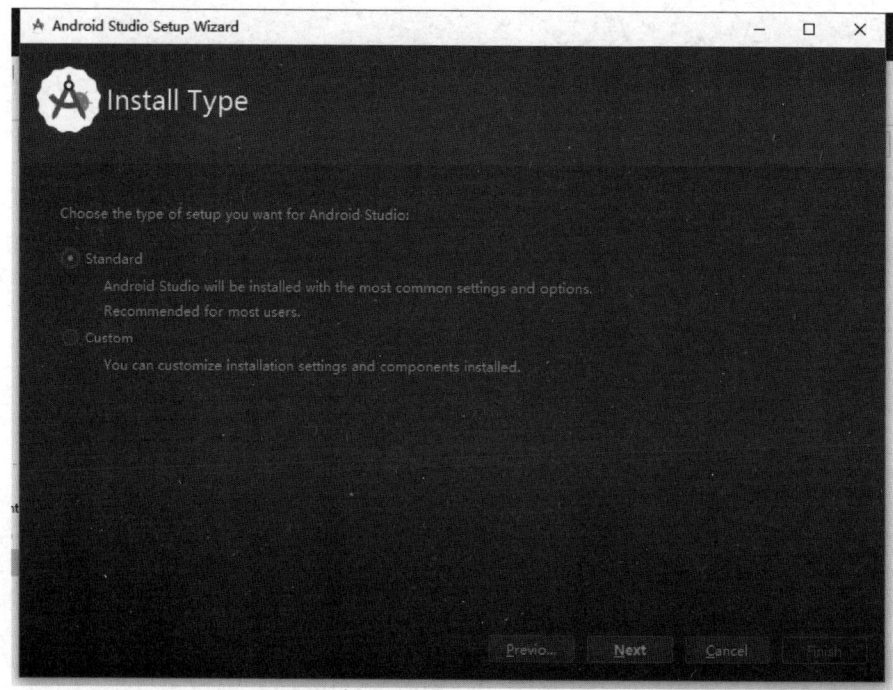

图 1-33　安装类型选择界面

（9）单击"Next"按钮后，跳转到如图 1-34 所示的 UI 界面风格选择界面，可在此选择自己喜欢的风格，本书选择"Light"风格。

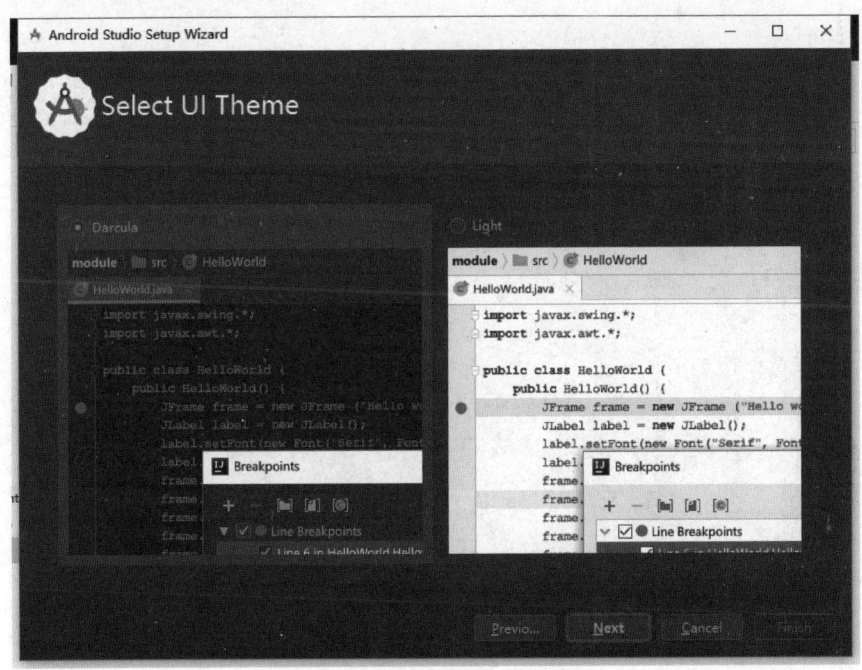

图 1-34 UI 界面风格选择界面

（10）单击"Next"按钮后，跳转到如图 1-35 所示的 SDK 组件设置界面，设置要安装的 SDK 组件和安装位置。

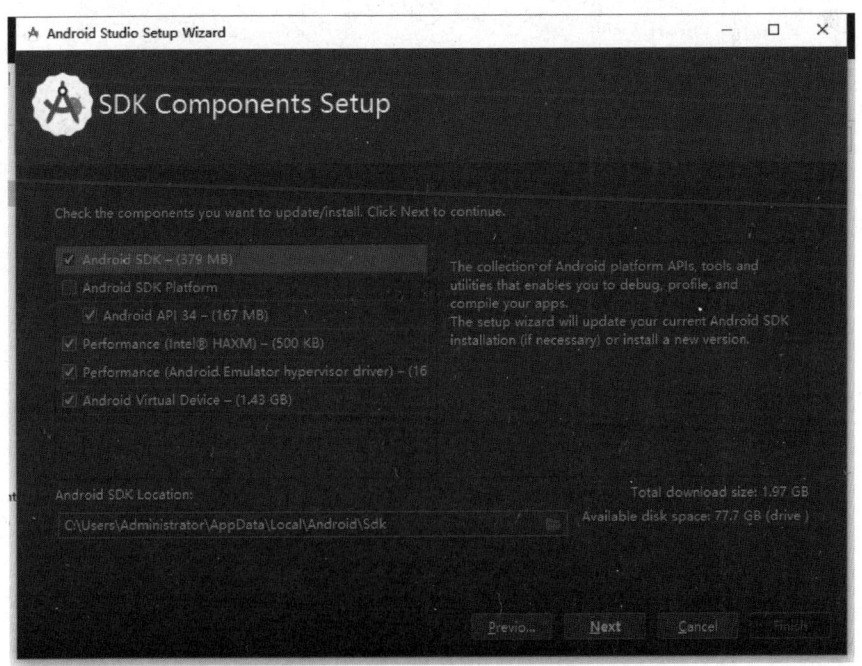

图 1-35 SDK 组件设置界面

（11）单击"Next"按钮后，跳转到如图 1-36 所示的 Android 模拟器设置界面，设置 Intel 硬件加速执行管理器的最大内存可访问量。

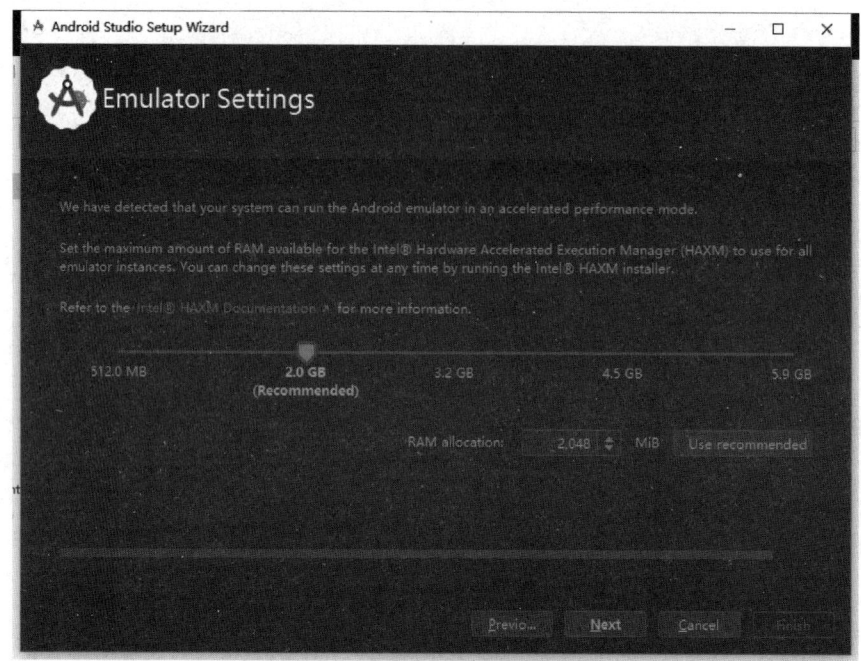

图 1-36　Android 模拟器设置界面

（12）单击"Next"按钮后，跳转到如图 1-37 所示的模拟器虚拟机监控程序驱动程序界面。

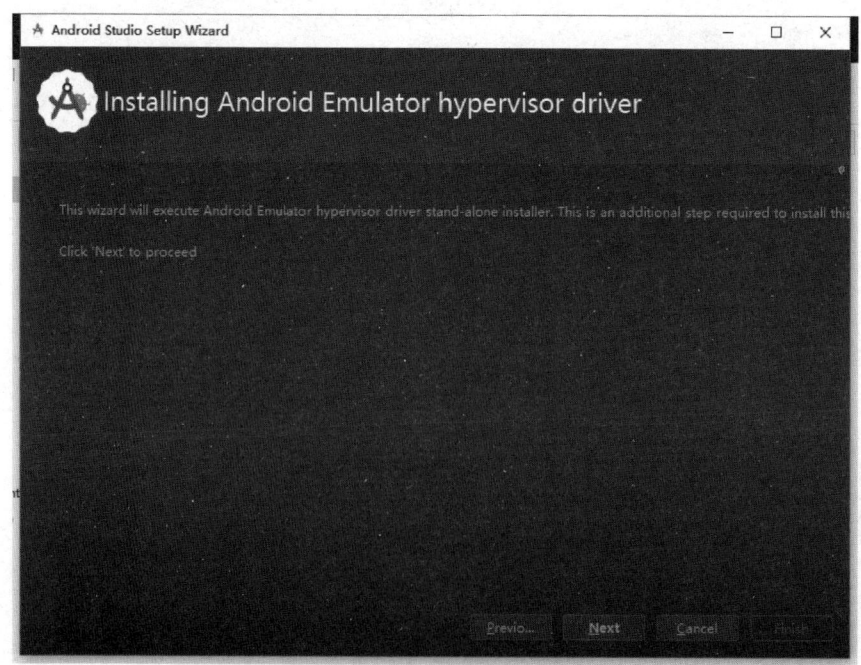

图 1-37　模拟器虚拟机监控程序驱动程序界面

（13）单击"Next"按钮后，跳转到如图 1-38 所示的验证设置界面。

图 1-38　验证设置界面

（14）单击"Next"按钮后，跳转到如图 1-39 所示的许可协议界面，在此界面需勾选图中框中的项目并选中"Accept"单选按钮，之后单击"Finish"按钮。

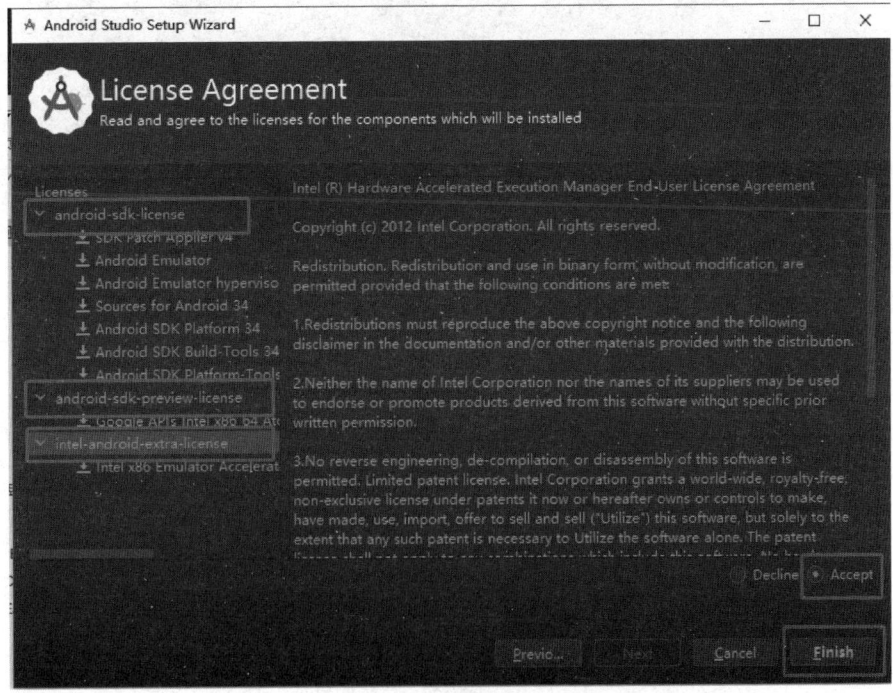

图 1-39　许可协议界面

（15）Android Studio 开始下载 SDK 等资源（见图 1-40），所有资源下载完成后单击"Finish"按钮。

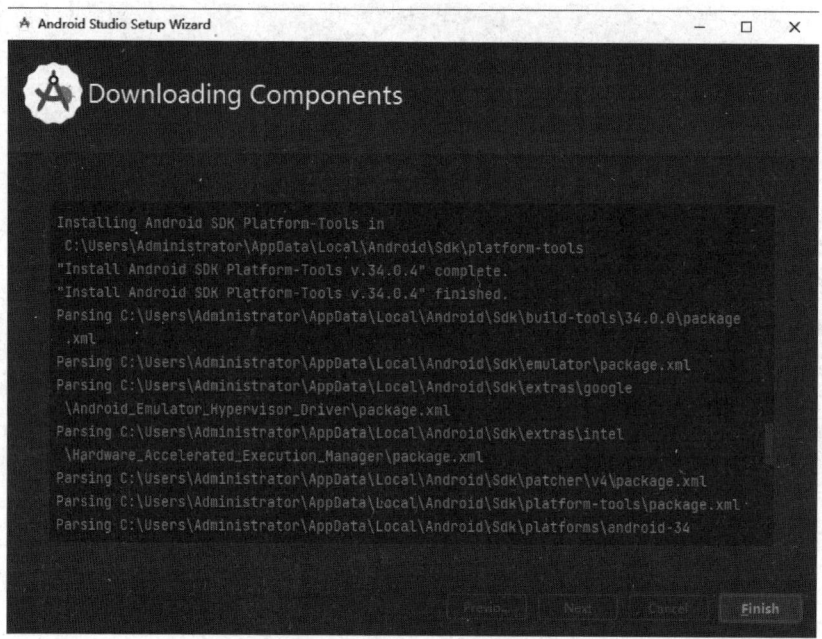

图 1-40　组件下载界面

（16）进入如图 1-41 所示的项目新建（打开）界面，选择"New Project"（新建项目）选项。

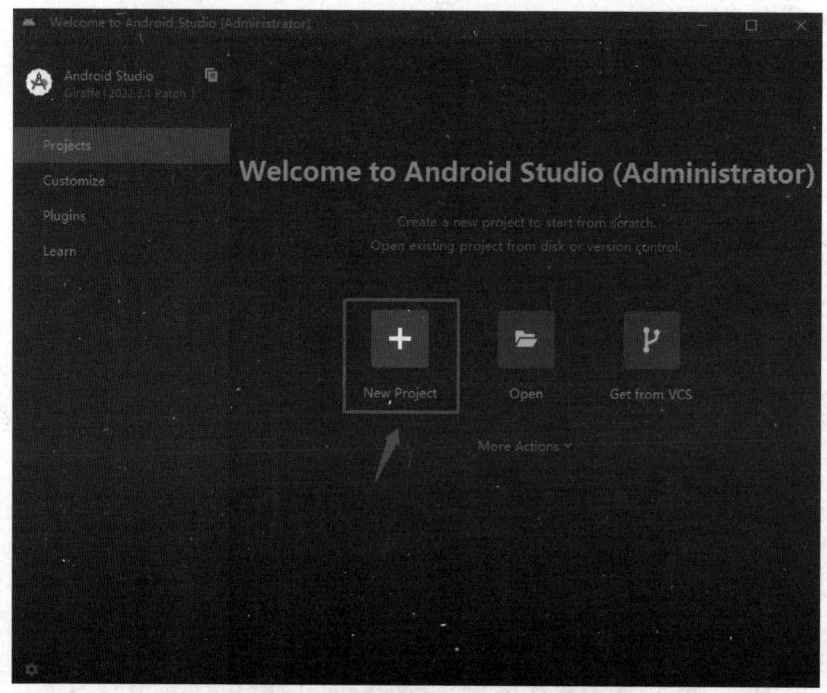

图 1-41　项目新建（打开）界面

（17）跳转到如图 1-42 所示的选择新建 Activity 界面，由于本书主要讲解基于 Java 语言的 Android 开发，所以在此界面中选择"Empty Views Activity"选项，单击"Next"按钮。

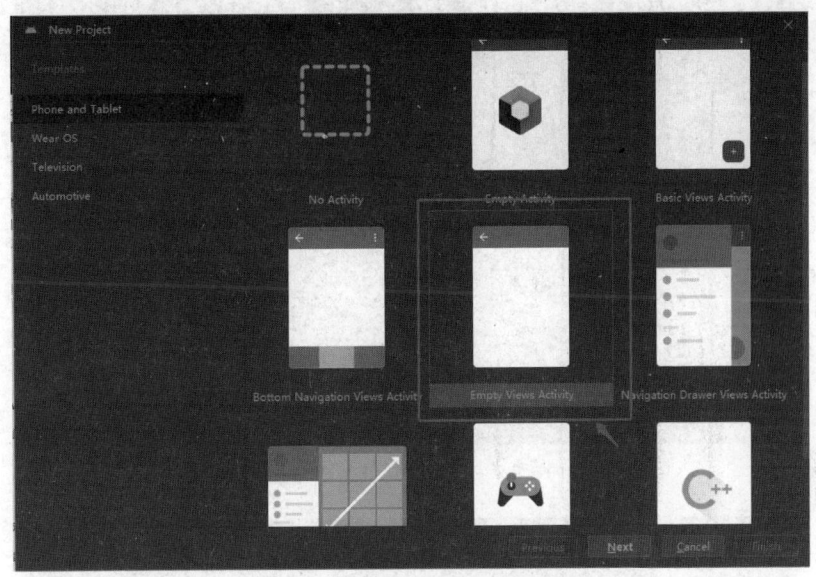

图 1-42　选择新建 Activity 界面

（18）在图 1-43 所示的新项目配置界面中进行项目配置（后面会详细介绍配置项，此处读者可使用默认配置），单击"Finish"按钮。

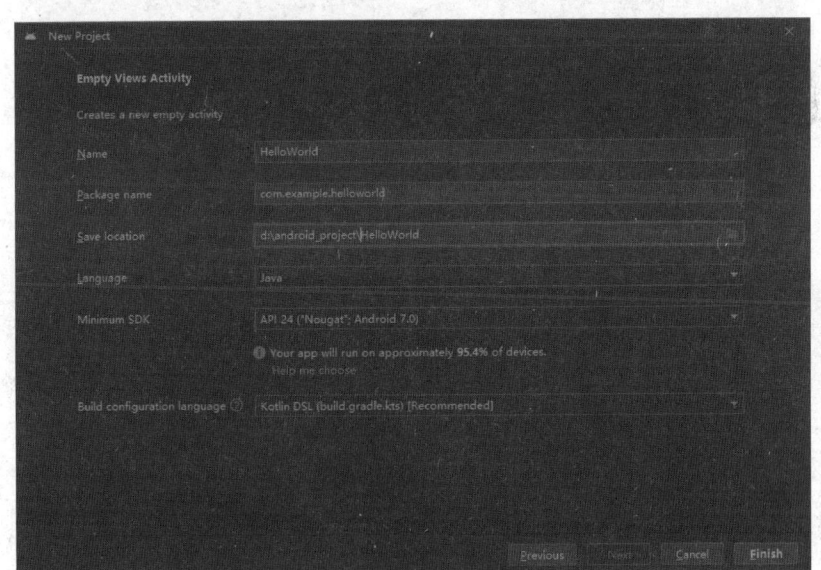

图 1-43　新项目配置界面

（19）向导会继续下载软件资源（见图 1-44），下载完成后单击"Finish"按钮。

（20）进入 Android Studio 操作界面，当计算机中没有 JDK 开发环境时，向导会继续自动下载 JDK（见图 1-45），接着会下载构建工具 Gradle（见图 1-46），当 Gradle 下载完成后，基于 Android Studio 的 Android 开发环境就搭建好了。

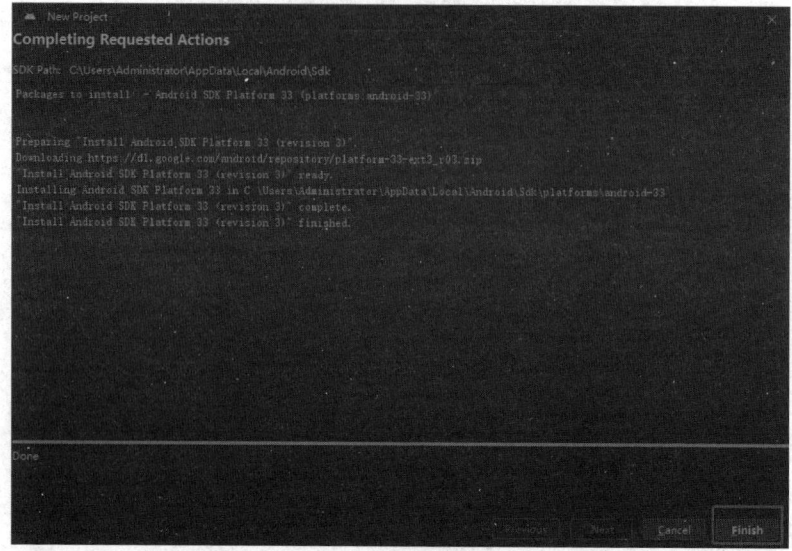

图 1-44　下载软件资源界面

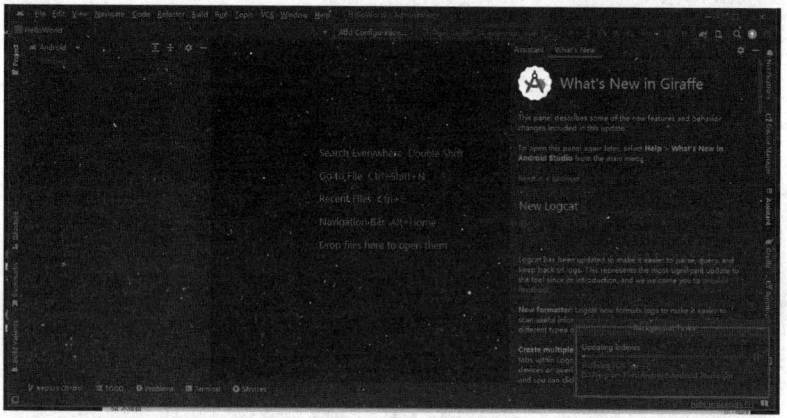

图 1-45　下载 JDK 界面

图 1-46　下载 Gradle 界面

Gradle 是一个基于 Apache Ant 和 Apache Maven 的项目自动化构建工具。它使用一种基于 Groovy 的特定领域语言来声明项目设置，而不是传统的 XML 语言。当前其支持的语言包括 Java、Groovy 和 Scala。开发人员可以使用 Gradle 管理 Android 项目中的差异、依赖、编译、打包和部署，也可以定义满足自己需要的构建逻辑，写入 build.gradle 供日后复用。

1.4 创建并运行第一个 Android 项目

1. 知识点

➢ Android Studio 的启动过程、集成环境的基本组成、菜单组成与工具栏。

➢ 使用 Android Studio 创建新项目的方法。

➢ 使用 Android Studio 运行项目的方法。

2. 工作任务

在基于 Android Studio 的 Android 开发环境中创建项目"HelloWorld"，并分别在真机和模拟器上运行。

3. 操作流程

（1）当安装向导运行完成后，将会出现 Android Studio 欢迎界面，如图 1-47 所示，在该界面中选择"New Project"选项。

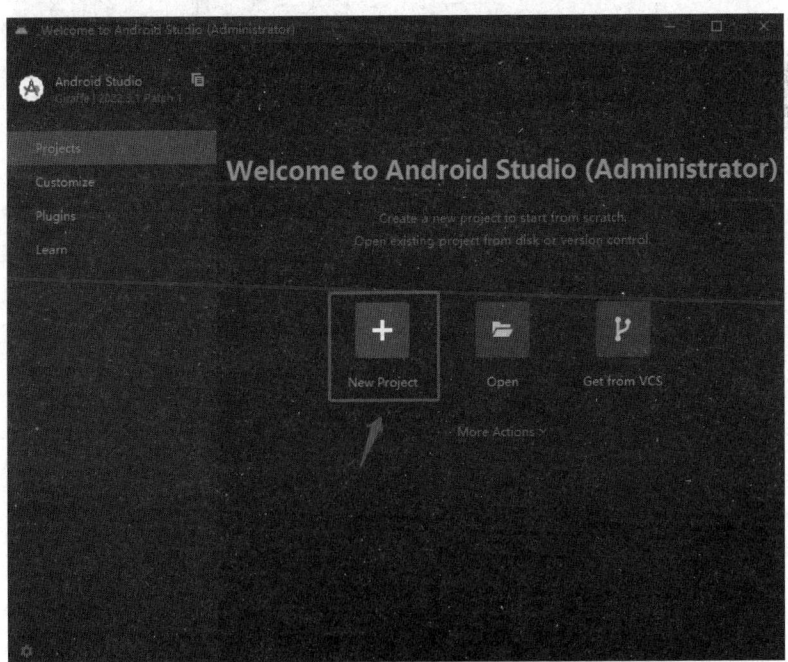

图 1-47　Android Studio 欢迎界面

（2）弹出如图 1-48 所示的界面，Android 应用可运行在多种设备上，如游戏机、电视机、手表、眼镜、手机和平板等，在选择"Phone and Tablet"（手机和平板）选项后，选择"Empty

Views Activity"选项。

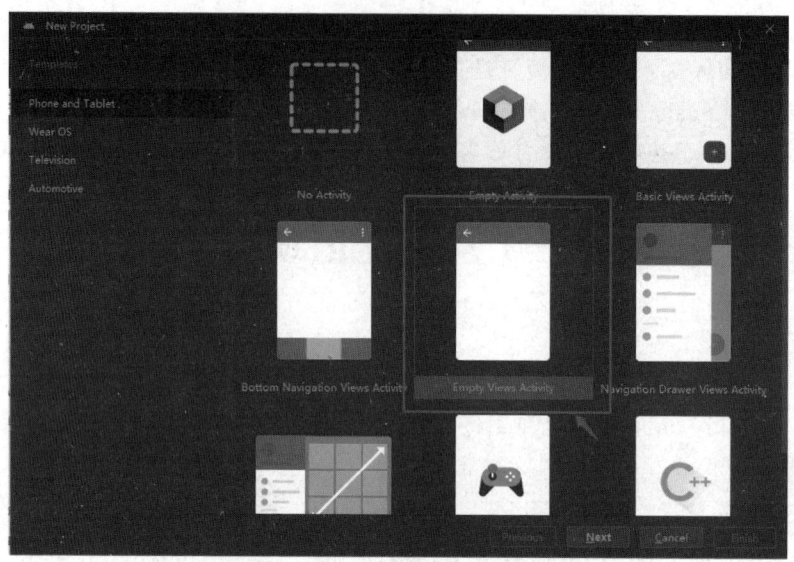

图 1-48　新建项目模板选择界面

小贴士

新版 Android Studio 在新建 Android 项目时默认使用 Kotlin 语言，若想使用 Java 语言，则可使用 No Activity、Empty Views Activity 两个模板来新建项目，两者的区别在于 No Activity 没有 Activity，Empty Views Activity 有默认的 MainActivity。

（3）单击"Next"按钮后会弹出项目配置界面，在此界面的"Name"文本框中输入项目名"HelloWorld"，在"Save location"文本框中选择项目保存位置，在"Language"下拉列表中选择"Java"为编程语言，其他采用默认设置，设置好后的效果如图 1-49 所示。

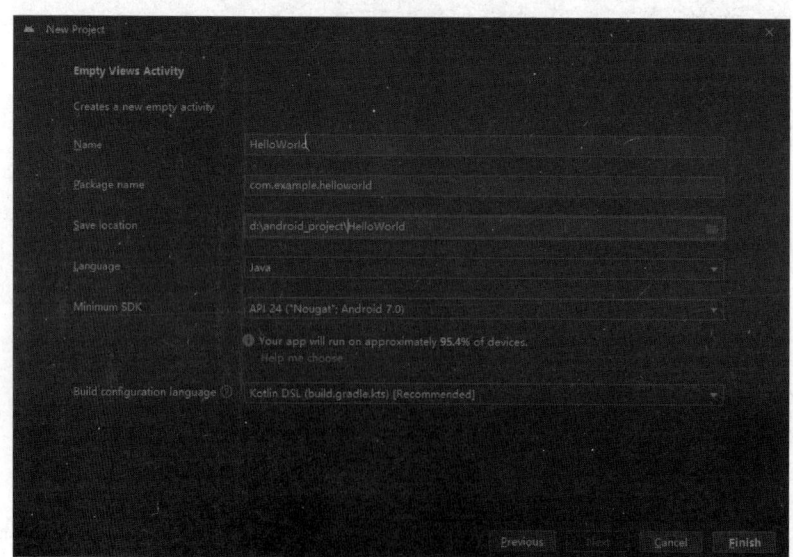

图 1-49　项目配置界面

（4）单击"Finish"按钮后，Android Studio 会被打开，查看状态栏中序号 1 标识的位置，发现 Android Studio 会自动下载 JDK，单击该位置的链接可以查看下载进度及内容（见序号 2），如图 1-50 所示。

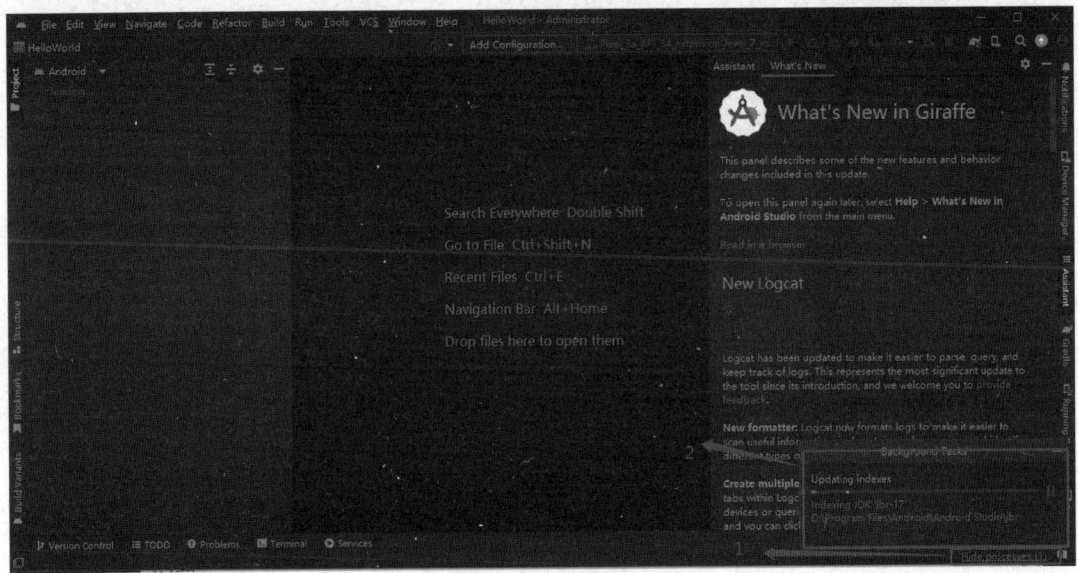

图 1-50 下载 JDK

（5）JDK 下载完成后，Android Studio 会自动下载构建工具 Gradle（见图 1-51），同样可以通过单击链接查看下载进度及内容。当 Gradle 工具下载完成后，项目会被自动构建。

图 1-51 下载构建工具 Gradle

（6）项目自动构建好后，会出现如图 1-52 所示的界面，选择"activity_main.xml"选项，若没有出现报错信息，则项目新建完成；若出现报错信息，则可以再新建一个项目，Android Studio 会重新下载 Gradle 并构建项目。

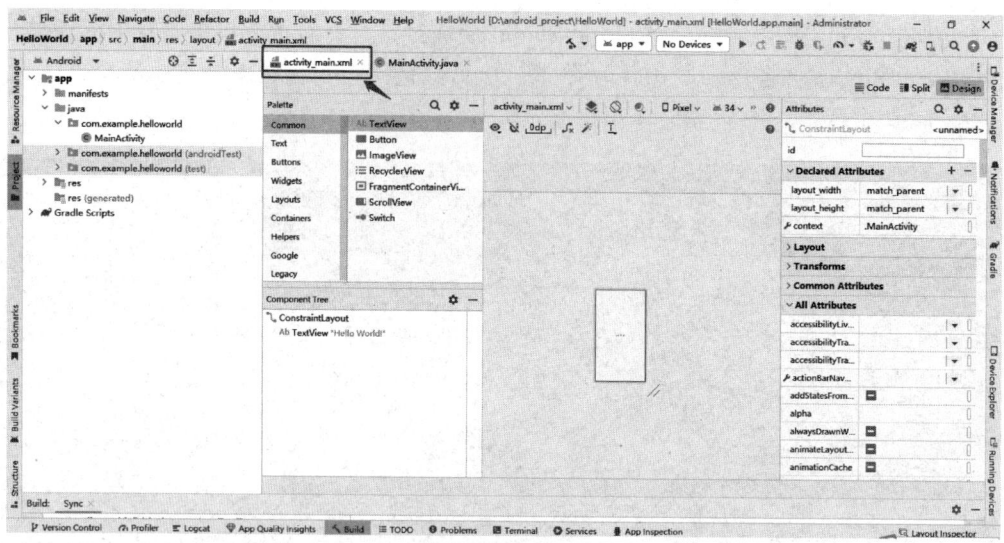

图 1-52　项目构建成功

小贴士

若在安装 Android Studio 时选择的 UI 风格是 Darcula，则读者可选择"File"→"Settings"选项，打开"Settings"对话框（见图 1-53），通过修改"Appearance"选项卡中的 Theme 主题，实现 Android Studio 的 UI 风格的更改（本书使用的是 IntelliJ Light 风格）。

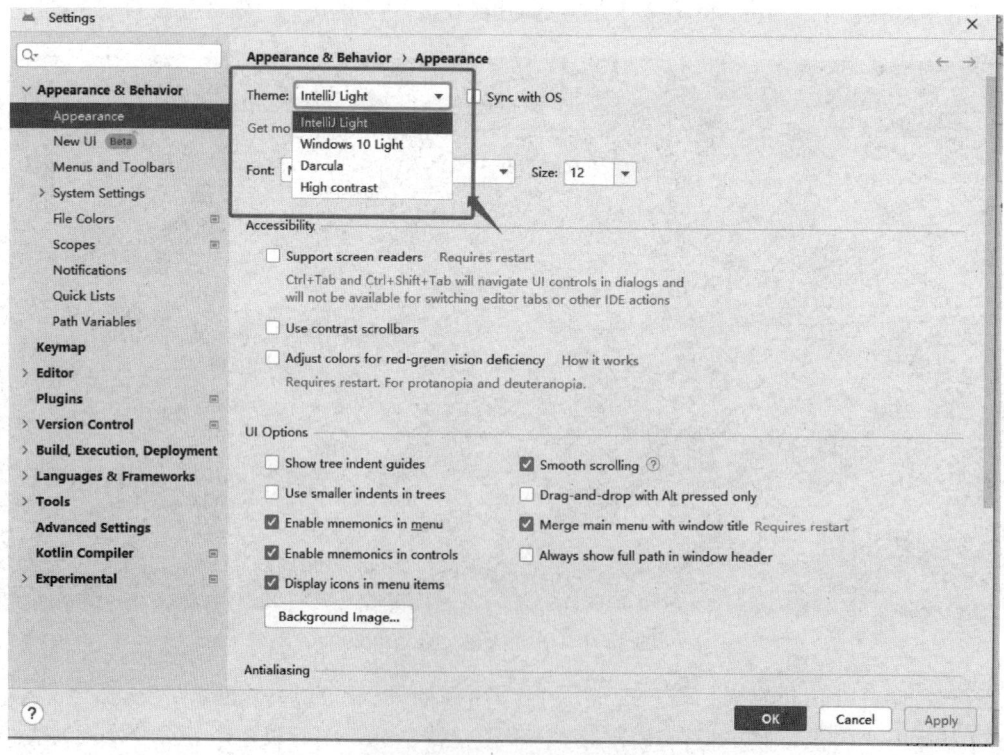

图 1-53　"Settings"对话框

（7）在工具栏中单击如图 1-54 序号 1 所示的 "AVD 管理器" 按钮，打开 AVD 管理器，之后单击 "Create Device" 按钮，开始创建模拟器，如图 1-54 序号 2 所示。

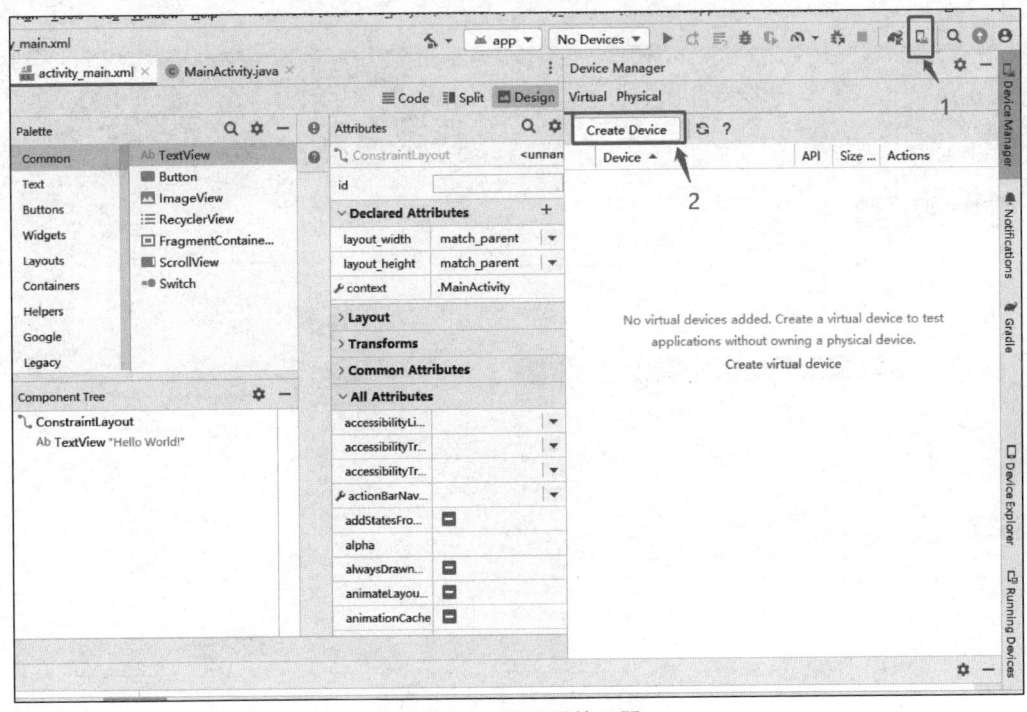

图 1-54　模拟器管理器

（8）根据需要选择模拟器（可根据分辨率的大小来选择），如图 1-55 所示，单击 "Next" 按钮。

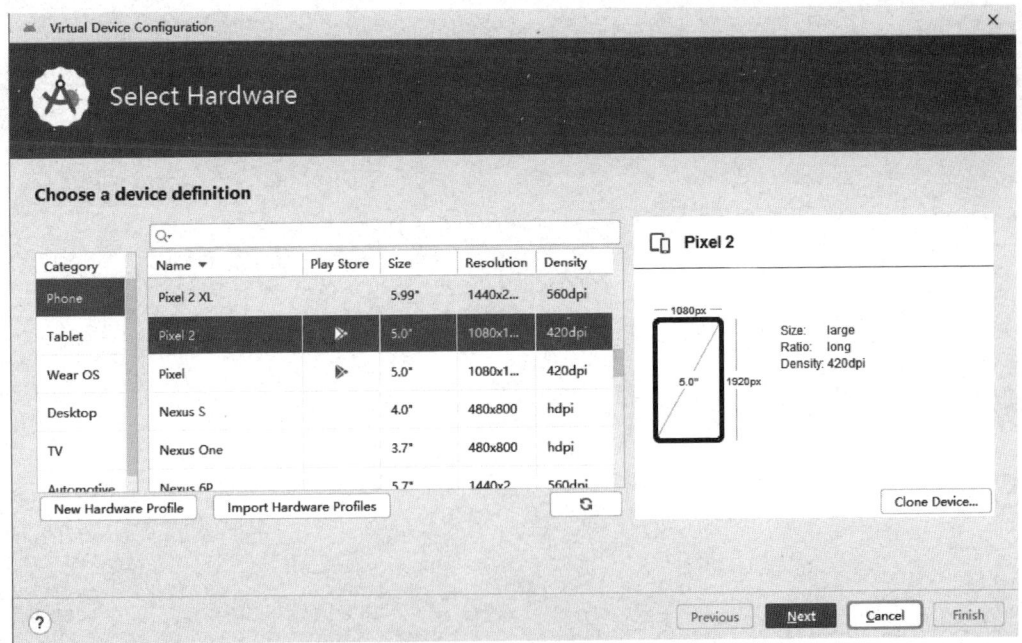

图 1-55　选择模拟器

（9）可以在出现的"System Image"对话框中选择系统镜像，如图 1-56 所示，在该界面中选择一个选项并单击"Next"按钮（若没有镜像文件，则需要下载安装）。

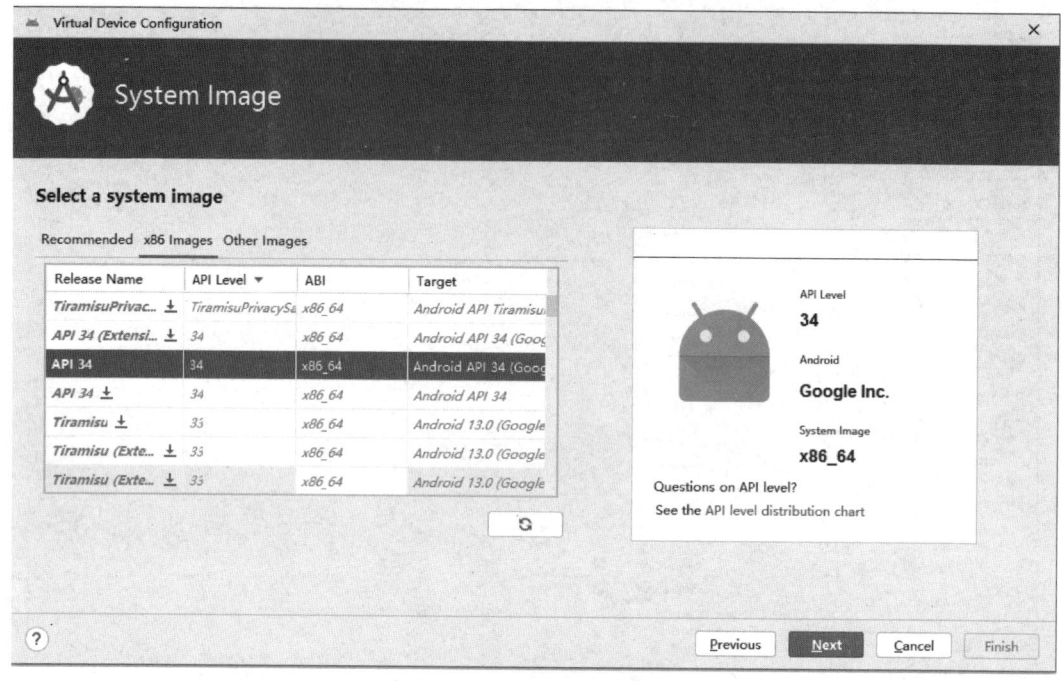

图 1-56　选择系统镜像

（10）在如图 1-57 所示的对话框中的"AVD Name"文本框中输入模拟器的名字，单击"Finish"按钮。此时，一个新的模拟器创建完成。

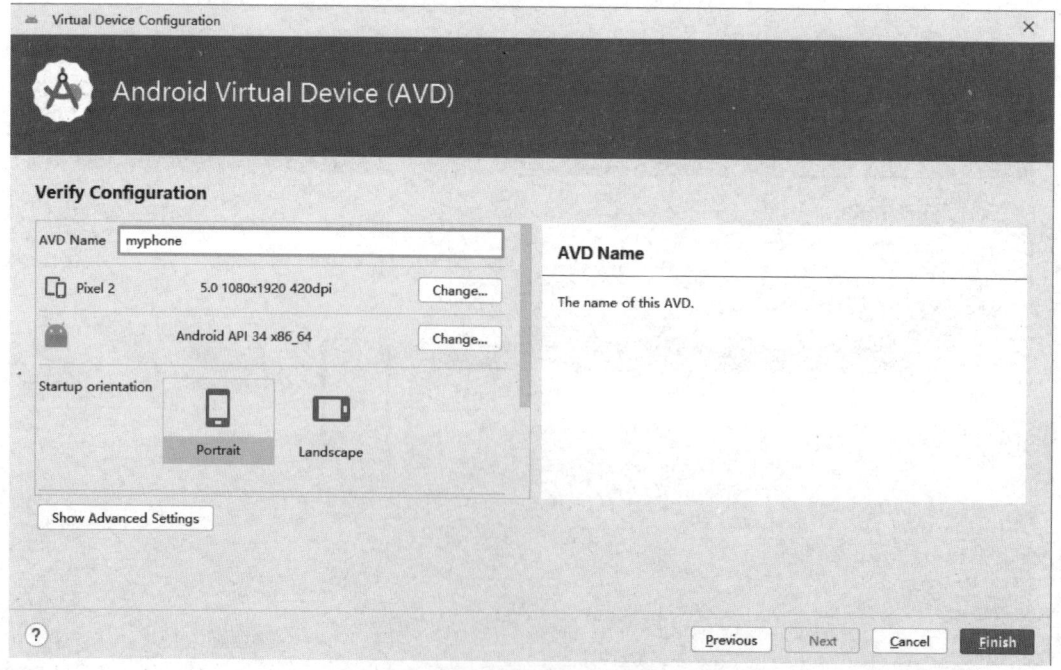

图 1-57　输入模拟器的名字

（11）在如图 1-58 所示的界面中，单击"启动"按钮，启动刚刚创建的模拟器，模拟器
启动成功后的效果如图 1-59 所示。

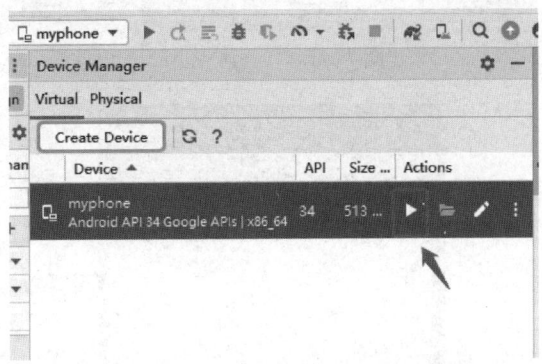

图 1-58　模拟器的启动

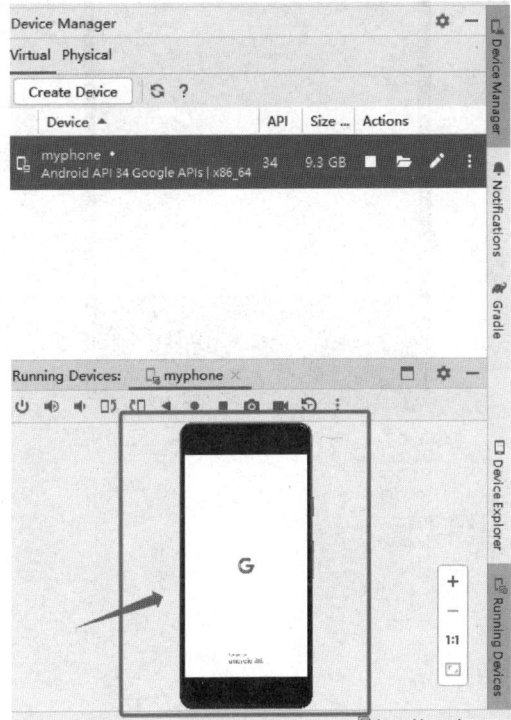

图 1-59　模拟器启动成功后的效果

小贴士

　　如果需要创建一个 Android Studio 还没有定义的设备，建议通过 phonearena.com 查找具
体型号。之后，使用本节介绍的相关步骤创建一个新的模拟器。Genymotion 是一款优秀的、
第三方的 Android 模拟器，它对非商业目的用户是免费的，而且使用非常方便。我们也可以
通过真机连接计算机的方式调试程序。

（12）单击工具栏中的"运行"按钮（见图 1-60），在新创建的模拟器上运行"HelloWorld"

应用程序，程序经过编译后安装到模拟器中，效果如图 1-61 所示。

图 1-60 "运行"按钮

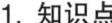

图 1-61 运行"HelloWorld"应用程序

1.5 梦想从这里起航

1. 知识点

➢ Android 程序的设计流程。

➢ Button 组件的设置方法。

➢ ImageView 组件的设置方法。

➢ 调整 ConstraintLayout 布局的方法。

➢ 组件的事件处理。

➢ 修改组件属性的方法。

2. 工作任务

（1）完成如图 1-62 所示的界面布局。

（2）在单击图 1-62 中的"起航"按钮后，在界面中显示 ImageView 组件中的图片，效果如图 1-63 所示。

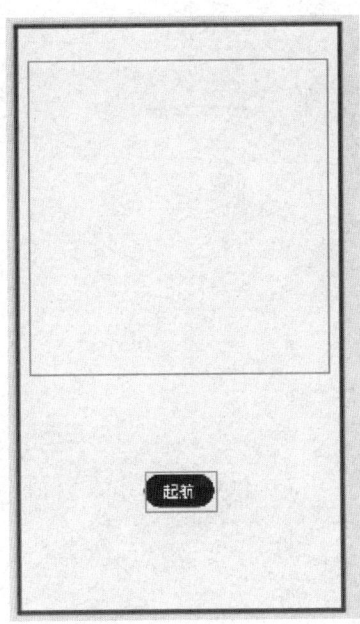

图 1-62　界面布局

图 1-63　显示 ImageView 组件中的图片

3. 操作流程

（1）打开 Android Studio，新建一个名为 Dream 的项目。

（2）将图片素材 dream_sail.png 复制到项目的 res/drawable 文件夹中。

（3）打开项目中 res/layout 文件夹下的 activity_main.xml 布局文件，删除 TextView 组件，从 Palette 组件面板中拖动一个 ImageView 组件到布局中，如图 1-64 所示，并在"Pick a Resources"对话框（见图 1-65）中选择项目中的 dream_sail 图片作为组件的图片源，接着调整如图 1-66 所示的 ImageView 组件的大小控制柄及约束控制柄，设置图片的大小及约束位置关系。

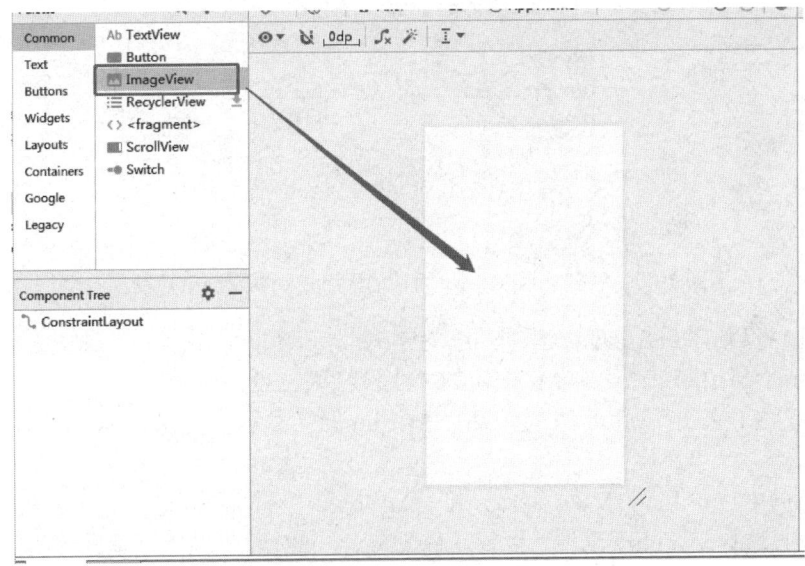

图 1-64　拖动 ImageView 组件

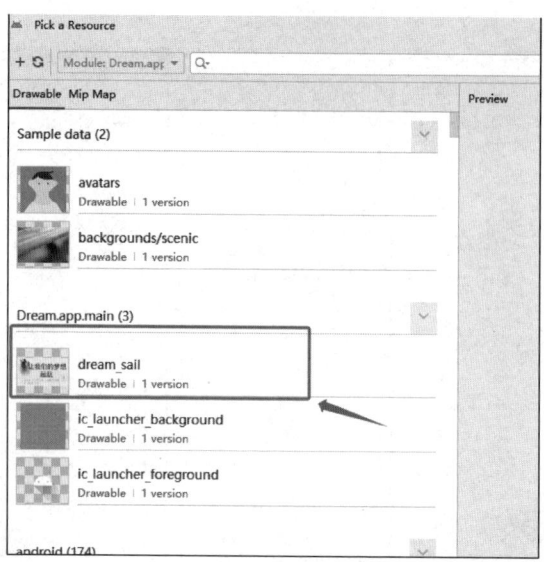

图 1-65 "Pick a Resource" 对话框

图 1-66 调整 ImageView 组件的大小控制柄及约束控制柄

（4）如图 1-67 所示，从 Palette 组件面板中拖动一个 Button 组件到布局中，调整 Button 组件的大小控制柄及约束控制柄，设置按钮的大小及约束位置关系。

（5）在布局中单击 Button 按钮，在 "Attributes" 面板中设置 text 属性值为 "起航"，如图 1-68 所示。

（6）在布局中选中 ImageView 组件，在 "Attributes" 面板中单击 "+" 按钮添加一个空的属性设置选项，选择 visibility 属性，设置其值为 invisible，隐藏图片，设置好的效果如图 1-69 所示。

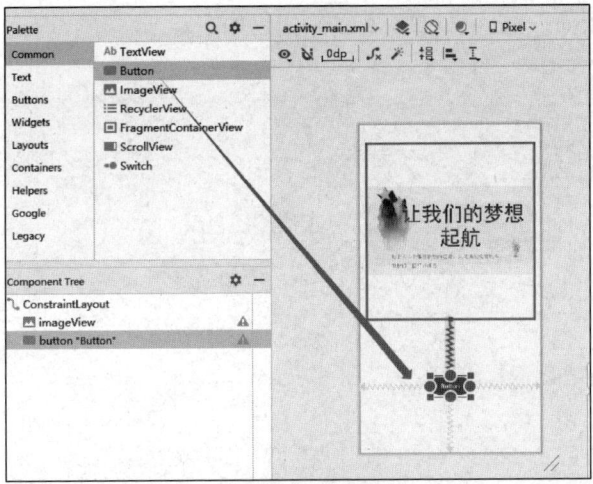

图 1-67　布局效果

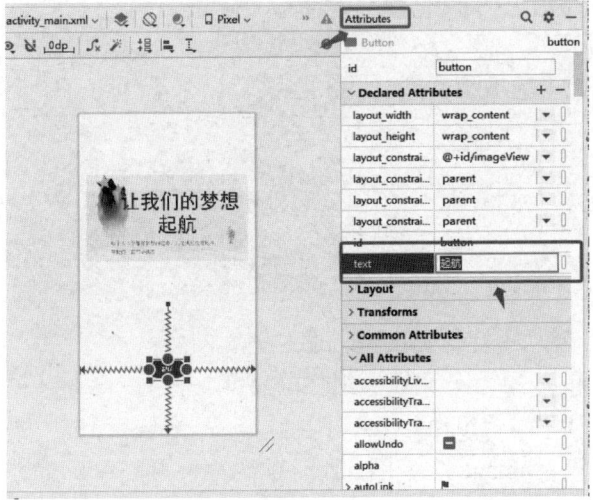

图 1-68　Button 组件的"Attributes"面板

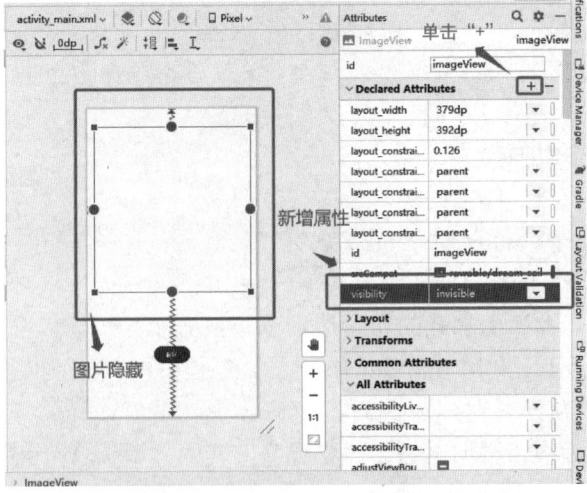

图 1-69　ImageView 组件的"Attributes"面板

修改完成后的 activity_main.xml 布局文件代码如下。

```
1.   <?xml version="1.0" encoding="utf-8"?>
2.   <androidx.constraintlayout.widget.ConstraintLayout
     xmlns:android="http://schemas.***roid.com/apk/res/android"
3.       xmlns:app="http://schemas.***roid.com/apk/res-auto"
4.       xmlns:tools="http://schemas.***roid.com/tools"
5.       android:layout_width="match_parent"
6.       android:layout_height="match_parent"
7.       tools:context=".MainActivity">
8.   <ImageView
9.       android:id="@+id/imageView"
10.      android:layout_width="379dp"
11.      android:layout_height="392dp"
12.      android:visibility="invisible"
13.      app:layout_constraintBottom_toBottomOf="parent"
14.      app:layout_constraintEnd_toEndOf="parent"
15.      app:layout_constraintStart_toStartOf="parent"
16.      app:layout_constraintTop_toTopOf="parent"
17.      app:layout_constraintVertical_bias="0.126"
18.      app:srcCompat="@drawable/dream_sail" />
19.  <Button
20.      android:id="@+id/button"
21.      android:layout_width="wrap_content"
22.      android:layout_height="wrap_content"
23.      android:text="起航"
24.      app:layout_constraintBottom_toBottomOf="parent"
25.      app:layout_constraintEnd_toEndOf="parent"
26.      app:layout_constraintStart_toStartOf="parent"
27.      app:layout_constraintTop_toBottomOf="@+id/imageView" />
28.  </androidx.constraintlayout.widget.ConstraintLayout>
```

第 5 行、第 10 行和第 21 行代码设置组件的宽度。

第 6 行、第 11 行和第 22 行代码设置组件的高度。

第 9 行和第 20 行代码设置组件的 ID。

第 13～17 行代码设置 ImageView 图片组件的约束位置关系。

第 18 行代码设置 ImageView 组件的图片源。

第 23 行代码设置 Button 按钮的文字内容。

第 24～27 行代码设置 TextView 文本组件的约束位置关系。

（7）在项目结构中打开 MainActivity.java 文件，重写 onCreate()方法，添加代码，如图 1-70 所示。

第 1 行代码声明程序的包。

第 2～6 行代码导入程序所需的类。

第 8 行代码声明一个 Button 对象 bt。

第 9 行代码声明一个 ImageView 对象 iv。

第 12 行代码设置当前页面加载的布局是 activity_main。

第 13 行和第 14 行代码利用 findViewById()方法在 Activity 中通过组件 ID 查找 XML 布局文件中的相应组件，从而分别实例化对象 bt 与 iv。

第 15～20 行代码为按钮增加单击事件监听器。其中，第 18 行代码设置显示图片。

（8）保存项目并运行。

```
1    package com.example.dream;
2    import androidx.appcompat.app.AppCompatActivity;
3    import android.os.Bundle;
4    import android.view.View;
5    import android.widget.Button;
6    import android.widget.ImageView;
7    public class MainActivity extends AppCompatActivity {
8        Button bt;
9        ImageView iv;
10       protected void onCreate(Bundle savedInstanceState) {
11           super.onCreate(savedInstanceState);
12           setContentView(R.layout.activity_main);
13           bt= findViewById(R.id.button);
14           iv=findViewById(R.id.imageView);
15           bt.setOnClickListener(new Button.OnClickListener() {
16               @Override
17               public void onClick(View view) {
18                   iv.setVisibility(View.VISIBLE);
19               }
20           });
21       }
22   }
```

图 1-70　MainActivity.java 文件代码

小贴士

（1）在刚开始声明 Button 对象和 ImageView 对象时，代码会报错，原因是还未导入相应类，快速纠正方法：方法 1，将插入点移至出错位置，使用快捷键 Alt+Enter 导入相应类，如图 1-71 所示；方法 2，单击错误行前面的红色感叹号小灯导入相应类。

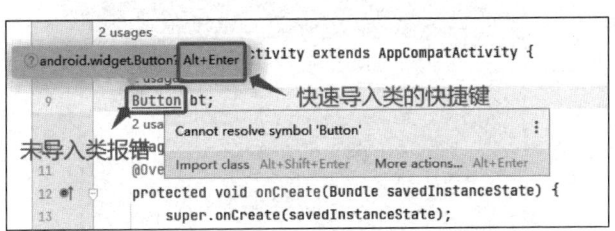

图 1-71　使用快捷键 Alt+Enter 导入相应类

（2）在首次搭建的开发环境中第一次使用上述两种快速导入方法时会出现如图 1-72 所示的选项，读者只需选择图中序号 1 标识的选项，IDE 会下载相应的辅助依赖包。

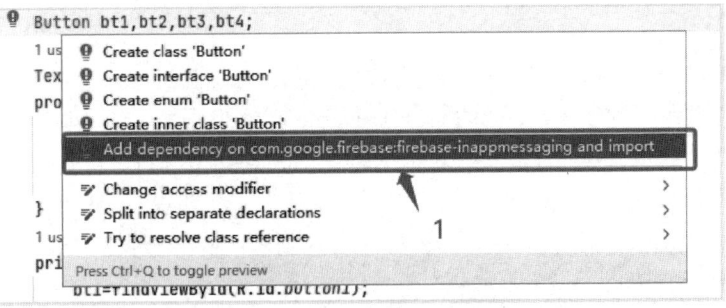

图 1-72　安装辅助依赖包

1.6 Android 项目工程师

1. 知识点

➢ Button 组件的设置方法。
➢ ImageView 组件的设置方法。
➢ 调整 ConstraintLayout 约束布局的方法。

2. 工作任务

完成如图 1-73 所示的界面布局。

图 1-73 界面布局

3. 操作流程

（1）打开 Android Studio，新建一个名为 Engineer 的项目。

（2）将两张图片素材复制到项目的 res/drawable 文件夹中。

（3）打开项目中 res/layout 文件夹下的 activity_main.xml 布局文件，删除 TextView 组件，从 Palette 组件面板中拖动一个 ImageView 组件到布局中，并设置 p1.png 图片为组件的图片源，接着调整 ImageView 组件大小控制柄及约束控制柄，设置图片的大小及约束位置关系，设置好后的 Logo 布局如图 1-74 所示。

（4）从 Palette 组件面板的"Layouts"选项卡中拖动一个 ConstraintLayout 组件到布局中，接着调整 ConstraintLayout 组件大小控制柄及约束控制柄，设置图片的大小及约束位置关系，并在"Attributes"面板中设置 layout_width 和 layout_height 两个属性,如图 1-75 所示。

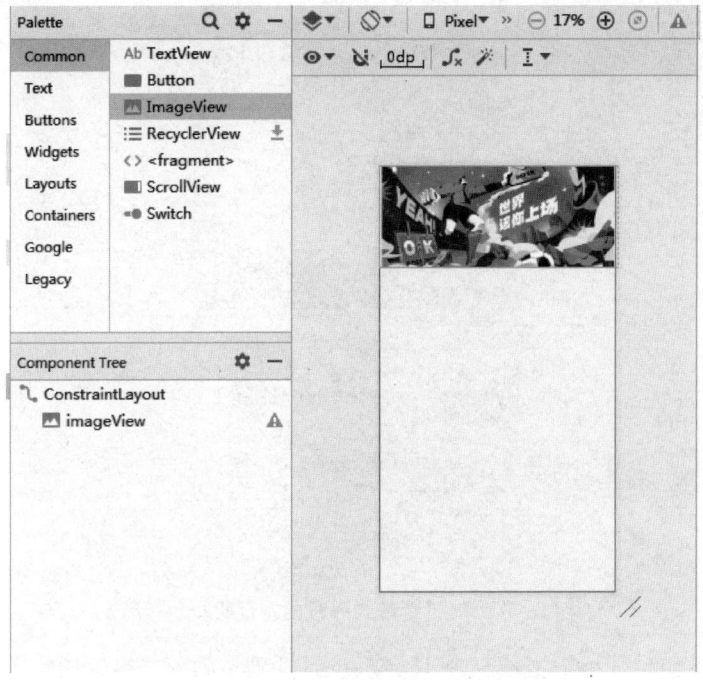

图 1-74　Logo 布局

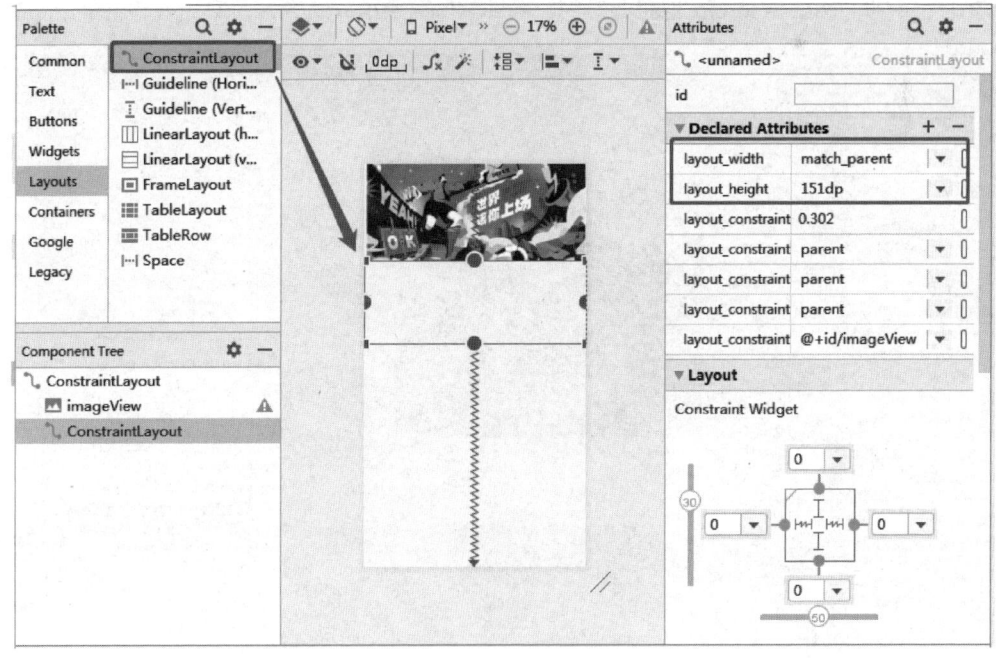

图 1-75　新增约束布局

(5)选中 ConstraintLayout 组件,单击"Attributes"面板中 Declared Attributes 旁的"+"按钮,如图 1-76 序号 1 所示,在新增加的属性栏中输入"b",从下方提示列表中选择"android:background"属性,并设置其值为#000,从而设置 ConstraintLayout 组件的背景为黑色。

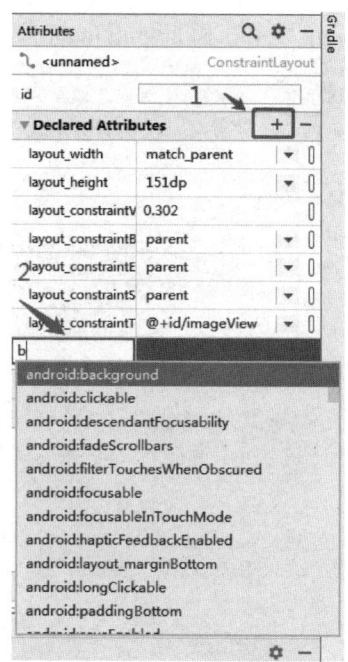

图 1-76　给新增约束布局设置背景色

（6）从 Palette 组件面板中拖动一个 TextView 组件到布局中，接着调整 TextView 组件的大小控制柄及约束控制柄，设置图片的大小及约束位置关系，并在"Attributes"属性面板中设置相应的组件属性（text：Android 项目工程师；textColor：#fff；textSize：25sp），如图 1-77 所示。

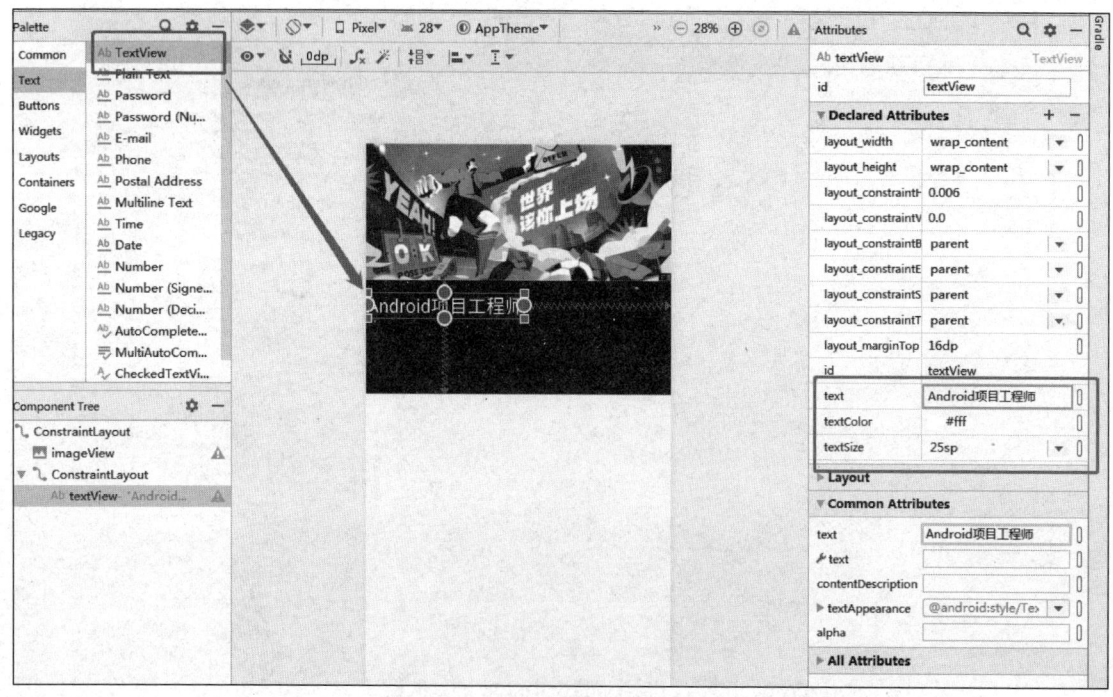

图 1-77　新增 TextView 组件（1）

（7）从 Palette 组件面板中再拖动一个 TextView 组件到布局中，调整 TextView 组件的大小控制柄及约束控制柄，设置图片的大小及约束位置关系，并在"Attributes"属性面板中设置相应的组件属性（text：9-14K；textColor：#F44336；textSize：18sp；textStyle：bold），如图 1-78 所示。

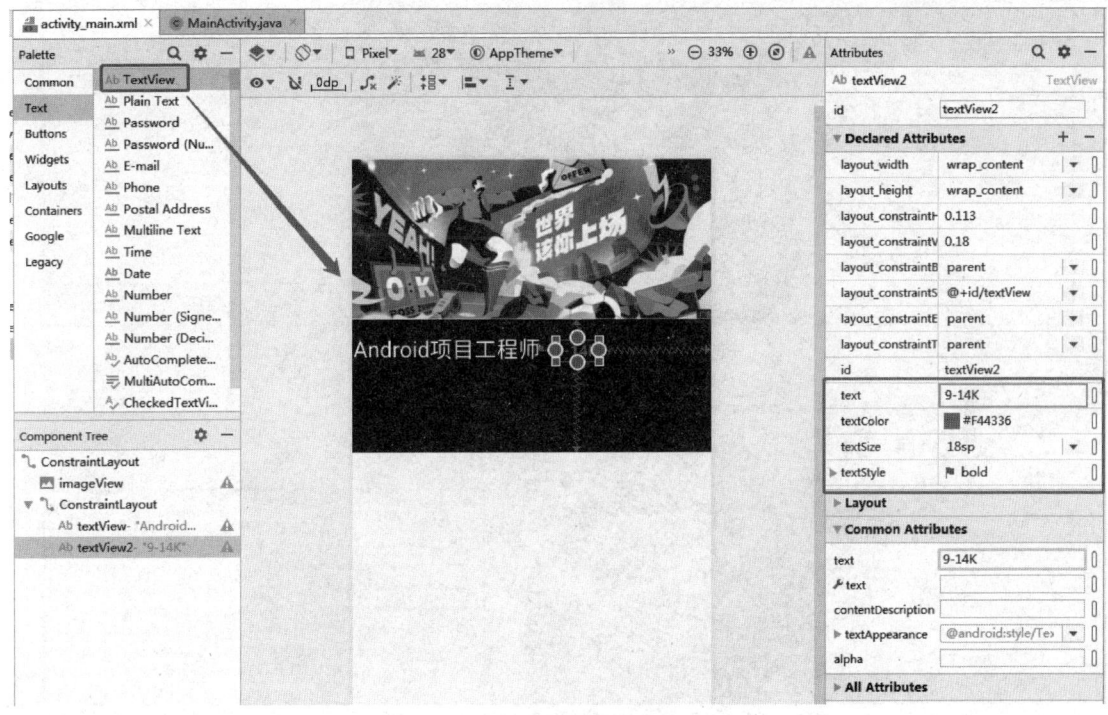

图 1-78　新增 TextView 组件（2）

（8）从 Palette 组件面板中再拖动一个 ImageView 组件到布局中，并设置 logo.png 图片为组件的图片源，调整 ImageView 组件的大小控制柄及约束控制柄，设置图片的大小及约束位置关系，设置好后的效果如图 1-79 所示。

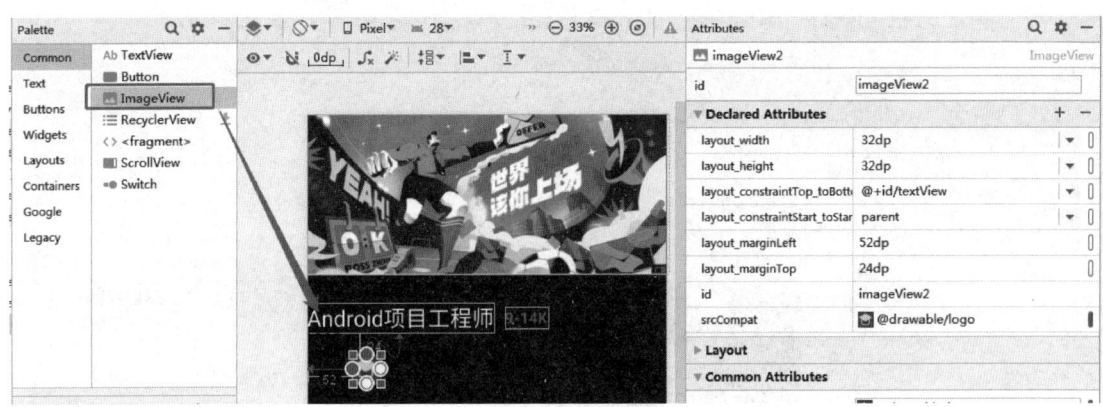

图 1-79　新增 ImageView 组件

（9）从 Palette 组件面板中再拖动一个 TextView 组件到布局中，并在"Attributes"属性面板中设置相应的组件属性，如图 1-80 所示。

（10）从 Palette 组件面板中拖动一个 Button 按钮到布局中，并在"Attributes"属性面板中设置相应的组件属性，如图 1-81 所示。

图 1-80　新增 TextView 组件（3）

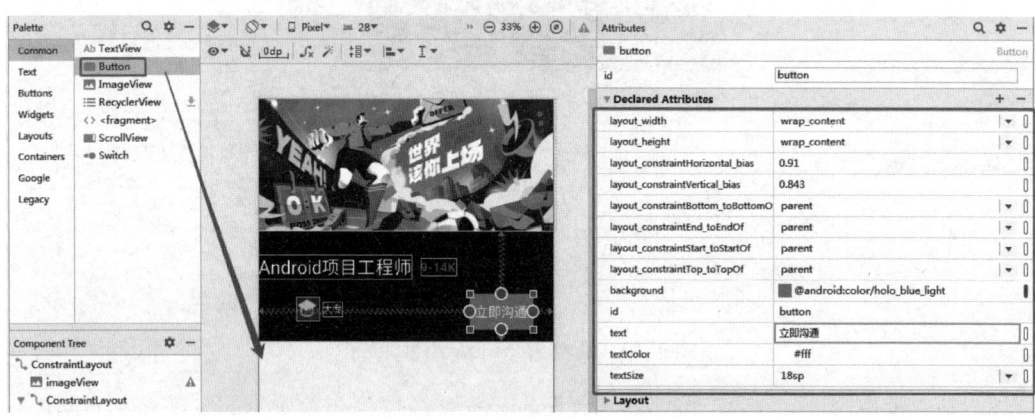

图 1-81　新增 Button 按钮

（11）从 Palette 组件面板中拖动一个 TextView 组件到布局中，并在"Attributes"属性面板中设置相应的组件属性（文本内容可从本书素材中复制），如图 1-82 所示。

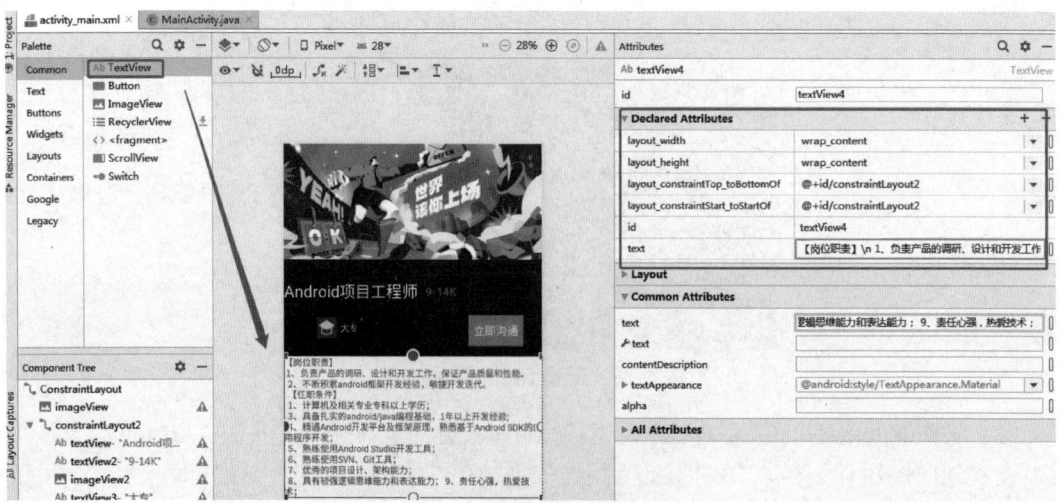

图 1-82　新增 TextView 组件（4）

布局完成后的 XML 文件代码如下。

```
1.   <?xml version="1.0" encoding="utf-8"?>
2.   <androidx.constraintlayout.widget.ConstraintLayout
     xmlns:android="http://schemas.***roid.com/apk/res/android"
3.       xmlns:app="http://schemas.***roid.com/apk/res-auto"
4.       xmlns:tools="http://schemas.***roid.com/tools"
5.       android:layout_width="match_parent"
6.       android:layout_height="match_parent"
7.       tools:context=".MainActivity">
8.       <ImageView
9.           android:id="@+id/imageView"
10.          android:layout_width="415dp"
11.          android:layout_height="180dp"
12.          app:layout_constraintBottom_toBottomOf="parent"
13.          app:layout_constraintEnd_toEndOf="parent"
14.          app:layout_constraintHorizontal_bias="0.0"
15.          app:layout_constraintStart_toStartOf="parent"
16.          app:layout_constraintTop_toTopOf="parent"
17.          app:layout_constraintVertical_bias="0.0"
18.          app:srcCompat="@drawable/p1" />
19.      <androidx.constraintlayout.widget.ConstraintLayout
20.          android:id="@+id/constraintLayout2"
21.          android:layout_width="match_parent"
22.          android:layout_height="150dp"
23.          android:background="#000"
24.          app:layout_constraintBottom_toBottomOf="parent"
25.          app:layout_constraintEnd_toEndOf="parent"
26.          app:layout_constraintHorizontal_bias="0.0"
27.          app:layout_constraintStart_toStartOf="parent"
28.          app:layout_constraintTop_toBottomOf="@+id/imageView"
29.          app:layout_constraintVertical_bias="0.0">
30.          <TextView
31.              android:id="@+id/textView"
32.              android:layout_width="wrap_content"
33.              android:layout_height="wrap_content"
34.              android:layout_marginTop="16dp"
35.              android:text="Android 项目工程师"
36.              android:textColor="#fff"
37.              android:textSize="25sp"
38.              app:layout_constraintBottom_toBottomOf="parent"
39.              app:layout_constraintEnd_toEndOf="parent"
40.              app:layout_constraintHorizontal_bias="0.0"
41.              app:layout_constraintStart_toStartOf="parent"
42.              app:layout_constraintTop_toTopOf="parent"
43.              app:layout_constraintVertical_bias="0.16" />
44.          <TextView
45.              android:id="@+id/textView2"
46.              android:layout_width="wrap_content"
47.              android:layout_height="wrap_content"
48.              android:layout_marginStart="12dp"
49.              android:layout_marginLeft="12dp"
50.              android:text="9-14K"
51.              android:textColor="#F44336"
52.              android:textSize="18sp"
53.              android:textStyle="bold"
54.              app:layout_constraintBottom_toBottomOf="@+id/textView"
55.              app:layout_constraintStart_toEndOf="@+id/textView"
56.              app:layout_constraintTop_toTopOf="@+id/textView" />
57.          <ImageView
```

```
58.            android:id="@+id/imageView2"
59.            android:layout_width="32dp"
60.            android:layout_height="32dp"
61.            android:layout_marginStart="52dp"
62.            android:layout_marginLeft="52dp"
63.            android:layout_marginTop="24dp"
64.            app:layout_constraintStart_toStartOf="parent"
65.            app:layout_constraintTop_toBottomOf="@+id/textView"
66.            app:srcCompat="@drawable/logo" />
67.        <TextView
68.            android:id="@+id/textView3"
69.            android:layout_width="wrap_content"
70.            android:layout_height="wrap_content"
71.            android:layout_marginLeft="5dp"
72.            android:text="大专"
73.            android:textColor="#fff"
74.            app:layout_constraintBottom_toBottomOf="@+id/imageView2"
75.            app:layout_constraintStart_toEndOf="@+id/imageView2"
76.            app:layout_constraintTop_toTopOf="@+id/imageView2" />
77.        <Button
78.            android:id="@+id/button"
79.            android:layout_width="wrap_content"
80.            android:layout_height="wrap_content"
81.            android:background="@android:color/holo_blue_light"
82.            android:text="立即沟通"
83.            android:textColor="#fff"
84.            android:textSize="18sp"
85.            app:layout_constraintBottom_toBottomOf="parent"
86.            app:layout_constraintEnd_toEndOf="parent"
87.            app:layout_constraintHorizontal_bias="0.91"
88.            app:layout_constraintStart_toStartOf="parent"
89.            app:layout_constraintTop_toTopOf="parent"
90.            app:layout_constraintVertical_bias="0.843" />
91.    </androidx.constraintlayout.widget.ConstraintLayout>
92.    <TextView
93.        android:id="@+id/textView4"
94.        android:layout_width="wrap_content"
95.        android:layout_height="wrap_content"
96.        android:text="【岗位职责】\n 1.负责产品的调研、设计和开发工作，保证产品质
量和性能。\n  2.不断积累 Android 框架开发经验，推进产品开发迭代。\n  【任职条件】\n  1.计算
机及相关专业专科以上学历。\n  2.具备扎实的 Android/Java 编程基础，1 年以上开发经验。\n  3.精通
Android 开发平台及框架原理，熟悉基于 Android SDK 的应用程序开发。\n  4.熟练使用 Android
Studio 开发工具。\n  5.熟练使用 SVN、Git 工具。\n  6.优秀的项目设计、架构能力。\n  7.具有较
强逻辑思维能力和表达能力。\n  8.责任心强，热爱技术。"
97.        app:layout_constraintStart_toStartOf="@+id/constraintLayout2"
98.        app:layout_constraintTop_toBottomOf="@+id/constraintLayout2" />
99. </androidx.constraintlayout.widget.ConstraintLayout>
```

1.7   坚持路上总会有惊喜

1. 知识点

➢ Button 组件的设置方法。

➢ ImageView 组件的设置方法。

➢ 调整 ConstraintLayout 约束布局的方法。

➢ TextView 组件的设置方法。

➢ 组件的事件处理。

2. 工作任务

（1）完成如图 1-83（a）所示的原始布局。

（2）完成如图 1-83（b）～（e）所示的效果。

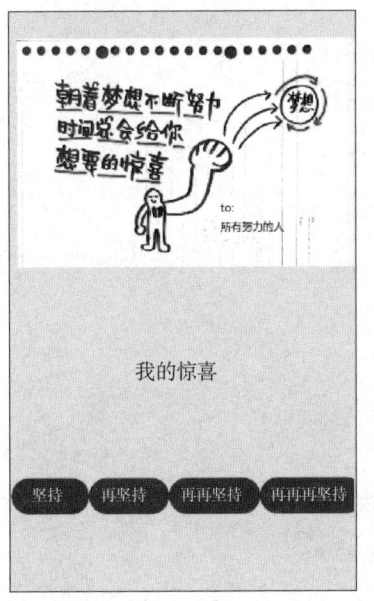

（a）原始布局

（b）单击"坚持"按钮效果

（c）单击"再坚持"按钮效果

（d）单击"再再坚持"按钮效果

（e）单击"再再再坚持"按钮效果

图 1-83　工作任务效果

3．操作流程

（1）打开 Android Studio，新建一个名为 Surprise 的项目。

（2）将图片素材复制到项目的 res/drawable 文件夹中。

（3）打开项目中 res/layout 文件夹下的 activity_main.xml 布局文件，从 Palette 组件面板中拖动所需要的组件到布局中，在"Attributes"属性面板中修改各组件的属性，具体数据见 XML 文件代码。完成如图 1-83（a）所示的原始布局，完成后的 Component Tree 如图 1-84 所示，XML 文件代码如下。

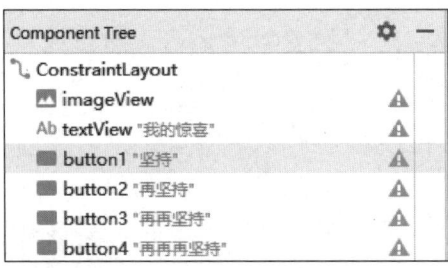

图 1-84　Component Tree

```
1.   <?xml version="1.0" encoding="utf-8"?>
2.   <androidx.constraintlayout.widget.ConstraintLayout
     xmlns:android="http://schemas.***roid.com/apk/res/android"
3.       xmlns:app="http://schemas.***roid.com/apk/res-auto"
4.       xmlns:tools="http://schemas.***roid.com/tools"
5.       android:layout_width="match_parent"
6.       android:layout_height="match_parent"
7.       tools:context=".MainActivity">
8.       <ImageView
9.           android:id="@+id/imageView"
10.          android:layout_width="374dp"
11.          android:layout_height="319dp"
12.          app:layout_constraintBottom_toBottomOf="parent"
13.          app:layout_constraintEnd_toEndOf="parent"
14.          app:layout_constraintHorizontal_bias="0.486"
15.          app:layout_constraintStart_toStartOf="parent"
16.          app:layout_constraintTop_toTopOf="parent"
17.          app:layout_constraintVertical_bias="0.109"
18.          app:srcCompat="@drawable/suprise" />
19.      <TextView
20.          android:id="@+id/textView"
21.          android:layout_width="wrap_content"
22.          android:layout_height="wrap_content"
23.          android:layout_marginTop="80dp"
24.          android:text="我的惊喜"
25.          android:textSize="25sp"
26.          app:layout_constraintEnd_toEndOf="parent"
27.          app:layout_constraintHorizontal_bias="0.5"
28.          app:layout_constraintStart_toStartOf="parent"
29.          app:layout_constraintTop_toBottomOf="@+id/imageView" />
30.      <Button
31.          android:id="@+id/button1"
32.          android:layout_width="wrap_content"
33.          android:layout_height="wrap_content"
34.          android:text="坚持"
35.          android:textColor="#000"
```

```
36.        app:layout_constraintBottom_toBottomOf="parent"
37.        app:layout_constraintEnd_toEndOf="parent"
38.        app:layout_constraintHorizontal_bias="0.006"
39.        app:layout_constraintStart_toStartOf="parent"
40.        app:layout_constraintTop_toBottomOf="@+id/textView"
41.        app:layout_constraintVertical_bias="0.339" />
42.    <Button
43.        android:id="@+id/button2"
44.        android:layout_width="wrap_content"
45.        android:layout_height="wrap_content"
46.        android:text="再坚持"
47.        android:textColor="#000"
48.        app:layout_constraintBottom_toBottomOf="@+id/button1"
49.        app:layout_constraintStart_toEndOf="@+id/button1"
50.        app:layout_constraintTop_toTopOf="@+id/button1" />
51.    <Button
52.        android:id="@+id/button3"
53.        android:layout_width="wrap_content"
54.        android:layout_height="wrap_content"
55.        android:text="再再坚持"
56.        android:textColor="#000"
57.        app:layout_constraintBottom_toBottomOf="@+id/button2"
58.        app:layout_constraintStart_toEndOf="@+id/button2"
59.        app:layout_constraintTop_toTopOf="@+id/button2" />
60.    <Button
61.        android:id="@+id/button4"
62.        android:layout_width="wrap_content"
63.        android:layout_height="wrap_content"
64.        android:text="再再再坚持"
65.        android:textColor="#000"
66.        app:layout_constraintBottom_toBottomOf="@+id/button3"
67.        app:layout_constraintStart_toEndOf="@+id/button3" />
68. </androidx.constraintlayout.widget.ConstraintLayout>
```

（4）在项目结构中打开文件 MainActivity.java，实例化程序所需的按钮及文本组件对象，具体过程如图 1-85 所示。第一步：声明 4 个按钮及 1 个文本组件对象；第二步：添加 init() 方法实现对象实例化过程；第三步：在 onCreate() 方法中调用 init()方法，以保证 Activity 在运行程序时会执行 init()方法。

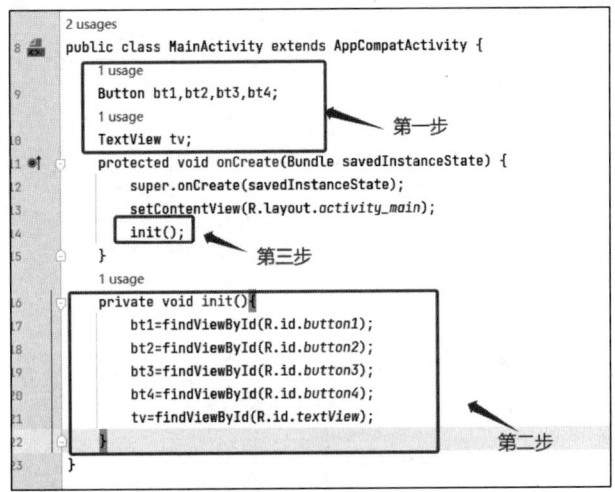

图 1-85　实例化程序所需的按钮及文本组件对象

（5）在 onCreate() 方法中给 ID 为 button1 的按钮（布局中的"坚持"按钮）添加单击事件监听器，代码如图 1-86 所示，当单击此按钮时，ID 为 textView 的组件的内容显示为"我学会了 Android 项目开发"。

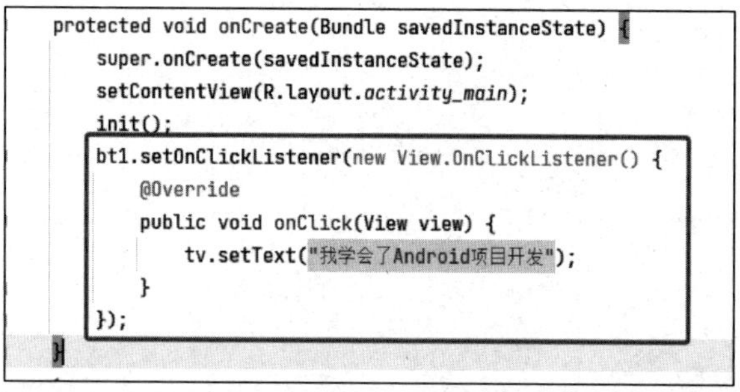

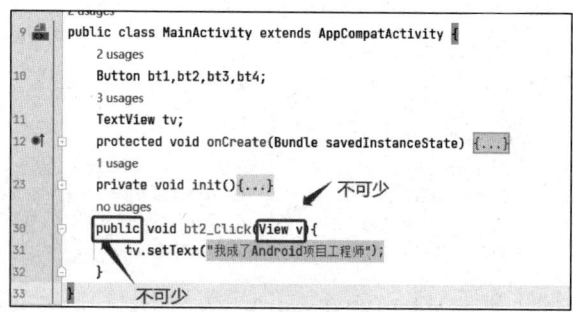

```java
protected void onCreate(Bundle savedInstanceState) {
    super.onCreate(savedInstanceState);
    setContentView(R.layout.activity_main);
    init();
    bt1.setOnClickListener(new View.OnClickListener() {
        @Override
        public void onClick(View view) {
            tv.setText("我学会了Android项目开发");
        }
    });
}
```

图 1-86　给 ID 为 button1 的按钮添加单击事件监听器

（6）在程序中添加方法 bt2_Click()，给 ID 为 button2 的按钮（布局中的"再坚持"按钮）添加单击事件监听器，当单击此按钮时，ID 为 textView 的组件的内容显示为"我成了 Android 项目工程师"，代码如图 1-87 所示。

```java
public class MainActivity extends AppCompatActivity {
    Button bt1,bt2,bt3,bt4;
    TextView tv;
    protected void onCreate(Bundle savedInstanceState) {...}
    private void init(){...}

    public void bt2_Click(View v){          不可少
        tv.setText("我成了Android项目工程师");
    }
}                    不可少
```

图 1-87　给 ID 为 button2 的按钮添加单击事件监听器

（7）打开项目中 res/layout 文件夹下的 activity_main.xml 布局文件，选中"再坚持"按钮，在"Attributes"属性面板中添加 onClick 属性，在下拉列表中选择上一步创建的方法"bt2_Click"，如图 1-88 所示。

图 1-88　设置 ID 为 button2 的按钮的 onClick 属性

（8）如图 1-89 所示，在 onCreate() 方法中为 ID 为 button3、button4 的按钮（布局中的"再再坚持"与"再再再坚持"按钮）分别添加单击事件监听器，接着将光标移至 this 报错处，使用快捷键 Alt+Enter，在修改建议清单中选择如图 1-90 所示的选项，在实现方法对话框（见图 1-91）中选择"onClick(view:View):void"选项，单击"OK"按钮，系统会在程序中自动添加如图 1-92 所示的代码。

```
2 usages
public class MainActivity extends AppCompatActivity {
    2 usages
    Button bt1,bt2,bt3,bt4;
    3 usages
    TextView tv;
    protected void onCreate(Bundle savedInstanceState) {
        super.onCreate(savedInstanceState);
        setContentView(R.layout.activity_main);
        init();
        bt1.setOnClickListener(new View.OnClickListener() {...});
        bt3.setOnClickListener(this);
        bt4.setOnClickListener(this);                  添加代码
    }
    1 usage
```

图 1-89　为 ID 为 button3、button4 的按钮添加单击事件监听器

```
    protected void onCreate(Bundle savedInstanceState) {
        super.onCreate(savedInstanceState);
        setContentView(R.layout.activity_main);
        init();
        bt1.setOnClickListener(new View.OnClickListener() {...});
        bt3.setOnClickListener(this);
        bt4.setOnClickListener(th    Cast argument to 'OnClickListener'
    }                                 Make 'MainActivity' implement 'android.view.View.OnClickListener'
    1 usage
    private void init(){...}           Collapse into loop                          >
                                       Press Ctrl+Q to toggle preview
```

图 1-90　修改建议清单

图 1-91　实现方法对话框

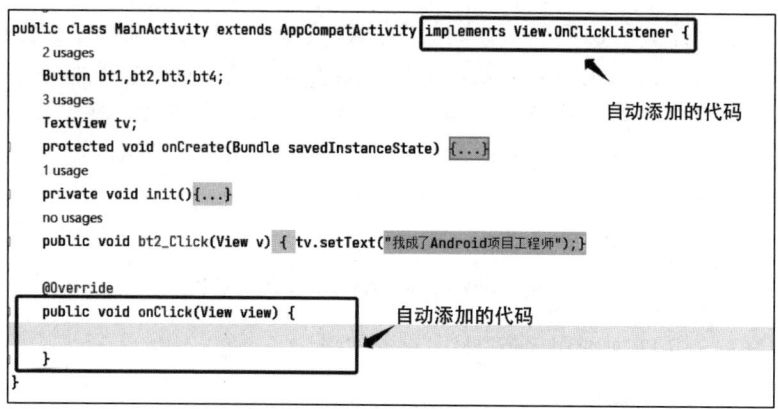

图 1-92　完成实现方法后的代码

（9）在 onClick() 方法中添加如图 1-93 所示的代码，分别重写"再再坚持"和"再再再坚持"两个按钮的监听单击事件的回调函数，实现修改 TextView 组件显示文本的功能。

```
37  public void onClick(View view) {
38      int ClickViewId=view.getId();
39      if(ClickViewId==R.id.button3){
40          tv.setText("我成了Android项目架构师");
41      }else if(ClickViewId==R.id.button4){
42          tv.setText("我成了Android项目经理");
43      }
44  }
```

图 1-93　"再再坚持"和"再再再坚持"两个按钮的监听单击事件的回调函数

（10）运行程序。

思考

（1）图 1-89 中的 this 与图 1-93 中的 view 是什么关系，程序如何识别用户触发的是哪个按钮的单击事件？

（2）可以使用 switch 语句替换图 1-93 中对组件 ID 的分支判断语句吗？

1.8　Android Studio 调试之旅

1. 知识点

➢ TextView 组件的设置方法。

➢ 组件的事件处理。

➢ Android 开发中的日志信息输出。

➢ Android Studio Debug 断点调试方法。

2. 工作任务

新建一个项目，在 MainActivity.java 文件中新建 3 个方法，其中，debug() 方法用于设置页面中 TextView 组件的单击事件，其功能是调用其他两个方法，fun1() 方法用于 Log 打印调试，fun2() 方法用于 Debug 断点调试。完成程序编写后运行程序，单击"Hello World！"文本组件，观察 Logcat 窗口和 Debug 窗口，并按表 1-10 中的要求填写观察到的数据。

表 1-10　调试记录表

序　号	问　　题	答　案	思　　考
1	在 Logcat 调试模式下，设置过滤器的 tag 标签为 "test1"，在 Logcat 窗口中显示的内容是什么？		日志中显示的 "调试 1" 是哪个 tag 对应显示的内容？
2	每次日志输出 "*" 时，x 对应的数据值分别为多少？		断点设置的依据是什么？

3. 操作流程

（1）打开 Android Studio，新建一个名为 Tiaoshi 的项目。

（2）在项目结构中打开 MainActivity.java 文件，在文件中添加以下代码。

```
1.   public class MainActivity extends AppCompatActivity {
2.       @Override
3.       protected void onCreate(Bundle savedInstanceState) {
4.           super.onCreate(savedInstanceState);
5.           setContentView(R.layout.activity_main);
6.       }
7.       public void debug(View view){
8.           fun1();
9.           fun2();
10.      }
11.      private void fun1(){
12.          Log.d("test1","调试 1");
13.          Log.d("test2","调试 2");
14.          Log.d("test3","调试 3");
15.      }
16.      private void fun2(){
17.          int max=10;
18.          Random r=new Random();
19.          for(int i=0;i<10;i++){
20.              int x=r.nextInt(max);
21.              if(x%2==0){
22.                  Log.d("test1","*");
23.              }
24.          }
25.      }
26.  }
```

第 7～10 行代码创建操作流程（3）中设置 onClick 属性所需的单击回调函数。

第 11～15 行代码实现 3 个日志输出。

第 16～25 行代码实现随机产生 10 个 10 以内的整数，并判断每个随机数的奇偶性，若为偶数，则日志输出 "*"。

（3）打开项目中 res/layout 文件夹下的 activity_main.xml 布局文件，单击 "Hello World！" 文本组件，在 "Attributes" 属性面板中单击 "+" 按钮添加 onClick 属性，并在下拉列表中选择上一步创建的方法 "debug"，设置完成后的效果如图 1-94 所示。

（4）运行程序，当程序成功地安装到模拟器（或其他调试设备）后，在模拟器（或其他调试设备）中单击"Hello World！"文本组件，之后单击如图 1-95 序号 1 所示的"Logcat"按钮，打开 Logcat 调试窗口，并在如图 1-95 序号 2 所示的过滤器中输入"test1"，在表 1-10 的第 2 行按要求填写调试结果。

（5）打开 MainActivity.java 文件，并在如图 1-96 所示的位置设置断点，单击工具栏中的"debug"按钮（见图 1-97）。在模拟器或其他调试设备上单击"Hello World！"文本组件，回到 Android Studio Debug 窗口并不断单击"Step Into"按钮（见图 1-98），每次单击"Step Into"按钮时认真观察图 1-99 序号 1 和序号 2 所示位置中各变量值的变化情况（见图 1-99），在表 1-10 的第 3 行按要求填写调试结果。

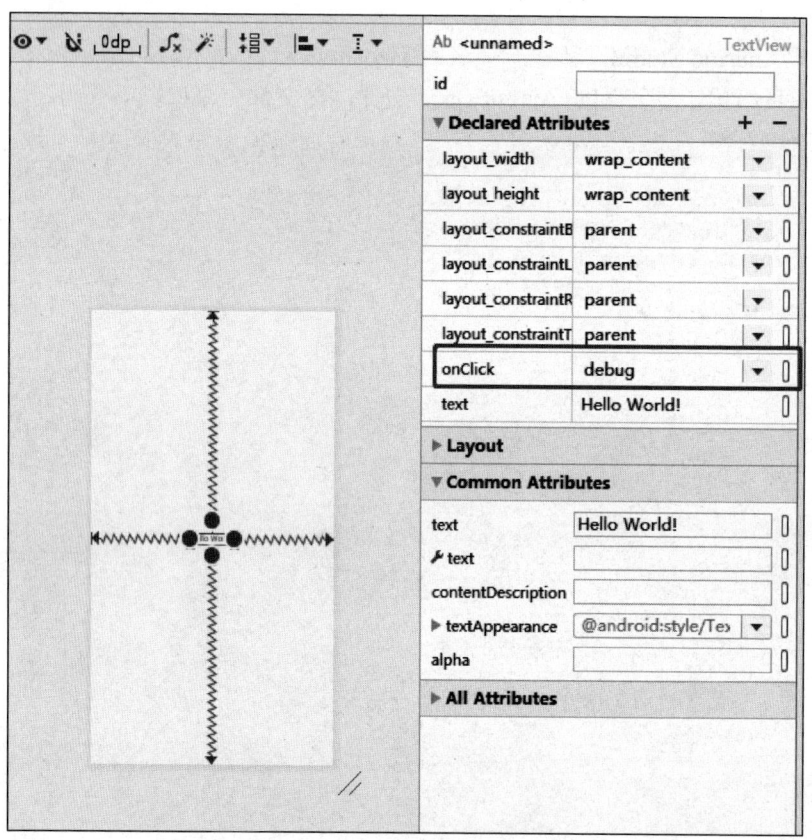

图 1-94　为"Hello World！"文本组件设置 onClick 属性

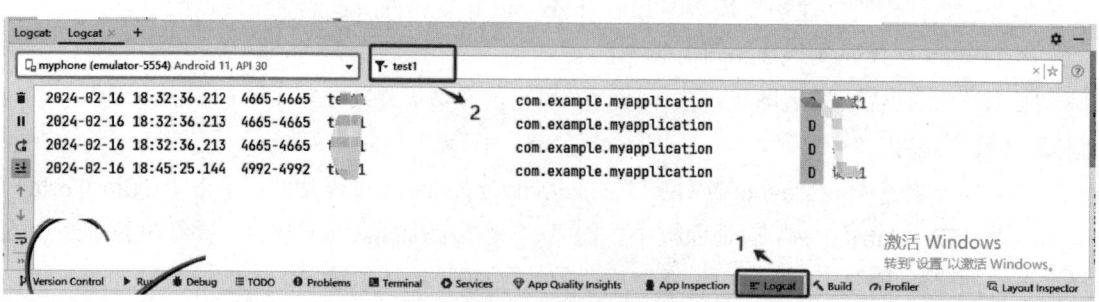

图 1-95　Logcat 调试模式

```
1 usage
public void debug(View view){
    fun1();
    fun2();
}
设置断点 1 usage
private void fun1(){
    Log.d( tag: "test1", msg: "调试1");
    Log.d( tag: "test2", msg: "调试2");
    Log.d( tag: "test3", msg: "调试3");
}
    1 usage
private void fun2(){
    int max=10;
    Random r=new Random();
    for(int i=0;i<10;i++){
        int x=r.nextInt(max);
        if(x%2==0){
            Log.d( tag: "test1", msg: "*");
        }
```

图 1-96　设置断点

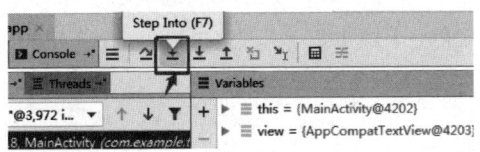

图 1-97　"debug" 按钮

图 1-98　"Step Into" 按钮

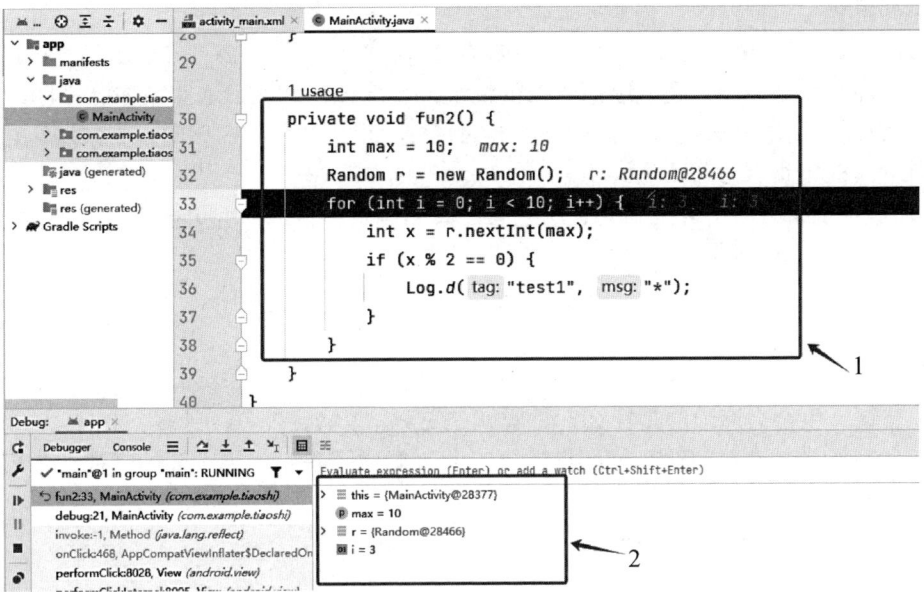

```
1 usage
private void fun2() {
    int max = 10;    max: 10
    Random r = new Random();    r: Random@28466
    for (int i = 0; i < 10; i++) {    i: 3    i: 3
        int x = r.nextInt(max);
        if (x % 2 == 0) {
            Log.d( tag: "test1", msg: "*");
        }
    }
}
```

图 1-99　Debug 调试面板

1.9 工作小憩

 【心灵驿站】

我是谁？我从哪里来？我要到哪里去？

著名哲学家苏格拉底缓缓地抬起头望向天边，提出了哲学三大终极问题：我是谁？我从哪里来？我要到哪里去？它们是人类认识自己时不可避免的三个问题，若将这三个问题真正想通了，人生就再也不会迷茫和彷徨了。"我是谁？"让我们清楚自己的定位，"我从哪里来？"让我们不忘本，"我要到哪里去？"代表着信念和方向。成功的路上没有捷径，那些登上巅峰的人，从来都是守护初心、坚持梦想、从不放弃的人！！！

 【轻松时刻】

每个人心里都应该有自己想达到的顶峰，每个人的目标也都不同，也许你正处在人生的十字路口，不知如何选择；也许你对未来的目标已经非常明确，那就勇往直前，别停下脚步。下面测测你的未来目标吧！

走在路上，你看到有钥匙落在地上，你觉得是：

A. 一大串钥匙

B. 两三把钥匙

C. 只有一把

测试结果：

A. 你对未来有无限憧憬，对于生活，你认为它就像一扇正要被打开的窗户，窗外有诸多可能，但可能会出现好高骛远、眼高手低的情况，你应该按部就班地实现你的目标。

B. 你眼前正面临着分叉路口，有一个以上的目标，正彷徨着不知该向哪一条路迈进，建议你多听听他人的宝贵看法与人生经验。

C. 你是对未来方向十分明确的有志之士，既然确定了目标，就勇往直前，别停下脚步！

（以上测试仅供娱乐）

 【深度思考】

（1）我这一生全力追求的是什么？是成就、安全、爱情、权力、刺激、知识，还是别的？

（2）我有没有长久以来一直想要做的事？我开始做了吗？如果没开始，那么为何我迟迟未开始做呢？

（3）我的 5 个人生小目标是什么？

项目 2
项目简介

 【教学目标】

✧ 了解设计文档的基本概念。
✧ 掌握设计文档的主要组成部分。
✧ 了解"薪火传承"App 的开发任务。

2.1 工作任务概述

研读"薪火传承"App 的设计文档，分析并熟悉"薪火传承"App 的开发任务。

2.2 预备知识

2.2.1 设计文档概述

设计文档是技术规范，用于描述解决问题的思路，需要在开始编码之前编写。设计文档是确保正确完成工作的有力工具，一方面是为了让开发及设计人员展开缜密的思考，另一方面是为了让其他人了解整个程序系统（或作为参考）。设计文档中的内容包括程序系统的基本处理流程、组织结构、模块划分、功能分配、接口设计、运行设计、安全设计、数据结构设计和故障处理设计等。

2.2.2 设计文档模板

1 引言

1.1 编写目的（阐明开发本软件的目的）

1.2 项目背景

标识待开发软件的名称、代码。

列出本项目的任务提出者、项目负责人、系统分析员、系统设计人员、程序设计员、资料员，以及与开展本项目工作直接有关的人员和用户。

说明该软件与其他相关软件的相互关系。

1.3 术语说明

列出本文档中出现的专业术语的定义和英文缩写词的原文。

1.4 参考资料

2 项目概述

2.1 待开发软件的一般描述

描述待开发软件的项目背景、所应达到的目标及市场前景等。

2.2 待开发软件的功能

2.3 用户特征和受教育水平

描述最终用户应具有的受教育水平、工作经验及技术专长。

2.4 运行环境

描述软件的运行环境，包括硬件平台、硬件要求、操作系统和版本，以及其他软件或与其共存的应用程序等。

2.5 条件与限制

给出开发人员在设计软件时的约束条款。

3 功能需求

3.1 功能划分

列出待开发软件可以实现的全部功能，可采用文字、图表或数学公式等多种方法进行描述。

3.2 功能描述

对各个功能进行详细的描述。

4 外部接口需求

4.1 用户界面

对用户希望该软件具有的界面特征进行描述。

4.2 软件与硬件接口

描述系统中软件和硬件设备的每个接口的特征、硬件接口支持的设备、软件与硬件接口之间及硬件接口与支持设备之间的约定，包括交流的数据和控制信息的性质及所使用的通信协议。

4.3 外部软件接口

描述该软件与其他相关的外部软件或组件的接口关系，并指出这些外部软件或组件的名称和版本号。

4.4 通信接口

描述该软件与该软件相关的各种通信需求，包括电子邮件、Web 浏览器、网络通信协议等。

4.5 故障处理

对可能发生的软件故障、硬件故障所产生的后果进行处理。

5 性能需求

5.1 数据精确度

输出结果的精度。

5.2　时间特性

时间特性包括响应时间、更新处理时间、数据转换与传输时间、运行时间等。

5.3　适应性

描述待开发软件在操作方式、运行环境、与其他软件的接口、开发计划等发生变化时的适应能力。

6　其他需求

列出在本文档的其他部分未出现的需求。

7　数据描述

7.1　静态数据

7.2　动态数据

包括输入数据和输出数据。

7.3　数据库描述

给出要使用的数据库的名称和类型。

7.4　数据字典

7.5　数据采集

列出提供输入数据的机构、设备和人员。

列出数据输入的手段、介质和设备。

列出数据生成的方法、介质和设备。

8　附录

2.3　分析开发任务

1. 知识点

设计文档的主要组成部分。

2. 工作任务

通过细心研读"薪火传承"App设计文档，分析其开发任务。

3. "薪火传承"App设计文档

1　项目概述

中国是一座文化的古堡，中华优秀传统文化随着黄河生生不息，随着长江源远流长。国家推动中华优秀传统文化创造性转化、创新性发展的精神指引，激发出无数传统文化传承者深厚的家国情怀，也为传统手工艺者们传承技艺和发展技艺提供了无限的动力。"薪火传承"App是聚焦大国工匠感悟中华传统文化之美的平台。

2　功能需求

（1）提供用户注册和登录功能，确保用户信息的安全。

（2）展示中华传统文化与匠人故事。

（3）提供便捷的搜索功能，让用户快速找到所需信息。

（4）以直观的、可预测的方式设计导航。

（5）通过系列交互指导用户操作。

（6）添加收藏功能以便用户查看喜爱的内容。

（7）最大限度地实现易维护性和易操作性。

3 技术选型

（1）开发平台：Android Studio。

（2）前端开发技术：Android。

（3）后端开发技术：ASP.NET Core。

（4）数据库：MySQL，SQLite。

4 系统设计

4.1 系统功能结构

"薪火传承" App 系统功能结构如图 2-1 所示。

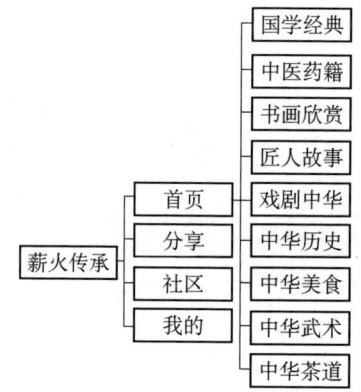

图2-1 "薪火传承" App 系统功能结构

4.2 系统预览

"薪火传承" App 由移动端和服务器端组合而成。下面仅列出几张典型效果图。

1. 启动页

移动端的"启动页"如图 2-2 所示，它是当 App 被用户打开时，在 App 启动过程中被用户看到的过渡页面（或动画），一般包括 3～5 个可滑动的页面，主要用于向用户展示产品的功能和产品亮点。

2. 首页

移动端的"首页"如图 2-3 所示。移动端的"首页"用于功能入口的聚合展示，分别将"国学经典""中医药籍""书画欣赏""匠人故事""戏剧中华""中华历史"等子功能展示出来，便于用户使用这些功能。

3. 分享

移动端的"分享"页面如图 2-4 所示，该页面展示了用户分享的中华传统文化及匠人故事。

图 2-2　移动端的"启动页"

图 2-3　移动端的"首页"

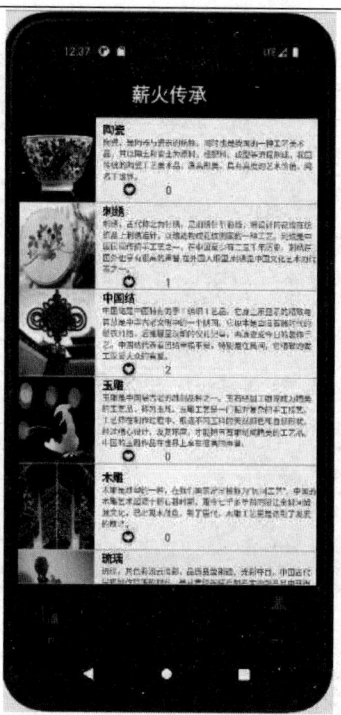

图2-4 移动端的"分享"页面

4. 社区

移动端的"社区"页面如图 2-5 所示，该页面展示了不同地区的技艺及用户关注信息。

图2-5 移动端的"社区"页面

5. 我的

移动端的"我的"页面如图 2-6 所示,可以在此页面查看个人信息、修改密码、查看收藏信息等。

图2-6　移动端的"我的"页面

6. 登录

移动端的"登录"页面如图 2-7 所示,该页面主要用于用户的登录验证。

图2-7　移动端的"登录"页面

4.3　数据库逻辑结构设计

根据设计好的 E-R 图在数据库中创建数据表，本项目只需要两个数据表：一个是关注信息表（见表 2-1），用于保存用户关注信息到本地；另一个是用户信息表（见表 2-2），用于存储用户信息到服务器端。

表 2-1　关注信息表

字　段	类　型	中 文 含 义	备 注 说 明
_id	integer	ID	primary key，autoincrement
name	text	关注主题	
comment	text	关注内容简介	
image	blob数据块	发布图片	

表 2-2　用户信息表

字　段	类　型	中 文 含 义	备 注 说 明
userid	varchar (15)	用户 ID	邮箱或电话号码，primary key
username	varchar (50)	用户名	
password	varchar (15)	用户密码	

4.4　文件夹组织结构

每个项目都会有相应的文件夹组织结构，如果项目中的文件数量较多，那么可以将不同类型的文件存放于不同的文件夹中。"薪火传承"项目的文件夹组织结构如图 2-8 所示。

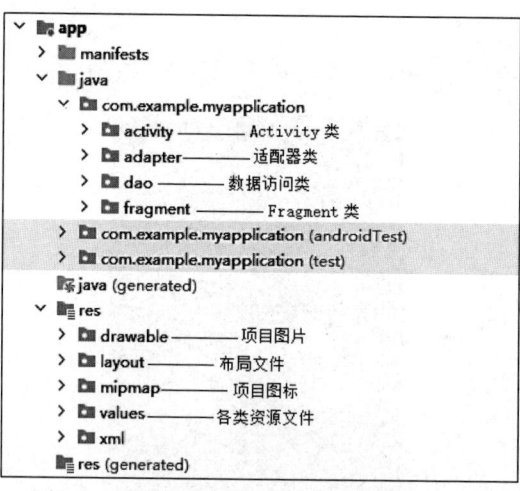

图 2-8　"薪火传承"项目的文件夹组织结构

5　软件开发需求

运行环境：Windows 操作系统、Android 智能手机等。

开发语言：Java。

开发软件：Android Studio。

开发插件：JDK、SDK。

6　流程设计

（1）用户注册和登录流程：选择"我的"→"待君登录"选项打开登录页面，若没有账号，则可以点击页面下方的"注册"链接，进入注册页面进行注册。

（2）关注分享内容流程：长按"分享"页面的分享条目，在弹出的菜单中选择"关注"选项，即可关注该条目，并在"社区"的"关注"栏目中显示关注信息。

（3）当 App 被用户打开时，向用户展示启动页。

2.4　工作小憩

 【心灵驿站】

一代一代的青年人，记着国家使命，去奔走、去呐喊，去想，去做，敢担当不畏难，事情自然就成了。所以，未来的中国，并不缥缈，就在大家的手里。你们有理想、有本领、有担当，国家就有前途，民族就有希望。

——《你的梦想有多雄奇，中国就有多美丽》（选自《人民日报》）

 【轻松时刻】

唐太宗贞观年间，长安城西的一家磨坊里，有一匹马和一头驴子，它们是好朋友。马在外面拉东西，驴在屋里推磨。贞观三年，这匹马被玄奘大师选中，出发经西域前往印度取经。

17 年后，这匹马驮着佛经回到长安。它回到磨坊会见驴子朋友。老马谈起这次旅途的经历：浩瀚无边的沙漠，高入云霄的山岭，崎岖的路途，奇异的见闻……那些神话般的境界，使驴子听了大为惊异。

驴子惊叹道："你多有见识呀！那么遥远的道路，我连想都不敢想。"

老马说："其实我们走的距离是大体相等的，当我向西域前进的时候，你一步也没停止。不同的是，我同玄奘大师有一个遥远的目标，朝着目标的方向前进，所以我们打开了一个广阔的世界。而你被蒙住了眼睛，一生只围着磨盘打转，所以永远也走不出这个狭隘的天地。"

——寓言故事

 【深度思考】

（1）什么样的理想才是崇高理想？

（2）理想与空想有什么区别？

项目 3

"登录"模块的设计与实现

【教学目标】

✧ 了解 Activity 对应的 UI 布局创建过程。
✧ 了解 View 组件与 ViewGroup 布局。
✧ 掌握 margin 属性和 padding 属性的使用方法。
✧ 掌握 LinearLayout 的常用属性及其使用方法。
✧ 掌握不同分辨率的 Android 设备适配对应分辨率图片的方法。
✧ 掌握 EditText 的常用属性及其使用方法。
✧ 掌握 res/values 文件夹下各类资源文件的使用方法。
✧ 掌握 shape 的使用方法。
✧ 掌握 selector 的使用方法。

3.1 工作任务概述

本项目主要完成"薪火传承"App"登录"界面的 UI 布局,效果如图 3-1 所示。

图 3-1 "薪火传承"App"登录"界面的 UI 布局效果

3.2　预备知识

3.2.1　View 与 ViewGroup 布局

Android 的 UI 界面都是由 View、ViewGroup 及其派生类组合而成的。其中,View 是所有 UI 组件的基类,而 ViewGroup 是容纳这些 UI 组件的容器,它本身也是由 View 派生的。

View 是 Android 应用程序中用户 UI 界面的最基础单元。View 类为其 widgets（工具）子类奠定了基础。View 组件是可见的视觉组件,在其内部无法置入其他组件。

ViewGroup 类为其 Layouts（布局）子类奠定了基础。ViewGroup 组件是不可见的容器组件,用来设置容器内部的 View 组件和 ViewGroup 组件的排列规则。View 组件与 ViewGroup 组件的关系如图 3-2 所示,一般在 Android Studio 中可以通过 Component Tree 视图查看它们之间的树形结构。

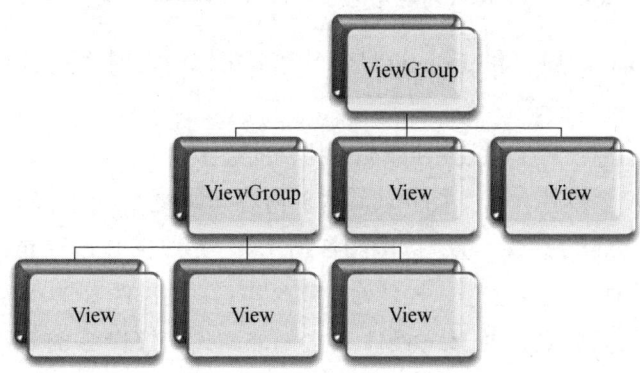

图 3-2　View 组件与 ViewGroup 组件的关系

3.2.2　LinearLayout

1. LinearLayout 简介

LinearLayout 是线性布局控件,其包含的子控件以横向或竖向的方式排列,并按照相对位置来排列所有的 widgets 或其他的 containers,当某些控件超过边界时,它们将缺失或消失。因此,一个竖向排列的 LinearLayout 的每行只有一个 widget 或 container（两者的高度不限）;一个横向排列的 LinearLayout 只有一个行高（为最高子控件的高度加上边框高度）。LinearLayout 控制其所包含的 widget 或 container 之间的间隔及相互对齐方式（相对于一个控件的右对齐、中间对齐或左对齐）。

2. 线性布局的常用属性及其作用

线性布局的常用属性及其作用如表 3-1 所示。

表 3-1　线性布局的常用属性及其作用

属　　　性	作　　　用
android: contentDescription	定义简要描述视图内容的文本

续表

属　　性	作　　用
android: layout_width android: layout_height	这两个属性可以简单理解为 View 的宽度与高度，它们的值选项中的 match_parent、wrap_content、fill_parent 代表此 View 在父 View 中的宽度与高度的确定方式。match_parent、fill_parent 代表此 View 的宽（高）度和父 View 的宽（高）度相等，wrap_content 代表此 View 的宽（高）度会按照包裹自身内容的方式来确定
android: orientation	设置子控件的排列方向（vertical 表示垂直线性布局，horizontal 表示水平线性布局）
android: gravity	指定该对象中子控件的对齐方式
android: layout_gravity	指定一个控件相对于它的父控件的对齐方式
android: layout_weight	通过设置控件的 layout_weight 属性值控制各个控件在布局中的相对大小。线性布局会根据该控件的 layout_weight 属性值与其所处布局中所有控件的 layout_weight 属性值之和的比值为该控件分配区域

3.2.3　Android 控件的 margin 属性和 padding 属性

控件属性中的 margin 属性和 padding 属性是布局中比较常用的两个属性，这两个属性主要用来设置边距。

margin 属性：设置控件与其父控件或兄弟控件的边距。

padding 属性：设置控件与其子控件或其内部内容（如文本）的边距。

margin 属性与 padding 属性示意图如图 3-3 所示。若为控件 B 设置 margin 属性和 padding 属性，则控件 A 是控件 B 的父控件，控件 C（或内容 C）是控件 B 的子控件或内部内容。控件 B 的 margin 属性设置的是控件 B 与控件 A 之间的距离；控件 B 的 padding 属性设置的是控件 B 与控件 C（或内容 C）之间的距离。

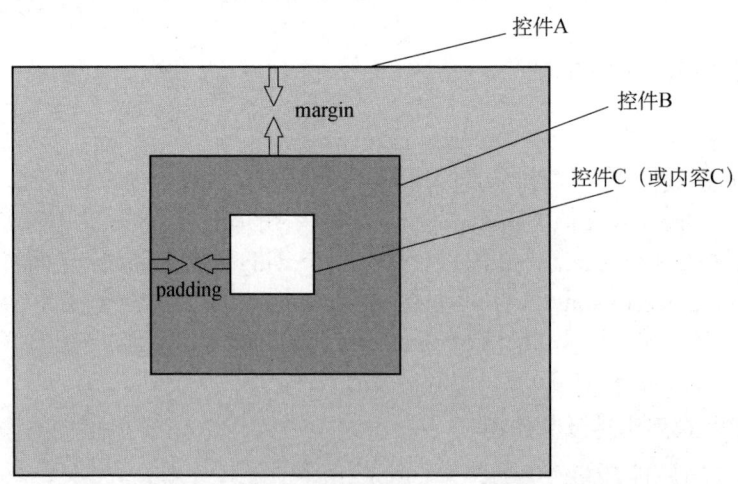

图 3-3　margin 属性与 padding 属性示意图

3.2.4　EditText 组件

在 Android 中，EditText（编辑框）用于在屏幕上显示文本输入框，在其中可以输入单行

文本,也可以输入多行文本,还可以输入指定格式的文本,如密码、电话号码和邮箱等。EditText组件的常用属性及其作用如表 3-2 所示。

表 3-2　EditText 组件的常用属性及其作用

属　　性	作　　用
android: hint	设置显示在编辑框中的提示信息
android: numeric	设置编辑框中可以输入的数据类型,包括 integer(正整数)、signed(带符号整数,有正负之分)和 decimal(浮点数)
android: singleLine	设置是否单行输入,若设置为 true,则文字不会自动换行
android: password	设置文本是否以密码形式显示
android: textColor	设置文字颜色
android: textStyle	设置文字样式,可选值包括 bold、italic、bolditalic
android: textSize	设置文字大小
android: textColorHighlight	设置被选中文字的底色,默认为蓝色
android: textColorHint	设置提示信息文字的颜色,默认为灰色
android: textScaleX	设置字间距
android: typeface	设置字型,可选值包括 normal、sans、serif、monospace
android: background	设置背景
android: layout_weight	设置权重
android: drawableBottom	在文字的下方输出一个 drawable,如图片
android: drawableLeft	在文字的左边输出一个 drawable,如图片
android: drawableRight	在文字的右边输出一个 drawable,如图片
android: drawableTop	在文字的上方输出一个 drawable,如图片
android: drawablePadding	设置 text 与 drawable 的间隔。该属性需要与 drawableLeft、drawableRight、drawableTop、drawableBottom 结合使用,可设置值为负数,单独使用时没有效果
android: editable	设置编辑框中的文本是否可编辑
android: maxlength	设置编辑框的最大可输入字符数

3.2.5　不同分辨率的 Android 设备适配对应分辨率的图片

1. 尺寸概念

(1)px(pixel):像素,即屏幕上的点,不同设备显示效果相同。例如,HVGA 表示 320px×480px。

(2)in:英寸,指屏幕的物理尺寸,1in=2.54cm。例如,手机的屏幕大小为 5in、4in,这些尺寸是屏幕的对角线长度,4in 表示手机屏幕(可视区域)的对角线长度是 4×2.54=10.16cm。

(3)pt(point):标准长度单位,1pt=1/72in,用于印刷业,也是 iOS 字体单位,Android 项目开发不使用该单位。

（4）dpi（dots per inch）：打印分辨率，指每英寸能打印的点数（每英寸包含的像素数），即打印精度。例如，对于分辨率为 320px×480px、宽为 2in、高为 3in 的手机，其屏幕每英寸包含的像素的数量为 320/2=160（横向）或 480/3=160（纵向），160 就是这部手机的 dpi，一般而言，横向和纵向的这个值是相同的（因为大部分手机屏幕使用正方形的像素点）。

（5）ppi（pixels per inch）：图像分辨率、像素密度，指图像每英寸所包含的像素数。

（6）density：屏幕密度。density 和 dpi 的关系为 1density=dpi/160。

（7）dp（也被称为 dip，density independent pixel）：Android 特有的单位，与密度无关，是基于屏幕密度的抽象单位。对于分辨率为 320px×480px 同时 dpi 为 160 的显示器，1dp=1px。

（8）sp（scaled pixel）：放大像素，与刻度无关，是文字大小单位，可以根据用户设置的文字大小进行缩放。sp 也是 Android 特有的单位。由 TextView 的源代码可知，Android 默认使用 sp 作为文字大小单位。以 160ppi 屏幕为标准，当字体大小为 100%时，1sp=1px。

2. 换算关系

（1）px = dp×(dpi / 160)。

小贴士

用 sp 和 dp 代替 px 的原因是它们不会随 ppi 的变化而使呈现效果产生变化，在物理尺寸相同、ppi/dpi 不同的情况下，它们呈现的高度是相同的，也就是说，sp 和 dp 更接近物理呈现方式，px 则不是。

（2）ppi=$\sqrt{(长度像素数^2+宽度像素数^2)}$/屏幕对角线英寸数。

3. 区分标准

Google 官方指定的 dpi 区分标准如表 3-3 所示。

表 3-3　Google 官方指定的 dpi 区分标准

名　　称	ppi 范围	dpi 范围	图片 icon 尺寸（单位：px）
drawable-ldpi	120～160	0～120	36×36
drawable-mdpi	160～240	120～160	48×48
drawable-hdpi	240～320	160～240	72×72
drawable-xhdpi	320～480	240～320	96×96
drawable-xxhdpi	480～640	320～480	144×144
drawable-xxxhdpi	640～800	480～640	192×192

现举例说明 Android 手机是如何找到与之适配的图片的。例如，若某款手机配置为 1080px×1920px 和 400dpi，则对应 drawable-xxhdpi 文件夹，系统会自动优先在 drawable-xxhdpi 文件夹中寻找对应的图片。若找到对应图片则加载，此时图片在手机屏幕上显示其本身的大小；如果未找到，那么系统会到更高分辨率的 drawable-xxxhdpi 文件夹中寻找，若一直寻找到最高分辨率的文件夹也没有找到，就由高到低依次查找低分辨率的文件夹，即从 drawable-xhdpi 文件夹一直查找到 drawable-ldpi 文件夹。

3.2.6 res/values 文件夹下常用的 XML 资源文件

在所有 XML 资源文件夹中，最常使用的文件夹是 res/values，在此文件夹中一般会创建 strings.xml、colors.xml、dimens.xml、styles.xml 四种类型的 XML 资源文件。

1. strings.xml（文字资源文件）

为了国际化及减小 App 的体积、降低数据的冗余，在 Android 开发中会把应用程序中出现的文字单独存放在 strings.xml 文件中。作为 Android 应用开发人员，一定要养成良好的编程习惯。

（1）在 strings.xml 文件中添加字符串，具体代码如下。

```
1. <?xml version="1.0" encoding="utf-8"?>
2. <resources>
3.   <string name="hello">Hello World, MainActivity! </string>
4.   <string name="app_name">TestExample01</string>
5. </resources>
```

（2）在 Java 代码中使用 getString (R.string.app_name)方法获取字符串的内容。

（3）在 UI 布局文件中使用 android: text="@string/ app_name"属性获取字符串的内容。

2. colors.xml（颜色资源文件）

colors.xml 文件主要设置应用程序中所需的颜色。Android 的文字颜色定义方式采用类似网页格式的颜色定义方式，即常见的十六进制定义法。颜色设置语法表如表 3-4 所示。

表 3-4　颜色设置语法表

设置颜色的语法	语 法 帮 助	示范（采用十六进制）	颜　　色
#RGB	无 Alpha，8 位表示法	#00f	蓝色
#ARGB	有 Alpha，8 位表示法	#800f	半透明蓝色
#RRGGBB	无 Alpha，16 位表示法	#0000ff	蓝色
#AARRGGBB	有 Alpha，16 位表示法	#800000ff	半透明蓝色

（1）在 colors.xml 文件中添加颜色配置信息，具体代码如下。

```
1.   <?xml version="1.0" encoding="utf-8"?>
2.   <resources>
3.       <drawablename="red">#f00</drawable>
4.       <drawablename="green">#0f0</drawable>
5.       <drawablename="gray">#ccc</drawable>
6.   </resources>
```

（2）在 Java 代码中使用 getResources().getColor(R.color.green)方法获取颜色配置信息。

（3）在 UI 布局文件中使用 android:textColor="@color/green"属性获取颜色配置信息。

3. dimens.xml（尺寸资源文件）

dimens.xml 文件可用于设置组件的大小及文字大小，它提供了如表 3-5 所示的几种尺寸定义方式。

表 3-5　尺寸定义表

尺 寸 格 式	帮　　助	描　　述
px	pixel	以像素为单位

续表

尺 寸 格 式	帮　　助	描　　述
in	inch	以英寸为单位
mm	millimeter	以毫米为单位
pt	point	1pt=1/72 in
dp 或 dip	density independent pixel	1dp=1/160 in
sp	scaled pixel	通常用于指定字体的大小

（1）在 dimens.xml 中添加尺寸配置信息，具体代码如下。

```
1.    <?xml version="1.0" encoding="utf-8"?>
2.    <resources>
3.        <dimen name="btn_width">30mm</dimen>
4.    </resources>
```

（2）在 Java 代码中使用 getResources().getDimension(R.dimen. btn_width)方法获取配置信息。

（3）在 UI 布局文件中使用 android:layout_width="@dimen/ btn_width"属性获取配置信息。

4. themes.xml（主题风格资源文件）

themes.xml 文件类似于网页的样式表文件，属于更高级的 XML 资源文件，它是一个多属性的 XML 资源文件。在 Android Studio 中，themes.xml 文件会默认产生一个名字为"AppTheme"的样式，该样式是程序的主题样式。

（1）在 themes.xml 文件中添加样式信息，具体代码如下。

```
1.    <resources>
2.        <style name="text_font">
3.                <item name="android:textColor">#05b</item>
4.                <item name="android:textSize">18sp</item>
5.                <item name="android:textStyle">bold</item>
6.        </style>
7.    </resources>
```

（2）在 Java 代码中使用 setTheme(R.style. text_font)方法获取样式信息。

（3）在 UI 布局文件中使用 style="@style/ text_font"属性获取样式信息。

3.2.7　shape

1. shape 简介

shape 是用于定义一些形状的样式，可以在 Android 开发中控制控件的背景。shape 共有 6 个属性，分别是 corners、padding、size、solid、stroke、gradient。

2. 在 Android Studio 中添加 shape 的方法

（1）在 Project 视图中右击 res 文件夹，在弹出的快捷菜单中选择"New"→"Android Resource File"选项，新建文件，如图 3-4 所示。

（2）在打开的"New Resource File"对话框中，通过"File name"文本框为新文件命名，在"Resource type"下拉列表中选择"Drawable"选项，并将"Root element"修改为"shape"，如图 3-5

所示。

（3）单击"OK"按钮，在项目的 res/drawable 文件夹中添加一个名为 test.xml 的 shape 文件。

（4）打开 test.xml 文件，在该文件内添加相应的属性即可。

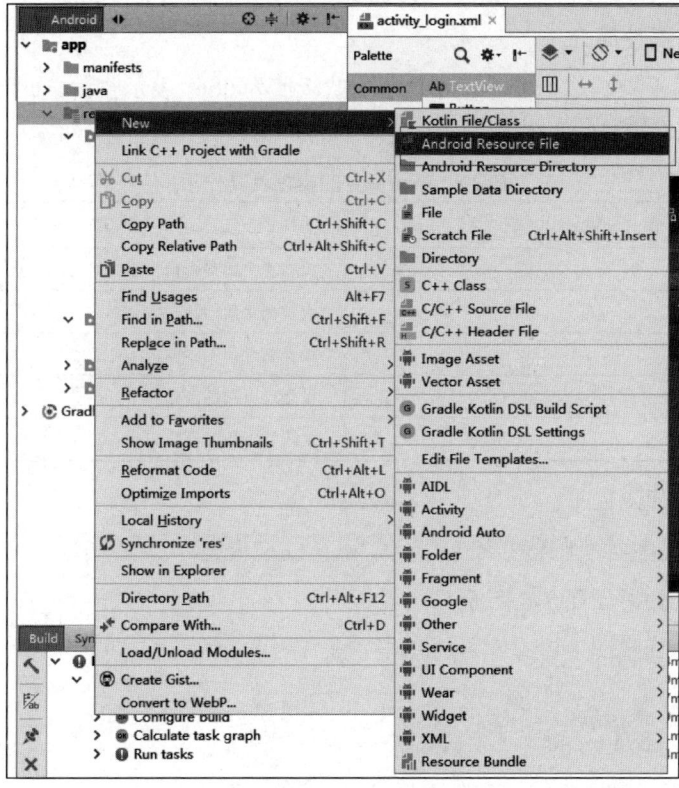

图 3-4 新建文件

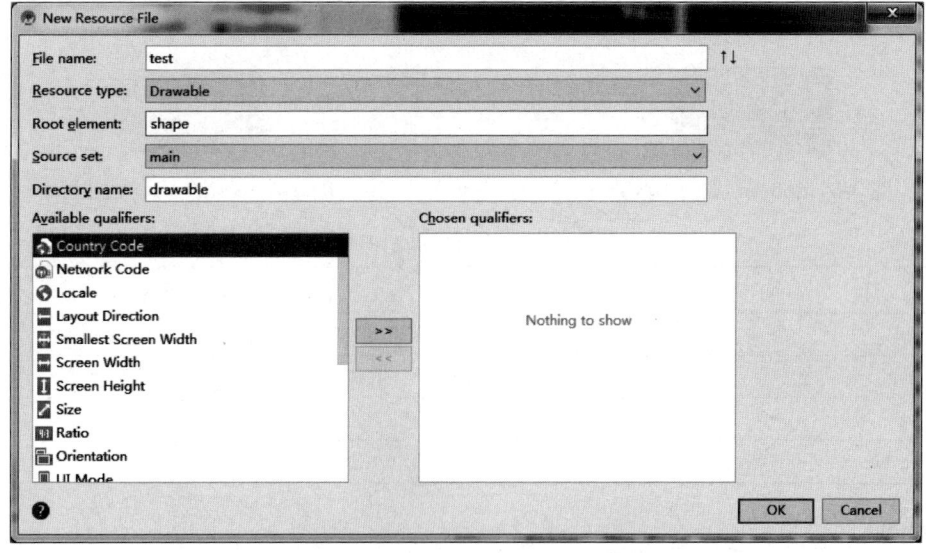

图 3-5 "New Resource File"对话框

小贴士

shape 文件存放于 drawable 文件夹中，可以把 shape 文件看成图片，在实际应用中以图片的方式应用即可。

3. shape 常用属性简介

（1）corners：用于控制边框 4 个角的大小，默认值为 0dp，表示直角，如果设置值大于 0dp，那么会产生圆角的效果。corners 有 5 个属性，它们的作用如表 3-6 所示。

表 3-6　corners 的属性及其作用

属　　性	作　　用
android: radius	设置 4 个角的圆角大小
android: topLeftRadius	设置左上角的圆角大小
android: topRightRadius	设置右上角的圆角大小
android: bottomLeftRadius	设置左下角的圆角大小
android: bottomRightRadius	设置右下角的圆角大小

corners 案例 1 代码如下。

```
<corners android:radius="10dp"/>
```

corners 案例 1 效果如图 3-6 所示。

corners 案例 2 代码如下。

```
1.    <corners
2.        android:bottomRightRadius="10dp"
3.        android:topLeftRadius="10dp"/>
```

corners 案例 2 效果如图 3-7 所示。

（2）padding：用于控制背景边框与背景中内容的距离，即用于控制内边距。padding 有 4 个属性，它们的作用如表 3-7 所示。

图 3-6　corners 案例 1 效果

图 3-7　corners 案例 2 效果

表 3-7　padding 的属性及其作用

属　　性	作　　用
android: left	设置左内边距
android: right	设置右内边距
android: top	设置上内边距
android: bottom	设置下内边距

padding 案例代码如下。

```
1.    <padding
2.        android:top="20dp"
3.        android:bottom="20dp"
```

```
4.        android:left="40dp"
5.        android:right="40dp"/>
```

添加 padding 前的效果如图 3-8 所示；添加 padding 后的效果如图 3-9 所示。

图 3-8 添加 padding 前的效果

图 3-9 添加 padding 后的效果

（3）size：用于设置背景的大小，有 android:height 和 android:width 两个属性，不能将这两个属性值设置为 match_parent 或 wrap_content，只能将其设置为具体的数值。另外，如果这两个属性值比背景上的控件的对应属性值还小，那么系统不会以设置的数值为准，而会以包裹住控件的最小的高度和宽度来作为背景的高度和宽度；如果设置的数值较大，那么系统会以设置的数值为准。size 的两个属性的作用如下。

① android: width：用于设置背景的宽度。

② android: height：用于设置背景的高度。

size 案例 1 代码如下。

```
1.   <size
2.        android:height="200dp"
3.        android:width="200dp"/>
```

size 案例 1 效果如图 3-10 所示。

size 案例 2 代码如下。

```
1.   <size
2.        android:height="2dp"
3.        android:width="2dp"/>
```

size 案例 2 效果如图 3-11 所示，由于此处 android:height 和 android:width 的属性值小于背景上控件的对应属性值，所以系统不会以设置的数值为准，而会以包裹住控件的最小的高度和宽度来作为背景的高度和宽度。

图 3-10 size 案例 1 效果

图 3-11 size 案例 2 效果

（4）solid：用于控制背景颜色，只有 android:color 属性。

solid 案例代码如下。

```
1.   <solid
2.        android:color="#1F5CD6"/>
```

solid 案例效果如图 3-12 所示。

BUTTON

图 3-12　solid 案例效果

（5）stroke：用于控制背景的边框。stroke 共有 4 个属性，它们的作用如表 3-8 所示。

表 3-8　stroke 的属性及其作用

属　　性	作　　用
android: width	用于控制边框的宽度
android: color	用于控制边框的颜色
android: dashWidth	用于控制虚线线段的长度
android: dashGap	用于控制虚线之间的距离

注意观察 android:dashGap 和 android:dashWidth 控制的边框是否为虚线，如果这两个属性的值同时被设置为正数，那么边框为虚线；如果两个属性的值中的任意一个没有被设置（或被设置为 0dp），那么边框为实线。

stroke 案例代码如下。

```
1.    <corners
2.        android:radius="50dp"/>
3.    <size
4.        android:height="100dp"
5.        android:width="100dp"/>
6.    <solid
7.        android:color="#FF4081"/>
8.    <stroke
9.        android:width="5dp"
10.       android:color="#3F51B5"
11.       android:dashWidth="20dp"
12.       android:dashGap="10dp"/>
```

stroke 案例效果如图 3-13 所示。

图 3-13　stroke 案例效果

（6）gradient：用于设置背景色的效果，一旦设置了该属性，solid 中设置的背景颜色就不再生效。gradient 有 9 个属性，它们的作用如表 3-9 所示。注意，当 android:type 的值不同时，有些属性不生效。

表 3-9　gradient 的属性及其作用

属　　性	作　　用
android: type	指定渐变的类型，共有 3 种类型：linear（线性）、radial（从中间往外扩散）、sweep（旋转扫一周），默认值为 linear

续表

属　性	作　用
android: startColor	设置渐变开始的颜色
android: endColor	设置渐变结束的颜色
android: centerColor	设置渐变中间的颜色
android: Angle	设置线性渐变的方向，默认方向为从左向右。如果需要设置，则该值应为整数且能被 45 整除，否则设置无效。正数是逆时针方向，负数是顺时针方向。如angle=90 是从下往上渐变，angle=-90 是从上往下渐变
android: centerX	当渐变类型为 radial 时，用于控制渐变圆圈中心点与左边框的距离
android: centerY	当渐变类型为 radial 时，用于控制渐变圆圈中心点与上边框的距离
android: gradientRadius	只有在渐变类型为 radial 时才生效，用于控制渐变圆圈的大小。当渐变类型为 radial 时，必须设置该属性，否则会报错
android: useLevel	这个属性有两个值：true 和 false。当被设置为 true 时，对应的 shape 文件会被作为 LevelListDrawable 处理；一般将该属性值设置为 false。默认值为 false

gradient 案例代码如下。

```
1.  <gradient
2.      android:startColor="@color/white"
3.      android:endColor="@color/black"
4.      android:centerColor="#3F51B5"
5.      android:type="linear"
6.      android:useLevel="false"/>
```

gradient 案例效果如图 3-14 所示。

图 3-14　gradient 案例效果

3.2.8　selector

1. selector 简介

selector（选择器）在 Android 中通常用作组件的背景，可以省去用代码实现组件在不同状态下的背景颜色或图片的变换，使用起来十分方便。

2. 在 Android Studio 中添加 selector 的方法

（1）在 Project 视图中右击 res 文件夹，在弹出的快捷菜单中选择"New"→"Android Resource File"选项，新建文件，如图 3-15 所示。

（2）在打开的"New Resource File"对话框中，在"File name"文本框中为新文件命名，在"Resource type"下拉列表中选择"Drawable"选项，将"Root element"修改为"selector"，如图 3-16 所示。

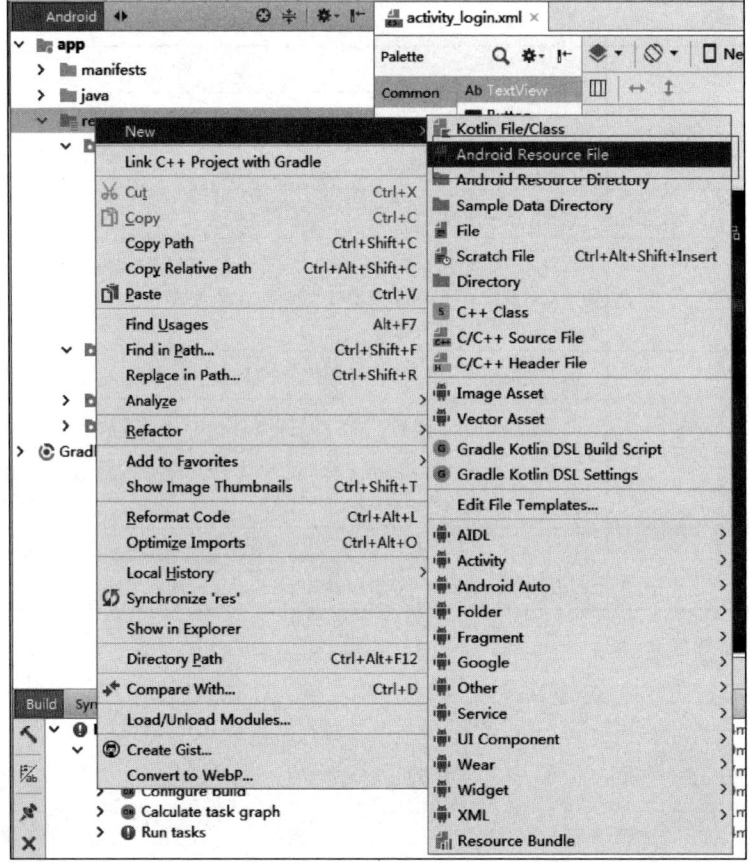

图 3-15　新建文件

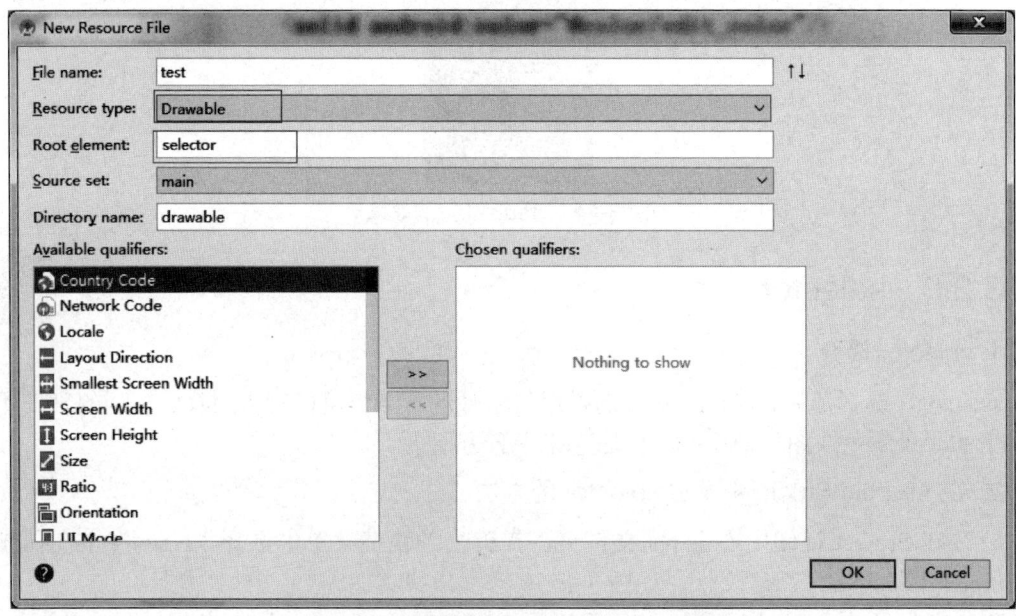

图 3-16　"New Resource File" 对话框

（3）单击"OK"按钮，在项目的 res/drawable 文件夹中添加一个名为 test.xml 的 selector

文件。

（4）打开 test.xml 文件，在该文件中添加相应的属性即可。

3. selector 常用属性

selector 的常用属性及其作用如表 3-10 所示。

表 3-10   selector 的常用属性及其作用

属　　性	作　　用
android: color="hex_color"	设置颜色，设置颜色的语法包括#RGB、#ARGB、#RRGGBB、#AARRGGBB
android: drawable="@[package:]drawable/drawable_resource"	设置图片资源
android: state_pressed=["true" | "false"]	设置是否为被触摸状态
android: state_focused=["true" | "false"]	设置是否为获取焦点状态
android: state_hovered=["true" | "false"]	设置光标是否经过
android: state_selected=["true" | "false"]	设置是否为选中状态
android: state_checkable=["true" | "false"]	设置是否可勾选
android: state_checked=["true" | "false"]	设置是否为勾选状态
android: state_enabled=["true" | "false"]	设置是否可用
android: state_activated=["true" | "false"]	设置是否为激活状态
android: state_window_focused=["true" | "false"]	设置所在窗口是否为获取焦点状态

4. 使用 selector 的方法

方法一：静态使用 selector，即在 XML 布局文件中修改组件属性，可以在文件中配置 android:listSelector="@drawable/xxx"属性，或者添加属性 android:background="@drawable/xxx"。

方法二：动态使用 selector，即在 Java 文件中编写代码，第一步是使用 Drawable drawable = getResources().getDrawable(R.drawable.xxx)加载 Drawable 对象；第二步是使用 XXX 组件.setSelector(drawable)设置属性。

3.3 热身任务——微信中的"我"

1. 任务说明

完成如图 3-17 所示的布局效果。

2. 操作步骤

（1）新建项目。

（2）将项目图片复制到项目的 res/drawable 文件夹中。在 Project 视图中打开 res/layout 文件夹中的 activity_main.xml 布局文件，并向布局中添加组件，添加组件后的初始布局如图 3-18

所示，该文件的 Component Tree 如图 3-19 所示。

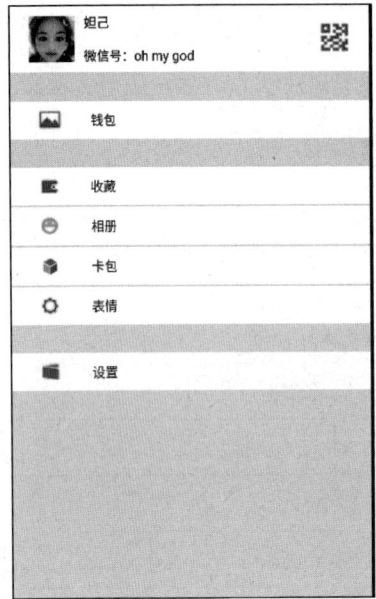

图 3-17　微信中的"我"的布局效果

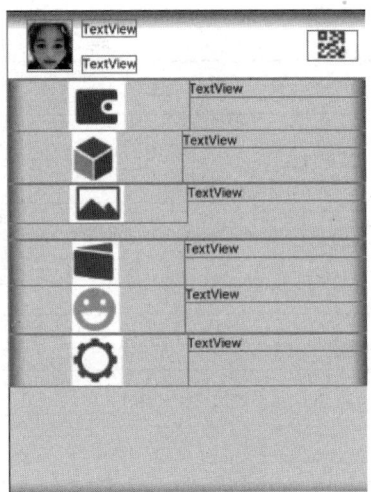

图 3-18　初始布局

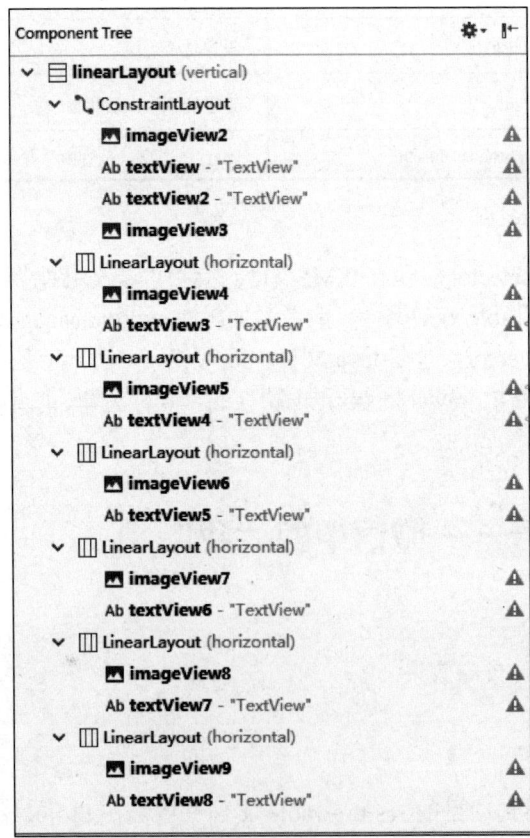

图 3-19　微信中的"我"的 Component Tree

（3）修改 activity_main.xml 文件中相应组件的属性，修改完成后的 activity_main.xml 文件的代码及相应功能说明如下。

```
1.    <?xml version="1.0" encoding="utf-8"?>
2.    <LinearLayout xmlns:android="http://schemas.***roid.com/apk/res/android"
3.        xmlns:app="http://schemas.***roid.com/apk/res-auto"
4.        xmlns:tools="http://schemas.***roid.com/tools"
5.        android:id="@+id/linearLayout"
6.        android:layout_width="match_parent"//设置组件的宽度
7.        android:layout_height="match_parent"//设置组件的高度
8.        android:orientation="vertical"//设置线性布局为垂直线性布局
9.        android:background="#ebebeb"//设置背景颜色
10.       tools:context=".MainActivity">
11.       < androidx.constraintlayout.widget.ConstraintLayout
12.           android:layout_width="match_parent"
13.           android:layout_height="71dp"
14.           android:background="#ffffff">
15.           <ImageView
16.               android:id="@+id/imageView2"
17.               android:layout_width="49dp"
18.               android:layout_height="55dp"
19.               android:layout_marginBottom="8dp"//设置组件与下方组件的距离
20.               android:layout_marginEnd="8dp"//设置组件与右方组件的距离
21.               android:layout_marginStart="15dp"//设置组件与左方组件的距离
22.               android:layout_marginTop="8dp"  //设置组件与上方组件的距离
23.               app:layout_constraintBottom_toBottomOf="parent"//设置组件与父
组件底端对齐
24.               app:layout_constraintEnd_toEndOf="parent"
25.               app:layout_constraintHorizontal_bias="0.024"//水平方向偏移量
26.               app:layout_constraintStart_toStartOf="parent"
27.               app:layout_constraintTop_toTopOf="parent"
28.               app:srcCompat="@drawable/username" />//设置 ImageView 的图像源为
userphoto
29.           <TextView
30.               android:id="@+id/textView"
31.               android:layout_width="wrap_content"
32.               android:layout_height="wrap_content"
33.               android:layout_marginLeft="10dp"
34.               android:text="妲己"//设置文本内容为"妲己"
35.               app:layout_constraintLeft_toRightOf="@id/imageView2"
36.               app:layout_constraintTop_toTopOf="@id/imageView2" />
37.           <TextView
38.               android:id="@+id/textView2"
39.               android:layout_width="wrap_content"
40.               android:layout_height="wrap_content"
41.               android:layout_marginLeft="10dp"
42.               android:text="微信号: oh my god"
43.               app:layout_constraintBottom_toBottomOf="@id/imageView2"
44.               app:layout_constraintLeft_toRightOf="@id/imageView2"/>
45.           <ImageView
46.               android:id="@+id/imageView3"
47.               android:layout_width="56dp"
48.               android:layout_height="32dp"
49.               android:layout_marginBottom="8dp"
50.               android:layout_marginEnd="8dp"
51.               android:layout_marginStart="8dp"
52.               android:layout_marginTop="8dp"
```

```
53.                  app:layout_constraintBottom_toBottomOf="parent"
54.                  app:layout_constraintEnd_toEndOf="parent"
55.                  app:layout_constraintHorizontal_bias="1.0"
56.                  app:layout_constraintStart_toStartOf="parent"
57.                  app:layout_constraintTop_toTopOf="parent"
58.                  app:layout_constraintVertical_bias="0.478"//垂直方向偏移量
59.                  app:srcCompat="@drawable/erwanma" />
60.          </androidx.constraintlayout.widget.ConstraintLayout>
61.          <LinearLayout
62.              android:layout_width="match_parent"
63.              android:layout_height="40dp"
64.              android:layout_marginTop="30dp"
65.              android:background="#ffffff"
66.              android:gravity="center_vertical"//设置组件内部元素垂直居中对齐
67.              android:orientation="horizontal">
68.              <ImageView
69.                  android:id="@+id/imageView4"
70.                  android:layout_width="20dp"
71.                  android:layout_height="20dp"
72.                  android:layout_weight="1"
73.                  app:srcCompat="@drawable/ico1" />
74.              <TextView
75.                  android:id="@+id/textView3"
76.                  android:layout_width="wrap_content"
77.                  android:layout_height="wrap_content"
78.                  android:layout_weight="4"
79.                  android:text="钱包" />
80.          </LinearLayout>
81.          <LinearLayout
82.              android:layout_width="match_parent"
83.              android:layout_height="40dp"
84.              android:layout_marginTop="30dp"
85.              android:background="#ffffff"
86.              android:gravity="center_vertical"
87.              android:orientation="horizontal">
88.              <ImageView
89.                  android:id="@+id/imageView5"
90.                  android:layout_width="20dp"
91.                  android:layout_height="20dp"
92.                  android:layout_weight="1"
93.                  app:srcCompat="@drawable/ico2" />
94.              <TextView
95.                  android:id="@+id/textView4"
96.                  android:layout_width="wrap_content"
97.                  android:layout_height="wrap_content"
98.                  android:layout_weight="4"
99.                  android:text="收藏 " />
100.         </LinearLayout>
101.         <LinearLayout
102.             android:layout_width="match_parent"
103.             android:layout_height="40dp"
104.             android:layout_marginTop="2dp"
105.             android:background="#ffffff"
106.             android:gravity="center_vertical"
107.             android:orientation="horizontal">
108.             <ImageView
109.                 android:id="@+id/imageView6"
110.                 android:layout_width="20dp"
111.                 android:layout_height="20dp"
112.                 android:layout_weight="1"
```

```
113.            app:srcCompat="@drawable/ico3" />
114.        <TextView
115.            android:id="@+id/textView5"
116.            android:layout_width="wrap_content"
117.            android:layout_height="wrap_content"
118.            android:layout_weight="4"
119.            android:text="相册" />
120.    </LinearLayout>
121.    <LinearLayout
122.        android:layout_width="match_parent"
123.        android:layout_height="40dp"
124.        android:layout_marginTop="2dp"
125.        android:background="#ffffff"
126.        android:gravity="center_vertical"
127.        android:orientation="horizontal">
128.        <ImageView
129.            android:id="@+id/imageView7"
130.            android:layout_width="20dp"
131.            android:layout_height="20dp"
132.            android:layout_weight="1"
133.            app:srcCompat="@drawable/ico4" />
134.        <TextView
135.            android:id="@+id/textView6"
136.            android:layout_width="wrap_content"
137.            android:layout_height="wrap_content"
138.            android:layout_weight="4"
139.            android:text="卡包" />
140.    </LinearLayout>
141.    <LinearLayout
142.        android:layout_width="match_parent"
143.        android:layout_height="40dp"
144.        android:layout_marginTop="2dp"
145.        android:background="#ffffff"
146.        android:gravity="center_vertical"
147.        android:orientation="horizontal">
148.        <ImageView
149.            android:id="@+id/imageView8"
150.            android:layout_width="20dp"
151.            android:layout_height="20dp"
152.            android:layout_weight="1"
153.            app:srcCompat="@drawable/ico5" />
154.        <TextView
155.            android:id="@+id/textView7"
156.            android:layout_width="wrap_content"
157.            android:layout_height="wrap_content"
158.            android:layout_weight="4"
159.            android:text="表情" />
160.    </LinearLayout>
161.    <LinearLayout
162.        android:layout_width="match_parent"
163.        android:layout_height="40dp"
164.        android:layout_marginTop="30dp"
165.        android:background="#ffffff"
166.        android:gravity="center_vertical"
167.        android:orientation="horizontal">
168.        <ImageView
169.            android:id="@+id/imageView9"
170.            android:layout_width="20dp"
171.            android:layout_height="20dp"
172.            android:layout_weight="1"
```

```
173.            app:srcCompat="@drawable/ico6" />
174.        <TextView
175.            android:id="@+id/textView8"
176.            android:layout_width="wrap_content"
177.            android:layout_height="wrap_content"
178.            android:layout_weight="4"
179.            android:text="设置" />
180.    </LinearLayout>
181.</LinearLayout>
```

思考

上述操作主要采用线性布局，用约束布局可以实现同样的效果吗？

3.4 实现"登录"模块的布局

1. 知识点

➢ LinearLayout 的使用方法。

➢ EditText 的使用方法。

➢ Android 图片不同分辨率的适配方法。

➢ shape 的使用方法。

➢ selector 的使用方法。

➢ res/values 文件夹下各类资源文件的使用方法。

2. 工作任务

制作"薪火传承"App 登录模块的 UI 布局，实现如图 3-20 所示的"登录"界面效果。

图 3-20   "登录"界面效果

3. 操作流程

（1）新建项目，项目名称为 ChuanCheng。

（2）将项目的所有图片素材复制到 drawable 文件夹中。

思考

（1）项目的图片可以放到 mipmap 文件夹中吗？

（2）drawable 文件夹与 mipmap 文件夹的功能有什么区别？

（3）右击项目中 res/layout 文件夹下的 activity_main.xml 文件，在弹出的快捷菜单中选择"refactor"→"Rename"选项，将文件名改为 activity_login。之后右击项目中 java 文件夹下的 MainActivity.java 文件，在弹出的快捷菜单中选择"refactor"→"Rename"选项，将文件名改为 LoginActivity。

（4）单击 IDE 窗口右上角的"Split"按钮，将布局编辑器切换为设计视图与代码视图同时编辑布局外观的方式，在代码窗口中将 androidx.constraintlayout.widget.ConstraintLayout（约束布局）改为 LinearLayout（线性布局），如图 3-21 所示。

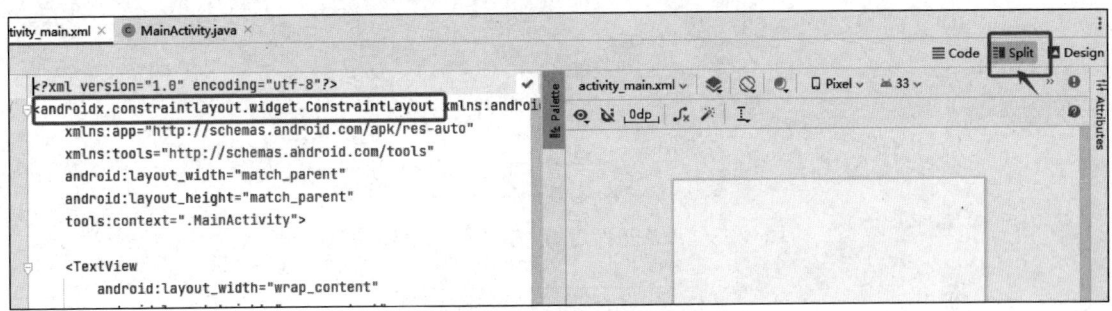

图 3-21　修改为线性布局

（5）单击 IDE 窗口右上角的"Design"按钮，将布局编辑器切换为设计视图方式，如图 3-22 所示，单击序号 1 所示的 Component Tree 中的"LinearLayout"节点，之后单击序号 2 所示的"切换"按钮，将线性布局方向由 horizontal 改为 vertical。

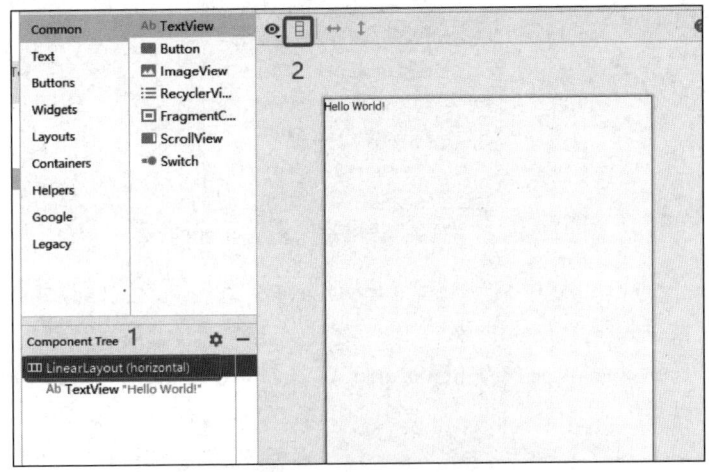

图 3-22　切换为设计视图方式

（6）在 activity_login.xml 文件中添加组件，为了避免在一个项目中出现组件重名问题，建议添加组件时在每个组件的默认 ID 名前面都添加一个"Login_"，添加组件后的"登录"界面 UI 效果如图 3-23 所示，其 Component Tree 如图 3-24 所示。

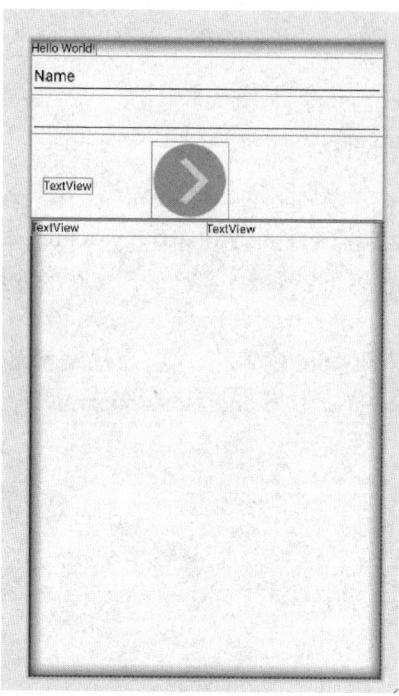

图 3-23　添加组件后的"登录"界面 UI 效果

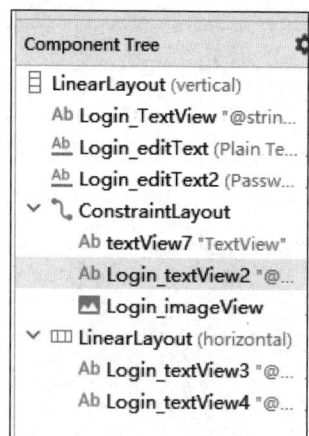

图 3-24　"登录"界面的 Component Tree

（7）选中 Component Tree 中最外层的 LinearLayout 组件，通过修改其 background 属性将图片 login_bg.jpg 设置为整个布局的背景。

（8）打开项目 res/values 文件夹中的 colors.xml 文件，添加 login ET_getfocus_color 等属性，修改后的代码如下。

```
1.    <?xml version="1.0" encoding="utf-8"?>
2.    <resources>
```

```
3.     <color name="black">#FF000000</color>
4.     <color name="white">#FFFFFFFF</color>
5.     <color name="loginET_getfocus_color">#40ffffff</color>//"登录"界面中文本
编辑框获取焦点后的背景颜色
6.     <color name="loginET_lostfocus_color">#65ffffff</color>//"登录"界面中文
本编辑框失去焦点后的背景颜色
7.     <color name="login_textcolor">#E8D49A</color>
8.     <color name="hint_textColor">#65ffffff</color>//用户名与密码编辑器框提示文
字颜色
9. </resources>
```

（9）右击项目中的 res/values 文件夹，在弹出的快捷菜单中选择"New"→"XML"→"Values XML File"选项，在打开的对话框的"Values File Name"文本框中输入"dimens"，新建 dimens.xml 文件，并在该文件中添加 login_textsize 属性，具体代码如下。

```
1.    <resources>
2.        <!-- Default screen margins, per the Android Design guidelines. -->
3.        <dimen name="login_textsize">30sp</dimen>//定义"登录"字体大小
4.        <dimen name="edit_shape">10dp</dimen>//定义"登录"界面 shape 的圆角
5.    </resources>
```

（10）打开项目 res/values 文件夹下的 strings.xml 文件，修改该文件的 app_name 属性，并添加 login_title 等多个字符串属性，具体代码如下。

```
1.    <?xml version="1.0" encoding="utf-8"?>
2.    <resources>
3.        <string name="app_name">薪火传承</string>
4.        <string name="login_title">登录</string>
5.        <string name="username">手机号/邮箱</string>
6.        <string name="password">密 码</string>
7.        <string name="forgetpsw">忘记密码？点击找回</string>
8.        <string name="nouser">还没有账号？</string>
9.        <string name="reg">注册</string>
10. </resources>
```

第 3 行代码用于修改 App 标题。该行代码默认通过项目的 manifests/AndroidManifest.xml 文件中的 android:label="@string/app_name"语句实现对 App 标题的修改。

（11）在 Component Tree 面板中选中 Login_TextView 组件（见图 3-25 序号 1），在属性面板中单击该组件 text 属性的"Pick a Resource"按钮（见图 3-25 序号 2），并在"Pick a Resource"对话框中选择"login_title"字符串（见图 3-25 序号 3），将 Login_TextView 组件的 text 属性值设置为@string/login_title。

（12）在"Attributes"属性面板中单击"+"按钮（见图 3-26 序号 1），添加 textSize 属性（见图 3-26 序号 2），单击该属性的"Pick a Resource"按钮（见图 3-26 序号 3），并在"Pick a Resource"对话框中选择"login_textsize"选项（见图 3-26 序号 4），将该组件字号大小修改为 30sp。

（13）单击"Attributes"属性面板中 Declared Attributes 右侧的"+"按钮（见图 3-27 序号 1），添加 textColor 属性（见图 3-27 序号 2），单击该属性的"Pick a Resource"按钮（见图 3-27 序号 3），并在"Pick a Resource"对话框中选择"white"选项（见图 3-27 序号 4），设置 textColor

属性值为@color/white。

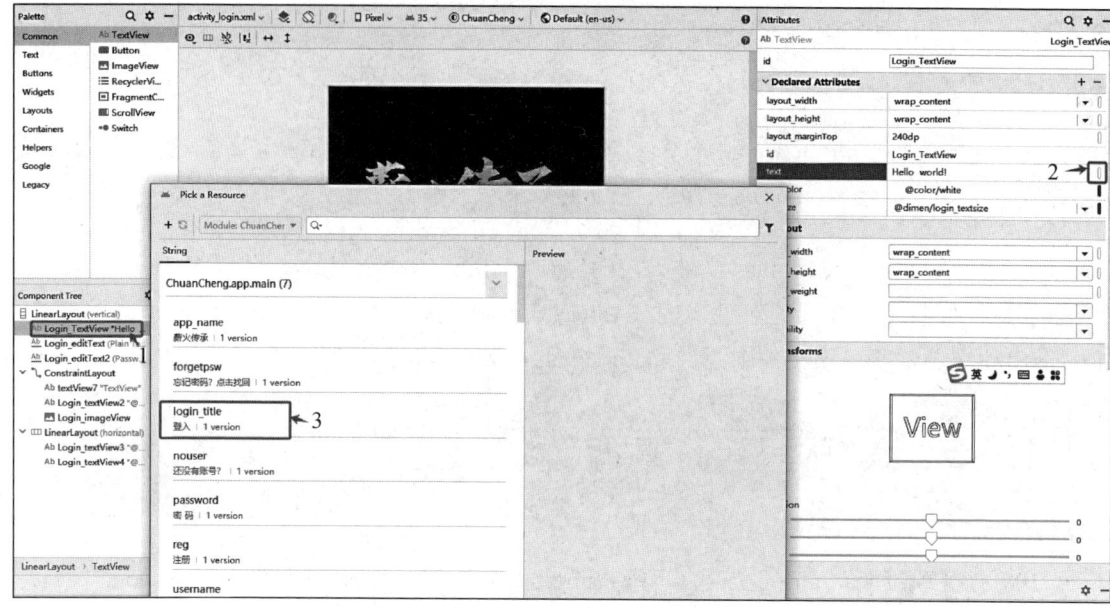

图 3-25　TextView 组件属性设置

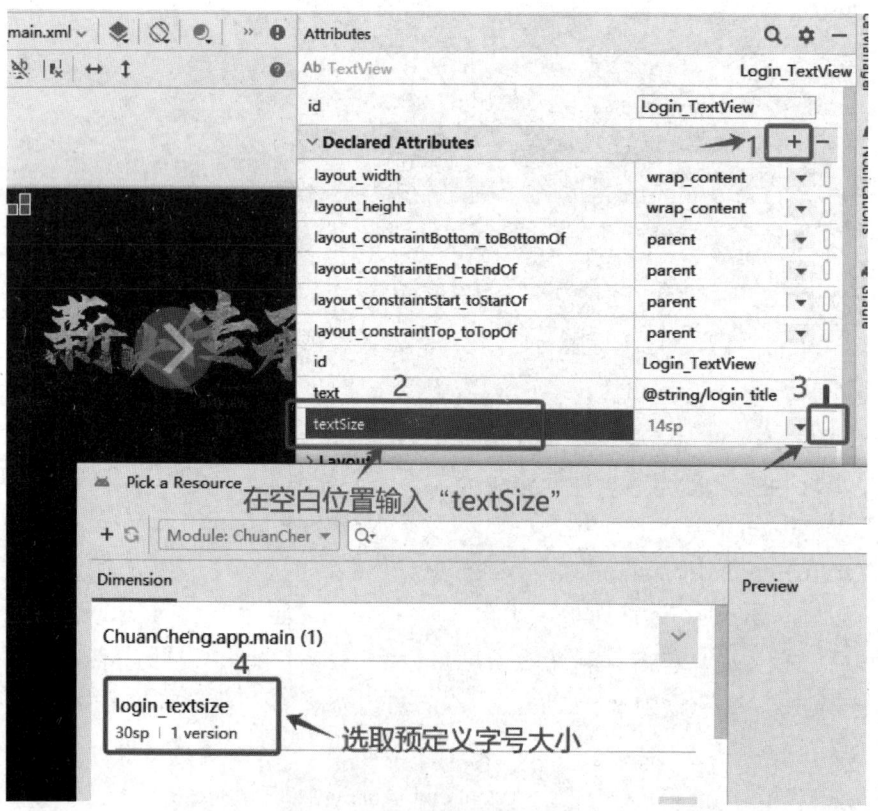

图 3-26　新增 textSize 属性

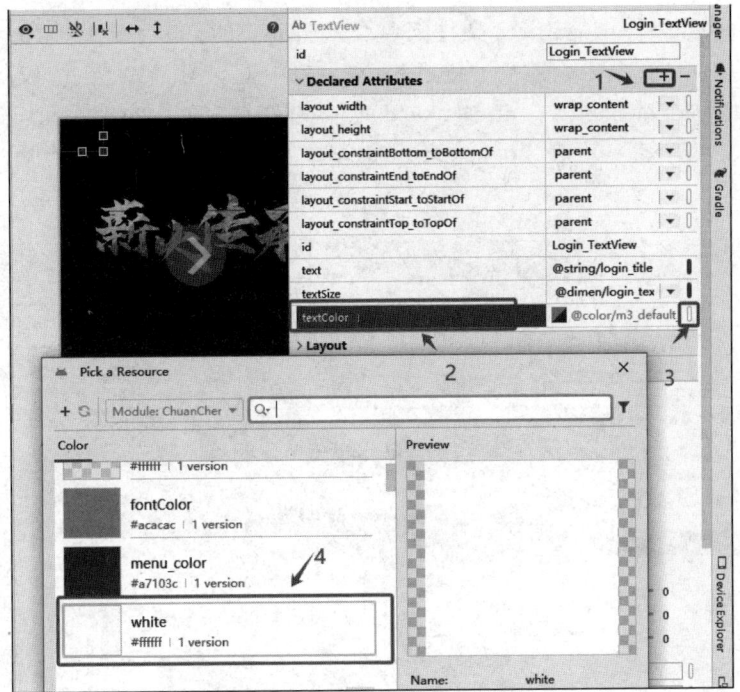

图 3-27　新增 textColor 属性

（14）使用相同的操作方法分别将布局中 ID 为 Login_textView2 的 text 属性值设置为
@string/forgetpsw，将 textColor 属性值设置为@color/white。将 ID 为 Login_textView3 的 TextView
组件的 text 属性值设置为@string/nouser，将 textColor 属性值设置为@color/login_textcolor。将 ID
为 Login_textView4 的 TextView 组件的 text 属性值设置为@string/reg，将 textColor 属性值设置为
@color/white。将 ID 为 Login_editText 的 hint 属性值设置为@string/username。将 ID 为
Login_editText2 的 hint 属性值设置为@string/password，修改后的布局效果如图 3-28 所示。

图 3-28　修改后的布局效果

（15）在 Project 视图中右击 res 文件夹，在弹出的快捷菜单中选择"New"→"Android Resource File"选项，在"New Resource File"对话框中依照图 3-29 所示的内容填写信息，新建一个名字为 edit_login_shape_t.xml 的 shape 文件，并在该文件中添加相应属性。此处的 shape 文件用于设置 Login_editText 及 Login_editText2 两个文本编辑框获取焦点后的背景效果，具体代码如下。

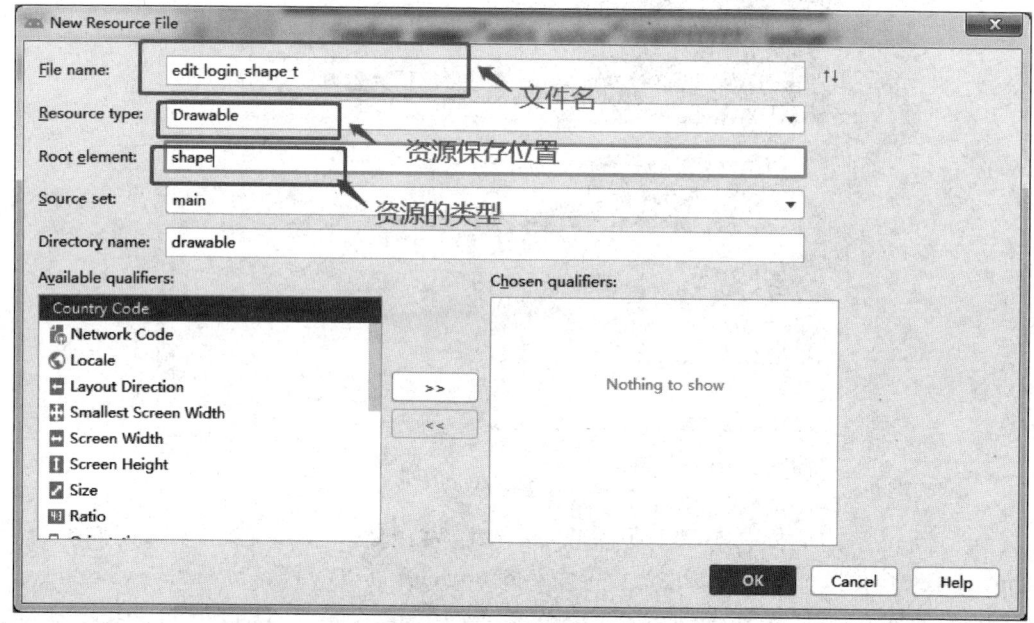

图 3-29　新建 shape 文件

```
1.    <?xml version="1.0" encoding="utf-8"?>
2.    <shape xmlns:android="http://schemas.***roid.com/apk/res/android" >
3.        <corners android:radius="@dimen/edit_shape"></corners>
4.        <solid android:color="@color/loginET_getfocus_color"/>
5.    </shape>
```

第 3 行代码用于设置 shape 圆角为 dimens.xml 文件中定义的 edit_shape。

第 4 行代码用于设置 shape 的填充色。

（16）重复步骤（15）的操作，新建一个名字为 edit_login_shape_f.xml 的 shape 文件，并在该文件中添加相应属性。此处的 shape 文件用于设置 Login_editText 及 Login_editText2 两个文本编辑框失去焦点后的背景效果，具体代码如下。

```
1.    <?xml version="1.0" encoding="utf-8"?>
2.    <shape xmlns:android="http://schemas.***roid.com/apk/res/android" >
3.        <corners android:radius="@dimen/edit_shape" ></corners>
4.        <solid android:color="@color/loginET_lostfocus_color"/>
5.    </shape>
```

（17）在 Project 视图中右击 res 文件夹，在弹出的快捷菜单中选择"New"→"Android Resource File"选项，在"New Resource File"对话框中依照图 3-30 所示的内容填写信息，新建一个名为 edituser_selector.xml 的 selector 文件，并在该文件中添加相应属性。此处的 selector 文件主要用于实现当 Login_editText 及 Login_editText2 两个文本编辑框获取焦点或失去焦点时自动切换背景的功能，具体代码如下。

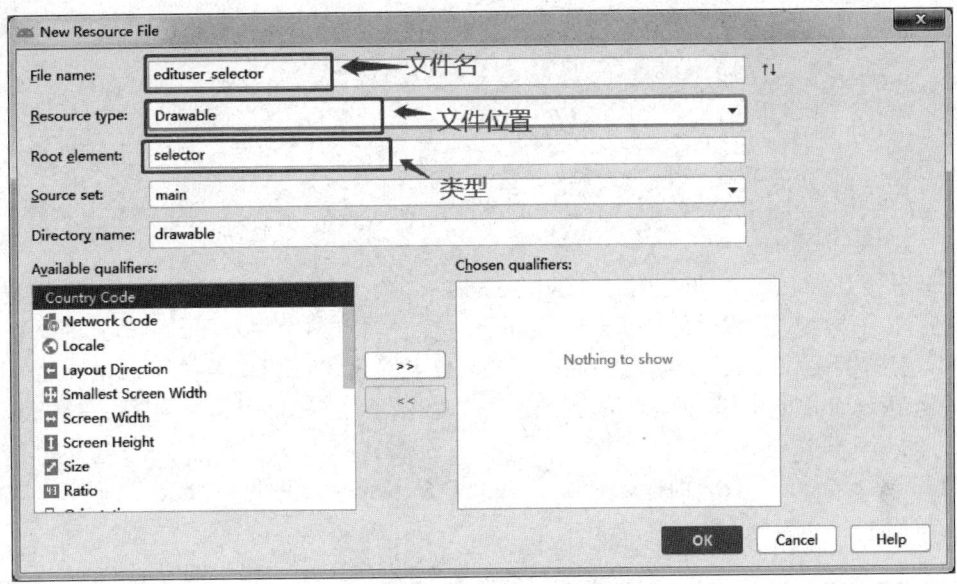

图 3-30 新建 selector 文件

```
1.    <?xml version="1.0" encoding="utf-8"?>
2.    <selector xmlns:android="http://schemas.***roid.com/apk/res/android" >
3.        <item android:state_focused="true"android:drawable="@drawable/edit_login_
shape_t"></item>
4.        <item  android:state_focused="false"android:drawable="@drawable/edit_login_
shape_f"></item>
5.    </selector>
```

第 3 行代码使用背景选择器 selector 将组件获取焦点后的背景效果设置为 edit_login_shape_t.xml 文件定义的效果。

第 4 行代码使用背景选择器 selector 将组件失去焦点后的背景效果设置为 edit_login_shape_f.xml 文件定义的效果。

（18）打开项目 res/values 文件夹下的 themes.xml 文件，并在该文件中添加 login_et 样式，具体代码如下。

```
1.    <style name="login_et">
2.        <item name="android:layout_width">match_parent</item> //设置文本编辑框宽度
3.        <item name="android:layout_height">45dp</item> //设置文本编辑框高度
4.        <item name="android:textColor">@color/white</item> //设置文字颜色为白色
5.        <item name="android:background">@drawable/edituser_selector</item>//
设置背景为 edituser_selector 文件定义的效果
6.        <item name="android:layout_marginLeft">30dp</item> //设置与左侧元素边缘
的距离为 30dp
7.        <item name="android:layout_marginRight">30dp</item> //设置与右侧元素边缘
的距离为 30dp
8.        <item name="android:layout_marginTop">15dp</item>//设置与上方元素边缘的
距离为 15dp
9.        <item name="android:padding">5dp</item>//设置元素内间距为 5dp
10.       <item name="android:maxLength">20</item>        //设置文本编辑框最多可输入 20
个字符
```

```
11.    <item name="android:textColorHint">@color/hint_textColor</item>//设置
提示文字的颜色
12.    <item name="android:textSize">15sp</item> //设置文字大小为尺寸资源文件中定
义的 15sp
13.    <item name="android:layout_gravity">center_horizontal</item> //定义组
件相对于父窗体水平居中对齐
14.    <item name="android:drawablePadding">8dp</item> //设置 text 与 drawable
（图片）的间隔为 8dp
15.    <item name="android:singleLine">true</item>      //设置为单行文本显示
16.    </style>
```

（19）分别选择 Login_editText 及 Login_editText2 两个文本编辑框组件，通过属性面板添加 style 属性，并将其值都设置为@style/login_et，实现对这两个文本编辑框样式的添加。

（20）分别将 Login_editText 及 Login_editText2 两个文本编辑框组件的 drawableLeft 属性值设置为@drawable/user 和@drawable/pass，实现对这两个文本编辑框左内置图的添加。清空两个组件的 text 属性值。

（21）在 Component Tree 面板选中 ID 为 Login_TextView 的组件（"登录"组件），添加如图3-31 所示的属性。

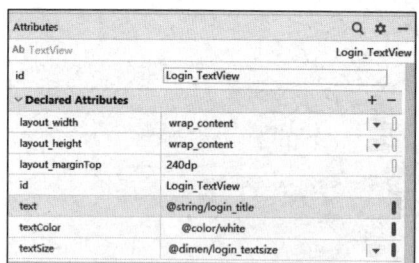

图 3-31　"登录"组件属性

（22）通过约束布局中的"忘记密码？点击找回"文本组件和图片组件的约束控制柄及组件大小按钮调整组件的大小与位置。

（23）如图 3-32 所示，在 Component Tree 面板中选择"LinearLayout"选项，添加 gravity 属性并设置其值为 bottom|center_horizontal，从而实现线性布局内的元素垂直底部对齐和水平居中对齐，添加 paddingBottom 属性并设置其值为 15dp，设置组件的底部内间距。

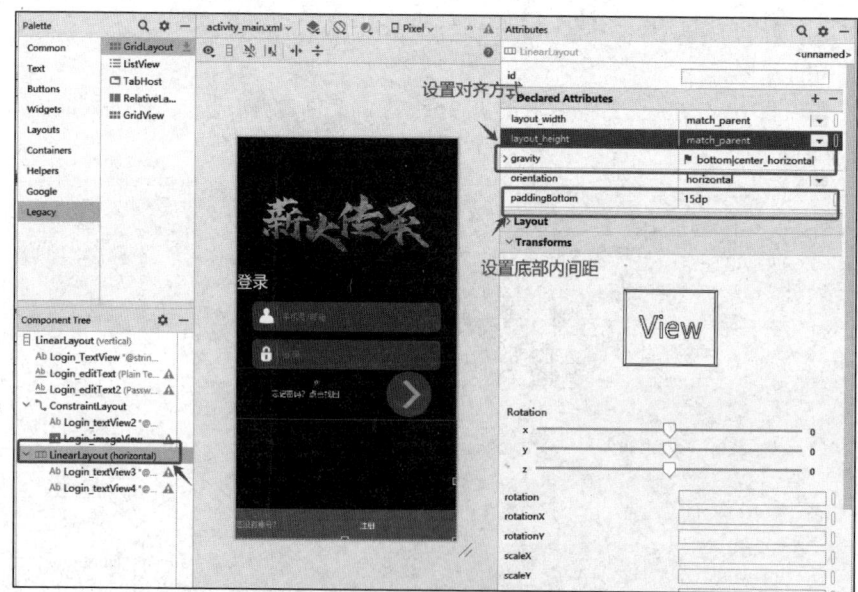

图 3-32　修改线性布局属性

（24）在布局中选中"还没有账号？"文本组件，添加 gravity 属性并设置其值为 right。最终完成的布局文件代码如下。

```
1.   <?xml version="1.0" encoding="utf-8"?>
2.   <LinearLayout <?xml version="1.0" encoding="utf-8"?>
3.   <LinearLayout xmlns:android="http://schemas.***roid.com/apk/res/android"
4.       xmlns:app="http://schemas.***roid.com/apk/res-auto"
5.       xmlns:tools="http://schemas.***roid.com/tools"
6.       android:layout_width="match_parent"
7.       android:layout_height="match_parent"
8.       android:background="@drawable/login_bg"
9.       android:orientation="vertical"
10.      tools:context=".MainActivity">
11.      <TextView
12.          android:id="@+id/Login_TextView"
13.          android:layout_width="wrap_content"
14.          android:layout_height="wrap_content"
15.          android:layout_marginTop="240dp"
16.          android:text="@string/login_title"
17.          android:textColor="@color/white"
18.          android:textSize="@dimen/login_textsize"
19.          app:layout_constraintBottom_toBottomOf="parent"
20.          app:layout_constraintEnd_toEndOf="parent"
21.          app:layout_constraintStart_toStartOf="parent"
22.          app:layout_constraintTop_toTopOf="parent" />
23.      <EditText
24.          android:id="@+id/Login_editText"
25.          style="@style/login_edit"
26.          android:layout_width="match_parent"
27.          android:layout_height="wrap_content"
28.          android:drawableLeft="@drawable/user"
29.          android:ems="10"
30.          android:hint="@string/username"
31.          android:inputType="text" />
32.      <EditText
33.          android:id="@+id/Login_editText2"
34.          style="@style/login_edit"
35.          android:layout_width="match_parent"
36.          android:layout_height="wrap_content"
37.          android:drawableLeft="@drawable/pass"
38.          android:ems="10"
39.          android:hint="@string/password"
40.          android:inputType="textPassword" />
41.      <androidx.constraintlayout.widget.ConstraintLayout
42.          android:layout_width="match_parent"
43.          android:layout_height="100dp">
44.          <TextView
45.              android:id="@+id/Login_textView2"
46.              android:layout_width="wrap_content"
47.              android:layout_height="wrap_content"
48.              android:text="@string/forgetpsw"
49.              android:textColor="@color/white"
50.              app:layout_constraintBottom_toBottomOf="parent"
51.              app:layout_constraintEnd_toEndOf="parent"
52.              app:layout_constraintHorizontal_bias="0.235"
```

```
53.            app:layout_constraintStart_toStartOf="parent"
54.            app:layout_constraintTop_toTopOf="parent"
55.            app:layout_constraintVertical_bias="0.505" />
56.        <ImageView
57.            android:id="@+id/Login_imageView"
58.            android:layout_width="68dp"
59.            android:layout_height="61dp"
60.            android:layout_marginStart="84dp"
61.            app:layout_constraintBottom_toBottomOf="parent"
62.            app:layout_constraintStart_toEndOf="@+id/Login_textView2"
63.            app:layout_constraintTop_toTopOf="parent"
64.            app:srcCompat="@drawable/login" />
65.    </androidx.constraintlayout.widget.ConstraintLayout>
66.    <LinearLayout
67.        android:layout_width="match_parent"
68.        android:layout_height="match_parent"
69.        android:gravity="bottom|center_horizontal"
70.        android:orientation="horizontal"
71.        android:paddingBottom="15dp">
72.        <TextView
73.            android:id="@+id/Login_textView3"
74.            android:layout_width="wrap_content"
75.            android:layout_height="wrap_content"
76.            android:layout_weight="1"
77.            android:gravity="right"
78.            android:text="@string/nouser"
79.            android:textColor="@color/login_textcolor" />
80.        <TextView
81.            android:id="@+id/Login_textView4"
82.            android:layout_width="wrap_content"
83.            android:layout_height="wrap_content"
84.            android:layout_weight="1"
85.            android:text="@string/reg"
86.            android:textColor="@color/white" />
87.    </LinearLayout>
88. </LinearLayout>
```

3.5 工作小憩

 【心灵驿站】

很多人在实现理想的道路上寻找过很多捷径，但他们不知道，一个人实现理想最好的捷径就是学习，学习是我们提升自己最好的捷径。人在学习中成长，在学习中获得丰富的知识，知识就是力量。我们之所以迷茫、无助，是因为我们知识储备不足，缺少知识就缺乏智慧，没有智慧的人如何能干出一份事业来呢？

 【轻松时刻】

心理测试：你愿意在哪一间教室上课？测你的学习能力有多强。

A图

B图

C图

选择 A 图的人学习能力超强。

你想要在适合讨论的教室里学习，你一直保留着一种开放的态度，对待所有人都很用心，十分专业，绝不会被情绪左右，跟所有人都聊得来。对你来说，学习是一件很容易、很值得开心的事情，你愿意吸收很多知识，学习成就感强，容易成为领导者。

选择 B 图的人学习能力一般。

选择这个选项，你的学习能力挺一般的，不是学霸，也不是学渣，处于中等水平。看似你很努力，付出了不少心血，但是，十几年的学习并没有让你取得多大的成就。所以，在大家看来，你是一个很努力的人，却学习能力不强，让老师很头疼，不知道该如何教育你。

选择 C 图的人学习能力很差。

这么多教室，你最爱的是这种阶梯教室，因为在这种教室中，可以开小差、徜徉在自己的世界里。你并不爱学习，能力也很差，你不在意别人的眼光，做着自己喜欢的事情，虽然让老师很头疼，但是让其他同学很羡慕，因为你为自己的爱好付出了心血。

（以上测试仅供娱乐）

【深度思考】

（1）你认为"知识"是什么？

（2）你觉得"知识"可以改变命运吗？

（3）如何学好"知识"？

项目 4

"底部导航"模块的设计与实现

【教学目标】

✧ 了解 Context 的特点和使用方法。
✧ 掌握在 Android 中创建 RadioGroup 和 RadioButton 的方法。
✧ 掌握 RadioGroup 的常用属性。
✧ 掌握 RadioGroup 选中状态变换的事件（监听器）。
✧ 掌握 RadioButton 的常用属性。
✧ 掌握 Toast 的使用方法。

4.1 工作任务概述

本项目的工作任务是实现"薪火传承"App 主界面的 UI 布局，并使用提示消息框的方式模拟底部导航功能。当选中底部导航栏中的单选按钮时，会以提示消息框的方式显示当前功能的名字。例如，当选中底部导航栏中的"分享"单选按钮时，弹出提示消息框显示"分享"，效果如图 4-1 所示。

图 4-1 选中底部导航栏中的"分享"单选按钮时的效果

4.2　预备知识

4.2.1　Context

1. Context 的概念

Context 指上下文或场景。例如，在打电话时，场景包括电话程序对应的界面及隐藏在界面背后的数据。Context 描述的是一个应用程序环境的信息。Context 类是一个抽象类，Android 提供了该抽象类的具体实现。利用 Context 类可以获取应用程序的资源和类，也可以实现一些应用级别的操作，如启动一个 Activity、发送广播、接收 Internet 信息等。

2. 创建 Context 实例

应用程序创建 Context 实例的情况有以下几种。

（1）在创建 Application 对象时。若整个应用程序只有一个 Application 对象，则应用程序会在第一次启动时创建 Application 对象。如果对应用程序启动一个 Activity 的流程比较清楚，那么可以在创建 handleBindApplication()方法时创建 Application 对象，该方法位于 ActivityThread 类中。

（2）在创建 Service 对象时。当调用 startService()方法或 bindService()方法时，如果系统检测到需要新建一个 Service 实例，就会回调 handleCreateService()方法，以完成相关数据操作。handleCreateService()方法位于 ActivityThread 类中。

（3）在创建 Activity 对象时。在通过 startActivity()方法或 startActivityForResult()方法请求启动一个 Activity 时，如果系统检测到需要新建一个 Activity 对象，就会回调 handleLaunchActivity()方法，该方法会继续调用 performLaunchActivity()方法，以创建一个 Activity 对象，并且回调 onCreate()方法、onStart()方法等。这些方法都位于 ActivityThread 类中。

3. 获取 Context 的常用方法

（1）Activity.this 用于返回当前 Activity 的 Context，该 Context 属于 Activity，Activity 可以销毁它。

（2）getApplicationContext()方法用于返回应用程序的 Context，其生命周期是整个应用程序，只有应用程序才能销毁该 Context。

（3）getBaseContext()方法用于返回由构造函数指定的或由 setBaseContext()方法设置的 Context。

（4）getActivity()方法多用于 Fragment 中。

4.2.2　RadioGroup

RadioGroup（单选按钮组）是提供 RadioButton 的容器，只有在该容器中添加多个 RadioButton，才能使用该容器。如果要设置单选按钮中显示的内容，那么需要使用 RadioButton 类。

RadioGroup 的常用属性及其说明如表 4-1 所示。RadioGroup 的常用方法及其作用如表 4-2 所示。

表 4-1 RadioGroup 的常用属性及其说明

属　　性	说　　明
android: checkedButton	设置单选按钮组（RadioGroup）中默认选中的单选按钮（RadioButton）的 ID
android: contentDescription	定义简要描述视图内容的文本
android: orientation	设置单选按钮排列的方式

表 4-2 RadioGroup 的常用方法及其作用

方　　法	作　　用
getCheckedRadioButtonId()	获取选中按钮的 ID
clearCheck()	清除选中状态
setOnCheckedChangeListener (RadioGroup.OnCheckedChangeListener listener)	当一个单选按钮组中的单选按钮选中状态发生改变时调用的回调方法
check (int id)	通过传入按钮的 ID 来设置该按钮为选中状态

4.2.3 RadioButton

RadioButton 是指单选按钮，它有两种状态，即选中状态和未选中状态。RadioButton 允许用户从一个组中选中一个按钮。RadioButton 的常用属性及其说明如表 4-3 所示。RadioButton 的常用方法及其作用如表 4-4 所示。

表 4-3 RadioButton 的常用属性及其说明

属　　性	说　　明
drawableLeft、drawableRight、drawableTop、drawableBottom	在 text 的左边、右边、上边、下边输出一幅 drawable 图片
android: button="@null"	去除 RadioButton 前面的圆点
android: text	设置按钮显示的文本
android: checked	指定选中状态。当属性值为 true 时，表示选中；当属性值为 false 时，表示未选中。属性值默认为 false

表 4-4 RadioButton 的常用方法及其作用

方　　法	作　　用
setCompoundDrawablesWithIntrinsic Bounds()	setCompoundDrawablesWithIntrinsicBounds (Drawable top, Drawable bottom, Drawable left, Drawable right) 可以在上、下、左、右设置图标，如果不想在某个地方显示，那么可以设置为 null。图标的宽度和高度自动设置为固定的宽度和高度，即自动通过 getIntrinsicWidth()方法和 getIntrinsicHeight()方法获取

小贴士

在实际应用中，RadioButton 和 RadioGroup 通常配合使用。在没有 RadioGroup 的情况下，

RadioButton 可以全部被选中；在多个 RadioButton 同时被一个 RadioGroup 包含的情况下，只可以选中一个 RadioButton，以达到单选的目的。RadioButton 和 RadioGroup 的关系体现为以下几点。

（1）RadioButton 表示单选按钮，而 RadioGroup 是可以容纳多个 RadioButton 的容器。

（2）对于每个 RadioGroup 中的多个 RadioButton，一次只能有一个被选中。

（3）不同的 RadioGroup 中的 RadioButton 互不相干。如果组 A 中有一个 RadioButton 被选中，那么组 B 中依然可以有一个 RadioButton 被选中。

（4）在大部分情况下，一个 RadioGroup 中至少有两个 RadioButton。

（5）在大部分情况下，对于一个 RadioGroup 中的多个 RadioButton，默认会有一个被选中，建议将这个被选中的 RadioButton 放在 RadioGroup 的起始位置。

4.2.4　Toast

Android 中的 Toast（消息框）用于向用户显示一些帮助信息或提示信息。一般通过下面两个步骤完成对 Toast 的显示。

（1）通过静态方法 makeText() 创建一个 Toast 对象，即 Toast.makeText (context, text, duration)。其中，第一个参数是 Toast 要求的上下文；第二个参数是 Toast 显示的文本内容；第三个参数是 Toast 显示的时长，该参数有两个内置常量可供选择，即 Toast.LENGTH_SHORT 和 Toast.LENGTH_LONG。

（2）调用 show() 方法显示 Toast，如 Toast.makeText (MainActivity.this, "hello", Toast.LENGTH_SHORT).show()。

4.3　热身任务——科技创造未来

1. 任务说明

（1）完成如图 4-2 所示的"科技创造未来"布局效果。

（2）实现功能：若用户选择的是"5G 通信"，则在提示消息框中显示"答对了"，如图 4-3 所示；若用户选择的是其他选项，则显示"答错了"，如图 4-4 所示。

2. 操作步骤

（1）在 Android Studio 中新建一个项目，将其命名为 technology。

（2）在 activity_main.xml 文件中添加组件，组成如图 4-5 所示的初始布局。"科技创造未来"的 Component Tree 如图 4-6 所示。

（3）在项目的 res/drawable 文件夹中新建一个名为 back_shape.xml 的 shape 文件（创建过程可参照 3.2.7 节的相关内容），并添加相应属性，具体代码如下。

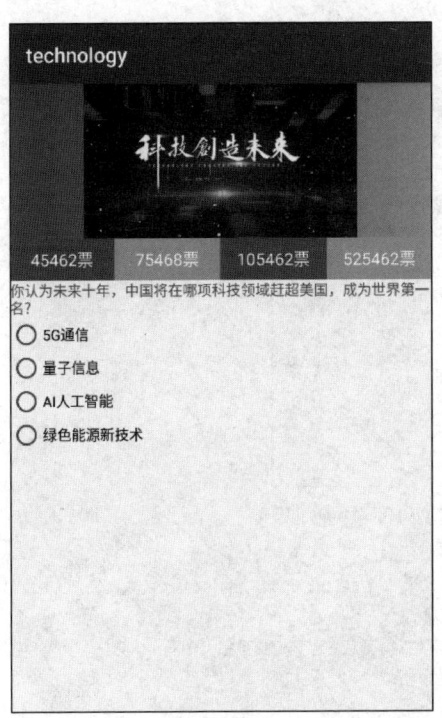

图 4-2　"科技创造未来"布局效果

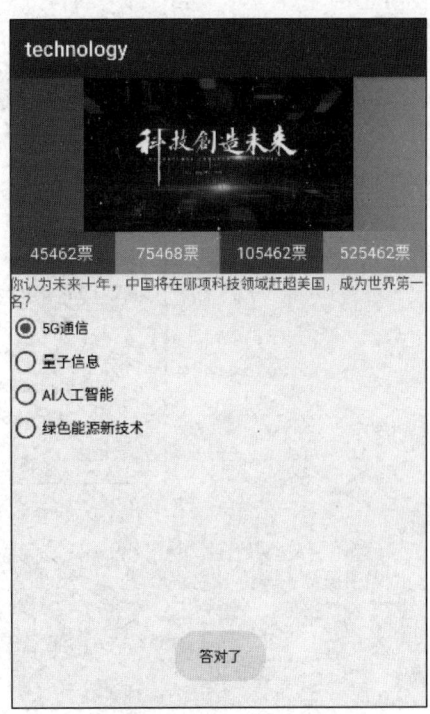

图 4-3　选择正确答案后的效果

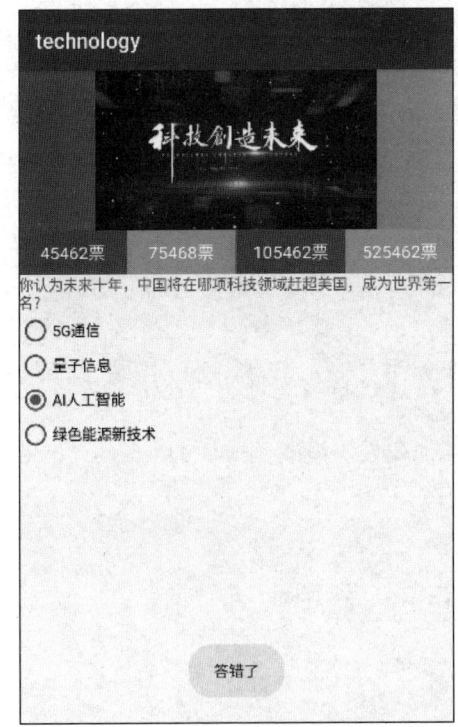

图 4-4　选择错误答案后的效果

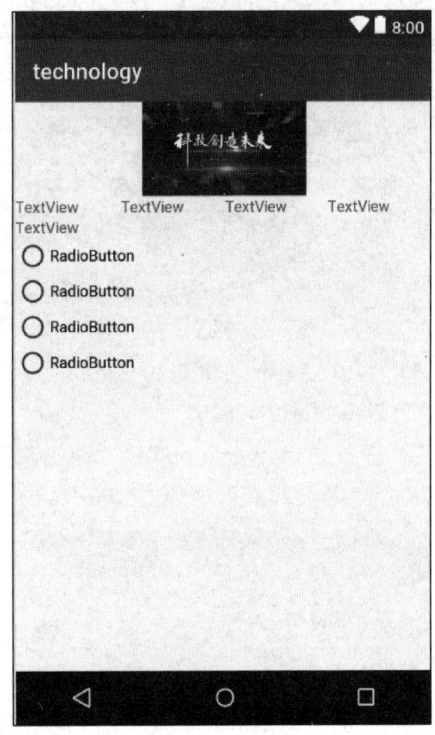

图 4-5　初始布局

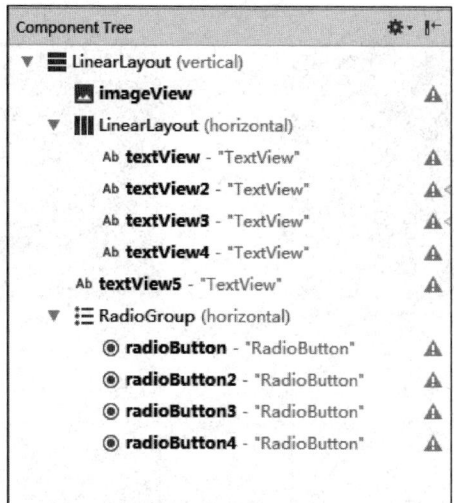

图 4-6　"科技创造未来"的 Component Tree

```
1.    <?xml version="1.0" encoding="utf-8"?>
2.    <shape xmlns:android="http://schemas.***roid.com/apk/res/android" >
3.        //通过添加以下属性可实现两种颜色的线性渐变效果
4.        <gradient android:startColor="#097de9" android:endColor="#70d0f5">
</gradient>
5.    </shape>
```

（4）将 ImageView 组件的 background 属性修改为第（3）步创建的 shape 文件（back_shape）。

（5）打开项目中的 res/values/theme/themes.xml 文件，在该文件中添加一个样式 tv_face（添加该样式的原因是 4 个 TextView 组件的相关属性的设置内容一致）。设置 tv_face 样式的代码如下。

```
1.    <style name="tv_face">
2.        <item name="android:layout_width">0dp</item>
3.        <item name="android:textSize">16sp</item>
4.        <item name="android:layout_height">40dp</item>
5.        <item name="android:layout_weight">1</item>
6.        <item name="android:gravity">center</item>
7.        <item name="android:textColor">#fff</item>
8.    </style>
```

（6）将第（5）步创建的 tv_face 样式通过 TextView 组件的 style 属性分别应用到布局中的 4 个 TextView 组件中。

（7）修改 activity_main.xml 文件中相应组件的其他属性，修改完成后的 activity_main.xml 文件的完整代码及相应功能说明如下。

```
1.    <?xml version="1.0" encoding="utf-8"?>
2.    <LinearLayout xmlns:android="http://schemas.***roid.com/apk/res/android"
3.        xmlns:app="http://schemas.***roid.com/apk/res-auto"
4.        xmlns:tools="http://schemas.***roid.com/tools"
5.        android:layout_width="match_parent"
6.        android:layout_height="match_parent"
7.        android:orientation="vertical"
8.        tools:context=".MainActivity">
9.        <ImageView
10.           android:id="@+id/imageView"
11.           android:layout_width="match_parent"
```

```
12.          android:layout_height="148dp "
13.          android:background="@drawable/back_shape"
14.          app:srcCompat="@drawable/ img " />
15.      <LinearLayout
16.          android:layout_width="match_parent"
17.          android:layout_height="wrap_content"
18.          android:gravity="center"
19.          android:layout_marginTop="5dp"
20.          android:layout_marginBottom="10dp">
21.          <TextView
22.              android:id="@+id/textView1"
23.              style="@style/tv_face"
24.              android:background="#097de9"
25.              android:text="45462 票" />
26.          <TextView
27.              android:id="@+id/textView2"
28.              style="@style/tv_face"
29.              android:background="#70d0f5"
30.              android:text="75468 票" />
31.          <TextView
32.              android:id="@+id/textView3"
33.              style="@style/tv_face"
34.              android:background="#097de9"
35.              android:text="105462 票" />
36.          <TextView
37.              android:id="@+id/textView4"
38.              style="@style/tv_face"
39.              android:background="#70d0f5"
40.              android:text="525462 票" />
41.      </LinearLayout>
42.      <TextView
43.          android:id="@+id/textView5"
44.          android:layout_width="wrap_content"
45.          android:layout_height="wrap_content"
46.          android:text="你认为未来十年，中国将在哪项科技领域赶超美国，成为世界第一名?" />
47.      <RadioGroup
48.          android:id="@+id/radioGroup1"
49.          android:layout_width="wrap_content"
50.          android:layout_height="wrap_content" >
51.          <RadioButton
52.              android:id="@+id/ radioButton "
53.              android:layout_width="wrap_content"
54.              android:layout_height="wrap_content"
55.              android:checked="true"//将 android:checked 的属性值设置为 true，让
此单选按钮作为默认选中按钮
56.              android:text="5G 通信" />
57.          <RadioButton
58.              android:id="@+id/ radioButton2"
59.              android:layout_width="wrap_content"
60.              android:layout_height="wrap_content"
61.              android:text="量子信息" />
62.          <RadioButton
63.              android:id="@+id/ radioButton3"
64.              android:layout_width="wrap_content"
65.              android:layout_height="wrap_content"
66.              android:text=" AI 人工智能" />
67.          <RadioButton
68.              android:id="@+id/ radioButton4"
69.              android:layout_width="wrap_content"
```

```
70.          android:layout_height="wrap_content"
71.          android:text="绿色能源新技术" />
72.     </RadioGroup>
73. </LinearLayout>
```

（8）打开 java 文件夹下的 MainActivity.java 文件，在 onCreate()方法中为 radioGroup1 组件添加 OnCheckedChangeListener() 监听器，并完成对所选答案正确与否的判断，具体代码如下。

```
1.  private RadioGroup rg;//声明 RadioGroup 组件的变量 rg
2.     protected void onCreate(Bundle savedInstanceState) {
3.         super.onCreate(savedInstanceState);
4.         setContentView(R.layout.activity_main);
5.         //将通过 ID 找到的单选按钮组赋值给变量 rg
6.         rg = (RadioGroup)findViewById(R.id.radioGroup1);
7.         //添加单选按钮组的选项改变事件监听器
8.         rg.setOnCheckedChangeListener(new RadioGroup.OnCheckedChangeListener() {
9.             //变量 i 用于保存用户选中的单选按钮的 ID。下面利用此变量进行比对，判断所选答案
是否正确
10.            public void onCheckedChanged(RadioGroup radioGroup, int i) {
11.                switch (i) {
12.                case R.id. radioButton://若变量 i 的值是 radioButton，则说明用
户选中的是"5G 通信"单选按钮，此时提示消息框显示"答对了"
13.                    Toast.makeText(MainActivity.this, "答对了", Toast.
LENGTH_SHORT).show();
14.                    break;
15.                case R.id. radioButton2:
16.                    Toast.makeText(MainActivity.this, "答错了", Toast.
LENGTH_SHORT).show();
17.                    break;
18.                case R.id. radioButton3:
19.                    Toast.makeText(MainActivity.this, "答错了", Toast.
LENGTH_SHORT).show();
20.                    break;
21.                case R.id. radioButton4:
22.                    Toast.makeText(MainActivity.this, "答错了", Toast.
LENGTH_SHORT).show();
23.                    break;
24.                }
25.            }
26.        });
27.     }
```

思考

（1）如何为 RadioGroup 添加一个事件监听器？

（2）Toast. makeText()方法中第一个参数的 Context 是什么？

4.4 实现"底部导航"模块的布局

1. 知识点

➢ 线性布局的使用方法。

➢ RadioGroup 组件的使用方法。

➢ RadioButton 组件的使用方法。

2. 工作任务

制作"薪火传承"App"底部导航"模块的 UI 布局，其效果如图 4-7 所示。

图 4-7　UI 布局效果

3. 操作流程

（1）打开"薪火传承"项目，在界面中选择"File"→"New"→"Activity"→"Empty Views Activity"选项，打开向导，完成"底部导航"页面的创建，创建时使用默认文件名。

（2）在 activity_main.xml 文件中添加组件，组成如图 4-8 所示的"底部导航"页面的初始布局。"底部导航"页面的 Component Tree 如图 4-9 所示。

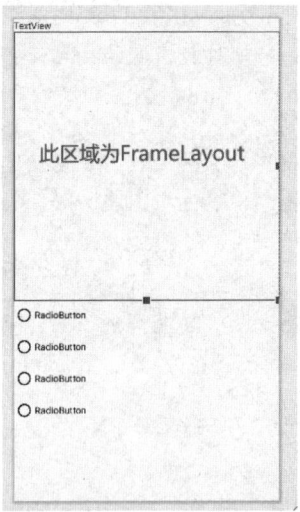

图 4-8　"底部导航"页面的初始布局

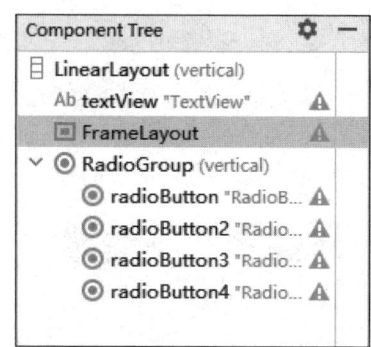

图 4-9　"底部导航"页面的 Component Tree

小贴士

在"底部导航"页面的初始布局中添加了一个 FrameLayout 布局，用于显示主要的页面内容。FrameLayout 布局是最简单的布局，所有放在该布局里的控件，都按照层次堆叠在屏幕的左上角，后加进来的控件会覆盖前面的控件。

（3）在 Project 视图中打开项目的 res/values 文件夹中的 dimens.xml 文件，并在该文件中添加 Navigation_RadioButtonsize 属性，具体代码如下。

```
<dimen name="Navigation_RadioButtonsize">10sp</dimen>//定义底部导航栏单选按钮中
文字的大小
```

（4）在 Project 视图中打开项目的 res/values 文件夹下的 colors.xml 文件，并在该文件中添加字体颜色属性，具体代码如下。

```
1.    <color name="BarSelectFontColor">#a7103c</color>//底部导航栏中的按钮被选中
时的字体颜色
2.    <color name="BarUnselectFontColor">#acacac</color>//底部导航栏中的按钮未
被选中时的字体颜色
```

（5）在 Project 视图中打开项目的 res/values/themes 文件夹下的 themes.xml 文件，并在该文件中添加 main_RadioButton 样式，用于设置底部导航栏中的单选按钮的外观样式，具体代码及其功能说明如下。

```
1.    <style name="main_RadioButton">
2.        <item name="android:layout_height">match_parent</item>//修改组件高度
3.        <item name="android:layout_width">0dp</item>//修改组件宽度
4.        <item name="android:layout_marginTop">4dp</item>
5.        <item name="android:layout_weight">1</item>//修改组件权重
6.        <item name="android:button">@null</item>//隐藏按钮样式
7.        <item name="android:drawablePadding">5dp</item>//修改图片内边距
8.        <item name="android:gravity">center_horizontal</item> //修改组件内部对
齐方式
9.        <item name="android:textColor">@color/BarSelectFontColor</item>//修
改组件中文字的颜色
10.       <item
name="android:textSize">@dimen/Navigation_RadioButtonsize</item>//修改组件中文字的大小
11.   </style>
```

（6）打开 activity_main.xml 文件，修改 TextView 组件的属性，"Attributes"面板中各属性的值如图 4-10 所示。

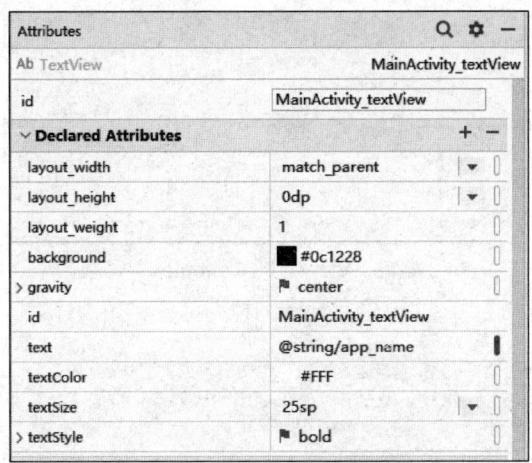

图 4-10 TextView 的"Attributes"面板

具体代码如下。

```
1.   <TextView
2.       android:id="@+id/MainActivity_textView"
3.       android:layout_width="match_parent"
4.       android:layout_height="0dp"
5.       android:layout_weight="1"
6.       android:background="#0c1228"
7.       android:gravity="center"
8.       android:text="@string/app_name"
9.       android:textColor="#FFF"
10.      android:textSize="25sp"
11.      android:textStyle="bold" />
```

（7）修改 FrameLayout 组件属性，"Attributes"面板中各属性的值如图 4-11 所示。

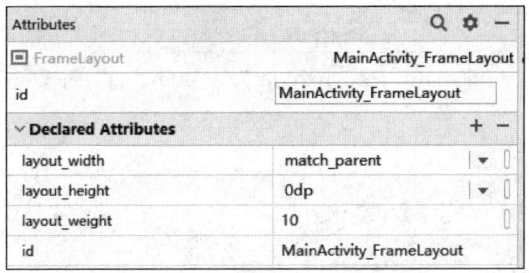

图 4-11 FrameLayout 的"Attributes"面板

具体代码如下。

```
1.   <FrameLayout
2.       android:id="@+id/MainActivity_FrameLayout"
3.       android:layout_width="match_parent"
4.       android:layout_height="0dp"
5.       android:layout_weight="10" >
6.   </FrameLayout>
```

（8）在 FrameLayout 组件与 RadioGroup 组件之间添加一个 View 组件并修改其属性，以实现添加一条直线的功能，"Attributes"面板中各属性的值如图 4-12 所示。

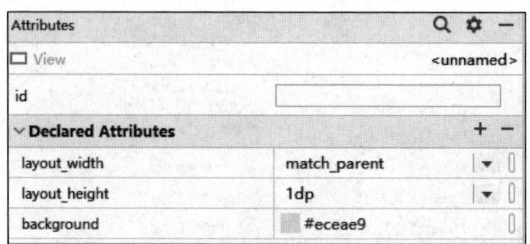

图 4-12　View 的"Attributes"面板

具体代码如下。

```
1.        <View
2.            android:layout_width="match_parent"
3.            android:layout_height="1dp"
4.            android:background="#eceae9" />
```

小贴士

View 组件位于 Palette 面板的"Widgets"选项卡中。

（9）修改 RadioGroup 组件的"Attributes"面板中各属性的值，如图 4-13 所示。

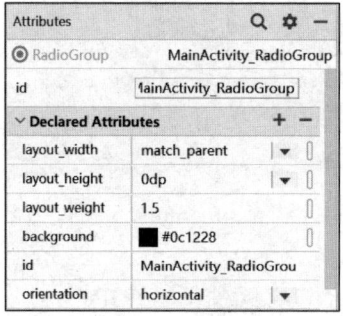

图 4-13　RadioGroup 的"Attributes"面板

具体代码如下。

```
1. <RadioGroup
2.        android:id="@+id/MainActivity_RadioGroup"
3.        android:layout_width="match_parent"
4.        android:layout_height="0dp"
5.        android:layout_weight="1.5"
6.        android:background="#0c1228"
7.        android:orientation="horizontal">
```

（10）修改 4 个 RadioButton 组件的属性，具体代码如下。

```
1.        <RadioButton
2.            android:id="@+id/MainActivity_radioButton"
3.            style="@style/main_RadioButton"
4.            android:checked="true"
5.            android:drawableTop="@drawable/menu1_t"
```

```
6.          android:drawablePadding="5dp"
7.          android:text="首页" />
8.      <RadioButton
9.          android:id="@+id/MainActivity_radioButton2"
10.         style="@style/main_RadioButton"
11.         android:drawableTop="@drawable/menu2_f"
12.         android:text="分享"
13.         android:textColor="#acacac" />
14.     <RadioButton
15.         android:id="@+id/MainActivity_radioButton3"
16.         style="@style/main_RadioButton"
17.         android:drawableTop="@drawable/menu3_f"
18.         android:text="社区"
19.         android:textColor="#acacac" />
20.     <RadioButton
21.         android:id="@+id/MainActivity_radioButton4"
22.         style="@style/main_RadioButton"
23.         android:drawableTop="@drawable/menu4_f"
24.         android:text="我的"
25.         android:textColor="#acacac" />
```

小贴士

当完成布局之后运行程序时，会发现运行到模拟器上的是 LoginActivity（"登录"页面），那么如何使 MainActivity（"底部导航"模块）能够运行到模拟器上呢？这时需要配置项目中的 manifests/AndroidManifest.xml 文件，打开 AndroidManifest.xml 文件，将图 4-14 序号 1 标识框内的所有代码移至序号 2 标识的位置。

图 4-14   AndroidManifest.xml 文件代码

4.5 实现导航功能

1. 知识点

➢ RadioGroup 的 OnCheckedChangeListener 监听器的使用方法。
➢ 动态获取 drawable 文件夹下图片资源的方法。
➢ 动态修改 RadioButton 中文字字体的方法。
➢ 动态修改 RadioButton 内置图片的方法。

➢ Toast 的使用方法。

2. 工作任务

当选中"薪火传承"App 底部导航栏中的单选按钮时，在被选中的单选按钮的图片及文字颜色发生改变的同时，弹出消息框显示当前功能的名字，如图 4-15 和图 4-16 所示。

图 4-15 "首页"单选按钮被选中的效果

图 4-16 "分享"单选按钮被选中的效果

3. 操作流程

（1）打开"薪火传承"项目，在 Project 视图中打开项目的 java 文件夹下的 MainActivity.java 源程序文件。

（2）在文件中定义相关变量，具体代码及其功能说明如下。

```
1.    private RadioGroup myradioGroup;    //定义单选按钮组
2.    private RadioButton rbutton1, rbutton2, rbutton3, rbutton4; //定义 4 个单选按钮
3.    private Drawable home_true, home_false, community_true, community_false,
order_true, order_false, me_false, me_true;    //定义 4 个单选按钮被选中和未被选中时的图标
4.    private int colorTrue, colorFalse; //定义 4 个单选按钮被选中和未被选中时的文字颜色
```

（3）在源程序文件中添加 initView()方法用于初始化 UI 组件，并进行图片、颜色等的相关准备工作，具体代码及其功能说明如下。

```
1.    private void initView() {
2.      myradioGroup = findViewById(R.id.MainActivity_RadioGroup);//通过 ID 找到
UI 中的单选按钮组
3.      rbutton1 = findViewById(R.id.MainActivity_radioButton); //通过 ID 找到
UI 中的单选按钮
4.      rbutton2 = findViewById(R.id.MainActivity_radioButton2);
5.      rbutton3 = findViewById(R.id.MainActivity_radioButton3);
6.      rbutton4 = findViewById(R.id.MainActivity_radioButton4);
7.      home_true = getResources().getDrawable(R.drawable.menu1_t);//找到图
片 menu1_t.png，用于设置当"首页"单选按钮被选中时显示的图片
8.      home_false = getResources().getDrawable(R.drawable.menu1_f);//找到图
片 menu1_f.png，用于设置当"首页"单选按钮未被选中时显示的图片
9.      community_true = getResources().getDrawable(R.drawable.menu2_t);
10.     //通过 getResources()方法获得 Resources，再用 Resources 获取项目的图片、颜
色等资源
11.     community_false = getResources().getDrawable(R.drawable.menu2_f);
12.      order_true = getResources().getDrawable(R.drawable.menu3_t);
```

```
13.        order_false = getResources().getDrawable(R.drawable.menu3_f);
14.        me_true = getResources().getDrawable(R.drawable.menu4_t);
15.        me_false = getResources().getDrawable(R.drawable.menu4_f);
16.        colorTrue = getResources().getColor(R.color.BarSelectFontColor);
17.        //找到颜色 BarSelectFontColor,用于设置当单选按钮被选中时的文字颜色
18.        colorFalse = getResources().getColor(R.color.BarUnselectFontColor);
19.        //找到颜色 BarUnselectFontColor,用于设置当单选按钮未被选中时的文字颜色
```

（4）在源程序文件中添加 setAllColor()方法，用于将所有单选按钮的文字颜色设置为未选中状态下的文字颜色 colorFalse，具体代码如下。

```
1.    private void setAllColor(){
2.        rbutton1.setTextColor(colorFalse);
3.        rbutton2.setTextColor(colorFalse);
4.        rbutton3.setTextColor(colorFalse);
5.        rbutton4.setTextColor(colorFalse);
6.    }
```

（5）在源程序文件中添加 setAllImage()方法，用于设置所有按钮在未选中状态下的图片，具体代码及其功能说明如下。

```
1.    private void setAllImage(){
2.        //设置"首页"单选按钮图片为未选中状态下的图片
3.        rbutton1.setCompoundDrawablesWithIntrinsicBounds(null, home_false, null, null);
4.        //设置"分享"单选按钮图片为未选中状态下的图片
5.        rbutton2.setCompoundDrawablesWithIntrinsicBounds(null, community_false, null, null);
6.        //设置"社区"单选按钮图片为未选中状态下的图片
7.        rbutton3.setCompoundDrawablesWithIntrinsicBounds(null, order_false, null, null);
8.        //设置"我的"单选按钮图片为未选中状态下的图片
9.        rbutton4.setCompoundDrawablesWithIntrinsicBounds(null, me_false, null, null);
10.   }
```

（6）在源程序文件中添加 navigation()方法，用于实现底部导航栏中的单选按钮在选中状态与未选中状态之间切换的功能，具体代码及其功能说明如下。

```
1.    private void navigation() {
2.        // TODO Auto-generated method stub
3.        myradioGroup.setOnCheckedChangeListener(new
RadioGroup.OnCheckedChangeListener(){
4.        //变量 checkedId 中保存了用户每次选中的单选按钮的 ID
5.        public void onCheckedChanged(RadioGroup radioGroup, int checkedId ) {
6.        //调用 setAllColor()方法,用于在每次切换按钮时将所有按钮的文字颜色复位为未选中状态下的文字颜色
7.            setAllColor();
8.         //调用 setAllImage()方法,用于在每次切换按钮时将所有按钮的图片复位为未选中状态下的图片
9.            setAllImage();
10.        //每个条件分支用于实现按钮被选中时,将被选中的单选按钮设置为选中状态下的文字颜色及图片,并显示提示消息框
11.        if (checkedId == R.id.MainActivity_radioButton) {
12.            rbutton1.setTextColor(colorTrue);
13.                rbutton1.setCompoundDrawablesWithIntrinsicBounds(null, home_true, null, null);
```

```
14.          Toast.makeText(MainActivity.this, "首页", Toast.LENGTH_LONG).show();
15.       } else if (checkedId == R.id.MainActivity_radioButton2) {
16.          rbutton2.setTextColor(colorTrue);
17.             rbutton2.setCompoundDrawablesWithIntrinsicBounds(null,
community_true, null, null);
18.          Toast.makeText(MainActivity.this, "分享", Toast.LENGTH_LONG).
show();
19.       } else if (checkedId == R.id.MainActivity_radioButton3) {
20.          rbutton3.setTextColor(colorTrue);
21.          rbutton3.setCompoundDrawablesWithIntrinsicBounds(null, order_
true, null, null);
22.          Toast.makeText(MainActivity.this, "社区", Toast.LENGTH_LONG).
show();
23.       } else if (checkedId == R.id.MainActivity_radioButton4) {
24.          rbutton4.setTextColor(colorTrue);
25.          rbutton4.setCompoundDrawablesWithIntrinsicBounds(null, me_true,
null, null);
26.          Toast.makeText(MainActivity.this, "我的", Toast.LENGTH_LONG).
show();
27.       }
28.    });
29. }
```

（7）在源程序文件中重写 onCreate()方法以调用初始化方法 initView()及实现底部导航功能的方法 navigation()，具体代码及其功能说明如下。

```
1.    protected void onCreate(Bundle savedInstanceState) {
2.        super.onCreate(savedInstanceState);
3.        setContentView(R.layout.activity_main);
4.        initView();//调用此方法实现初始化组件的功能
5.        navigation();//调用此方法实现导航功能
6.    }
```

（8）运行程序。

小贴士

在切换导航栏中单选按钮的选中状态和未选中状态时，首先触发单选按钮组的 onCheckedChangeListener 监听事件，此时系统会将所有的单选按钮恢复成未选中状态（用 setAllImage()方法将所有的单选按钮的内置图标恢复成未选中状态下的图标，用 setAllColor()方法将所有的单选按钮的文字颜色恢复成未选中状态下的文字颜色），然后通过判断将被选中的单选按钮修改为选中状态（单选按钮中的图片和文字的颜色都变为红色）。

4.6 工作小憩

 【心灵驿站】

1949 年 10 月 1 日，中华人民共和国成立，身在美国的钱学森，心中只有一个信念——祖国需要我，我要回家！

钱学森先后辞去在美国的一切职务，但美国军方并不想放钱学森回国。美国海军部副部长丹尼尔·金贝尔甚至说:"一个钱学森抵得上五个海军陆战师。我宁可把这个家伙枪毙了,也不能放他回中国去!"探照灯 24 小时对准他,不让他休息,在被关押的 15 天内,钱学森暴瘦 15 公斤,回家后他一言不发,已然失声,之后他被美国司法部移民归化局非法拘留,从此开始了长达 5 年的软禁生涯。

钱学森用香烟纸辗转向祖国发出求助信,在祖国的交涉下,他才得以脱身踏上归国之路,他和家人搭乘"克利夫兰总统号"启程回国,为了这一天他争取了整整 5 年。钱学森的毅然回国,让中国导弹、原子弹的研发进程至少向前推进 20 年!

 【轻松时刻】

趣味测试:您是哪一种人才?

著名物理学家、诺贝尔奖获得者杨振宁认为创新可分为爱因斯坦、比尔·盖茨、任天堂等几种类型,测测您是哪一种类型的人才。

1. "3、4、5、6"四个数可任意排列,要加上什么样的运算符号才能等于 24?

A. 马上说出答案。如果不是事先算过,那么你是天才

B. 1 分钟之内。你有数学天赋

C. 3 分钟之内。别伤心,这还在正常范围之内

D. 没算出来,放弃。别太伤心,因为不是只有你一个人放弃

2. 马路上的红绿灯坏了,有人因为没看到红灯,被车撞倒,送进了医院。如果是你,目睹该场景后,会采取哪一种行为?

A. 无所谓,回家就忘了

B. 在博客上写下一篇长文,论红绿灯的损坏

C. 上网查资料,发现现在用的红绿灯科技含量太低,很容易损坏,而有一种新技术可以造出新型的红绿灯,寿命长,而且更省电

3. 有人先用 60 美元买了一匹马,以 70 美元的价格卖了出去;然后,他用 80 美元把它买回来,最后以 90 美元的价格卖出。在这桩交易中,他:

A. 赔了 10 美元

B. 收支平衡

C. 赚了 10 美元

D. 赚了 20 美元

分析:

现在静默片刻,闭上眼,马上出现在你脑海中的是哪一道题?

如果你记住的是第一道题,并且你选择了 A,那么你可能是爱因斯坦型科技人才。

如果你记住的是第二道题,并且你选择了 C,那么你可能属于比尔·盖茨型技术加商业人才。

如果你记住的是第三道题,并且你选择了 D,那么你可能属于任天堂型商业人才。

人才解析:

爱因斯坦型科技人才

科学的魅力就是爱因斯坦最大的动力,对于金钱,他不大放在心中,这也难怪他在面对

加薪后的工资单时会感叹："这么多钱，可让我怎么办啊！"这类爱因斯坦型科技人才，得学习一下另一位人才——爱迪生，既站在专业的最前沿，又努力把自己的知识转化为生产力。要知道，这样的努力在自己赚钱的同时更会像电灯一样照亮别人。

比尔·盖茨型技术加商业人才

比尔·盖茨在 13 岁时便利用闲暇时间从事电脑程序设计的工作，并且从中获利。1975 年，比尔·盖茨退学，与保罗·艾伦一同编写编程语言 BASIC 的一个版本，之后正式创立微软公司，当时比尔·盖茨刚刚 19 岁。如果你在专业和经营方面都有天分，那么创业似乎是最好的选择。

任天堂型商业人才

"超级玛丽"和"俄罗斯方块"让"任天堂"的名声传遍世界，虽然它们都不是任天堂灵魂人物山内溥的原创，但无疑是山内溥使它们成为传奇的。山内溥具有超群的眼光、出众的胆略和天才的经营能力，使得"任天堂"成了游戏史上的神话。

温馨提示：

人才也可以被看作一条开口向上的抛物线。抛物线的一端，是人才的技术能力，也就是智商。不管你从事数学领域还是艺术领域的工作，技术能力都是一个人安身立命的根本，也是一个人称得上人才的基本条件；抛物线的另一端是人的情商、财商、挫折商，也就是一个人经营自己的能力。

杨振宁认为中国现在最需要比尔·盖茨型人才。当然这并不意味着每个人都去做软件开发，但只有努力提升自己，让自己的微笑曲线更加完整，实现情商和智商的平衡，才能将自己的能力发挥得淋漓尽致，实现精神和物质的双丰收。

（以上测试仅供娱乐）

 【深度思考】

天才与人才的区别是什么？

项目 5

"我的" 模块的设计与实现

【教学目标】

✧ 掌握 Fragment 的生命周期。
✧ 掌握创建 Fragment 的方法。
✧ 掌握动态加载 Fragment 的方法。
✧ 掌握显式 Intent 与隐式 Intent 的区别。

5.1 工作任务概述

在"薪火传承"App 中,"我的"界面是私人化的用户界面,用户可以在该界面中查看"个人信息",也可以进行自定义的设置。本项目的工作任务是完成"薪火传承"项目中"我的"模块的制作,需要完成以下工作子任务。

(1)完成"我的"模块的 UI 布局,如图 5-1 所示。

(2)创建"我的"Fragment。

(3)将"我的"Fragment 组装至 App 主框架(项目 4 创建的 MainActivity)中。

(4)实现"登录"界面的调用。

5.2 预备知识

5.2.1 Fragment

1. Fragment 简介

Fragment 是一个在 Android 3.0 版本之后引入的 API,可以为大屏幕的平板电脑实现动态、灵活的界面设计提供支持,

图 5-1　"我的"模块的 UI 布局

普通手机设备的应用开发也可以加入 Fragment。Fragment 也被称为 Activity 片段,可以将 Fragment 理解为小型的 Activity。如果在一个很大的界面中只有一个整体布局,那么在设计界面时会非常麻烦;如果在其中添加很多组件,那么会给管理带来麻烦。而使用 Fragment,就

可以先把屏幕划分成几块，然后分组进行模块化的管理，这样就可以更加方便地在程序运行过程中动态更新用户界面。Fragment 并不能单独使用，需要嵌套在 Activity 中使用。尽管 Fragment 拥有自己的生命周期，但还是会受到宿主 Activity 的生命周期的影响，比如，若 Activity 被销毁，则嵌套在其中的 Fragment 也会被销毁。

2. Fragment 的生命周期

Fragment 的生命周期如图 5-2 所示。

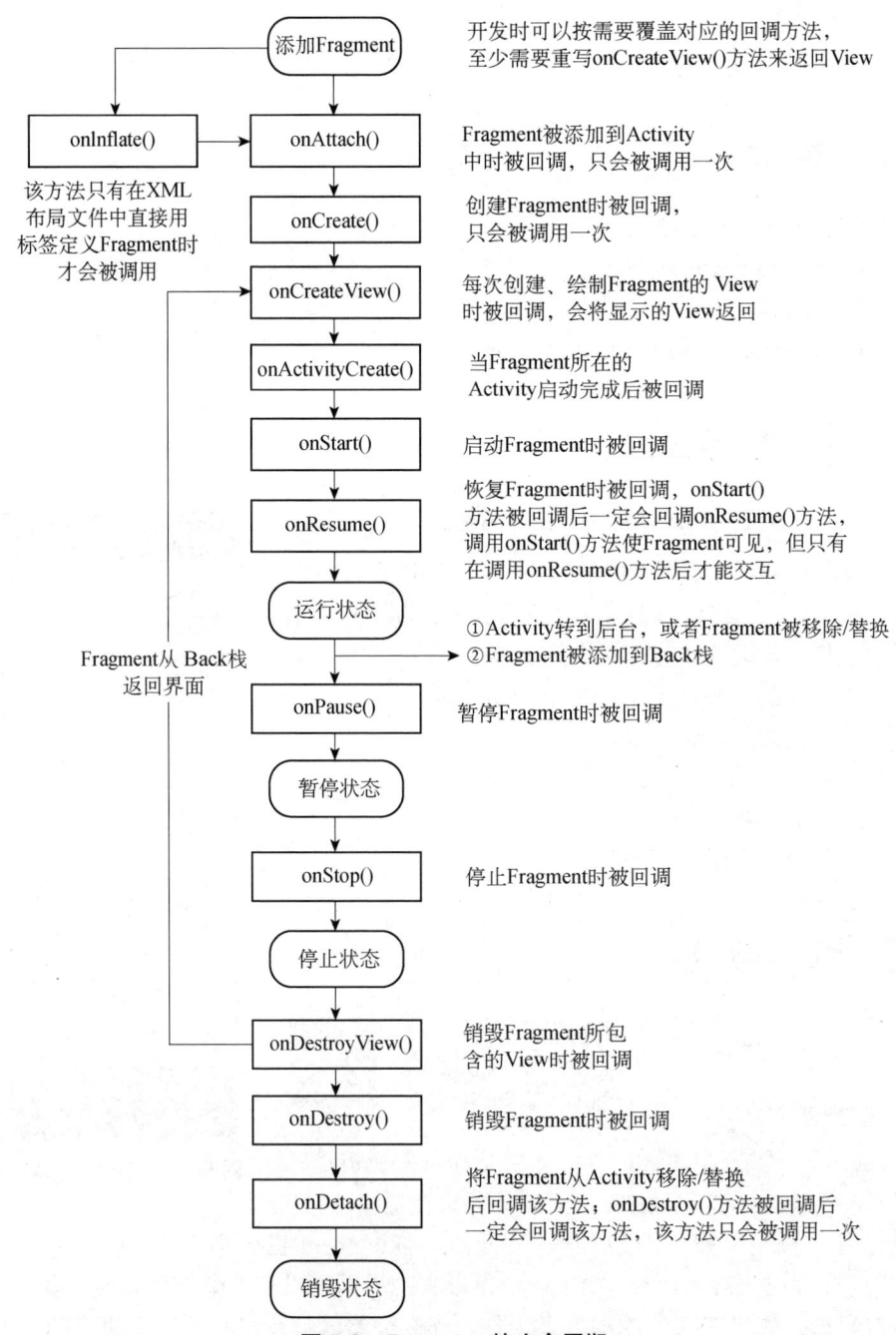

图 5-2　Fragment 的生命周期

3. FragmentTransaction 的常用方法及其作用

FragmentTransaction 的常用方法及其作用如表 5-1 所示。

表 5-1 FragmentTransaction 的常用方法及其作用

方　　法	作　　用
replace()	使用另一个 Fragment 替换当前的 Fragment
add (Fragment, String)	添加一个没有 ID 的 Fragment，该 Fragment 只能通过 FragmentManager.findFragmentByTag() 方法获取
add (int, Fragment)	添加一个 Fragment，参数 1 用于添加 Fragment 的 ID，参数 2 用于添加 Fragment 实例
remove()	从 Activity 中移除一个 Fragment
hide()	隐藏当前的 Fragment，只是将该 Fragment 设置为不可见，并不会将其销毁
show()	显示之前隐藏的 Fragment
detach()	将此 Fragment 从 Activity 中分离，会销毁其布局，但不会销毁该实例
attach()	将从 Activity 中分离的 Fragment 重新关联到该 Activity，重新创建其视图层次
addToBackStack()	添加事务到Back栈
commit()	提交一个事务。一个事务从开启到提交可以进行多次添加、移除、替换等操作

4. 创建 Fragment 的两种方式

（1）在 XML 布局文件中使用标签创建 Fragment，示例代码如下。

```
1.   <?xml version="1.0" encoding="utf-8"?>
2.   <LinearLayout xmlns:android="http://schemas.***roid.com/apk/res/android"
3.       android:orientation="horizontal"
4.       android:layout_width="match_parent"
5.       android:layout_height="match_parent">
6.   <fragment android:name="com.example.news.ArticleListFragment"
7.           android:id="@+id/list"
8.           android:layout_weight="1"
9.           android:layout_width="0dp"
10.          android:layout_height="match_parent" />
11.  <fragment android:name="com.example.news.ArticleReaderFragment"
12.          android:id="@+id/viewer"
13.          android:layout_weight="2"
14.          android:layout_width="0dp"
15.          android:layout_height="match_parent" />
16.  </LinearLayout>
```

用此方式创建的 Fragment 不能被移除或替换，而且 Fragment 与 Activity 同时被创建，灵活性差。当 Fragment 仅用于简单的视图展示时可以使用该方式。

（2）编写代码动态添加 Fragment，示例代码如下。

```
1.   FragmentManager manager = getSupportFragmentManager ();
2.   FragmentTransaction transaction = manager.beginTransaction();
3.   ExampleFragment fragment = new ExampleFragment();
4.   transaction.add(R.id.fragment_container, fragment);
5.   transaction.commit();
```

用此方式创建的 Fragment 可以实现不同 Fragment 之间的切换，而且可以在 Activity 运行时对 Fragment 进行添加、移除和替换，可控性高，方便处理不同屏幕的适配，但布局中必须有一个视图容器用来存放 Fragment。

5. 动态创建 Fragment 的步骤

（1）创建定义 Fragment 的 XML 布局文件。

（2）创建 Fragment 的 Java class，该 class 需要继承 Fragment 类或其子类，同时重写 onCreateView()方法。

（3）在 Activity 程序中加载并使用 Fragment，具体操作步骤为：第一步，通过 getSupport FragmentManager()方法获得 FragmentManager 对象；第二步，通过 FragmentManager.begin Transaction()方法获得 FragmentTransaction 对象；第三步，通过 FragmentTransaction 对象调用 add()方法或 replace()方法加载 Fragment；第四步，通过 FragmentTransaction 对象调用 commit() 方法（或 remove()方法等）提交事务。

小贴士

Transaction.replace (containerViewId, fragment)方法中的第一个参数 containerViewId 表示 Fragment 要放入的 ViewGroup 的资源 ID，第二个参数 fragment 表示要替换的 Fragment。

5.2.2　Intent

1. Intent 概述

在 Android 应用程序的开发过程中，Intent 是一个非常重要的类，用来启动或加载 Android 应用程序组件，并且通过它能够在不同的组件之间传输数据。Intent 主要有以下几种重要用途。

（1）启动 Activity：可以将 Intent 对象传递给 startActivity()方法或 startActivityForResult() 方法以启动一个 Activity，该 Intent 对象包含要启动的 Activity 的信息及其他必要的数据。

（2）启动 Service：可以将 Intent 对象传递给 startService()方法或 bindService()方法以启动一个 Service，该 Intent 对象包含要启动的 Service 的信息及其他必要的数据。

（3）发送广播：广播是一种所有 App 都可以接收的信息。Android 会发布各种类型的广播，如开机广播或手机充电广播等；也可以给其他 App 发送广播；还可以将 Intent 对象传递给 sendBroadcast()方法、sendOrderedBroadcast()方法和 sendStickyBroadcast()方法以发送自定义广播。

在 Android 应用程序中，Intent 通过 Action、Category 和 Data 等属性对 Android 应用程序的操作进行描述，若需要实现某些功能，则要给出这些属性的部分属性值或全部属性值，这样 Android 应用程序才会自动去进行对应的操作。IntentFilter 类专门用来配合 Intent 过滤要启动的组件。

2. Intent 的类型

Intent 有两种类型，即显式（Explicit）Intent 和隐式（Implicit）Intent。

（1）显式 Intent。如果 Intent 中明确包含要启动的组件的完整类名（包名及类名），那么这个 Intent 就是显式的。例如，若要启动一个特定的 Activity，则需要以当前的 Context 和该 Activity 的 class 作为参数构造 Intent，之后将这个 Intent 作为参数传递给 startActivity()方法，具体代码如下。

```
1.    Intent intent=new Intent(MainActivity.this,OtherActivity.class);
2.    startActivity(intent)
```

（2）隐式 Intent。如果 Intent 中不包含要启动的组件的完整类名，那么这个 Intent 就是隐式的。

例如，对于第三方的 Activity，它描述自己在什么情况下被启动，如果启动 Activity 的描述信息正好和第三方 Activity 的描述相匹配，那么这个第三方的 Activity 就会被启动，具体代码如下。

```
1.   Intent intent=new Intent(Intent.ACTION_CALL,"tel:10000100011");
2.   startActivity(intent)
```

小贴士

Intent 显式跳转需要指定具体要跳转的目标。本书中的 Activity 之间的跳转使用显式跳转。Intent 隐式跳转可以在自己的应用程序中启动其他应用程序的 Activity，这样可以使多个应用程序的功能实现共享。通过 Intent 隐式跳转可以调用拨号面板、发送短信等功能模块。

3. 多个 Activity 和 Intent

在启动 Android 应用程序时，系统首先运行 AndroidManifest.xml 文件中定义的主 Activity，然后在主 Activity 中通过事件（如按钮的单击事件）启动并跳转到一个新的 Activity。当该 Activity 被激活并运行时，它将处于 Activity 栈的顶部，而之前处于 Activity 栈顶部的主 Activity 将被压入栈中处于暂停状态；当新的 Activity 运行结束后，便将控制权交回先前的主 Activity，此时之前的主 Activity 将重新回到前台恢复运行；这个新的 Activity 也可以启动并跳转到另一个 Activity，让另一个 Activity 在前台运行。按照这样的方式不断重复，可以为 Android 应用程序创建若干 Activity 并在 Activity 之间进行两两跳转，而 Intent 在这些 Activity 之间充当桥梁，为它们之间的跳转传递各种消息。

启动新的 Activity 并在 Activity 之间跳转的步骤如下。

第一步：定义一个 Intent，并为该 Intent 指定即将被启动的 Activity。

第二步：调用 Intent 的 startActivity()方法，启动并跳转到新的 Activity。

例如，有两个 Activity，分别为 Activity1 和 Activity2，需要从 Activity1 跳转到 Activity2，具体实现代码如下。

```
1.   Intent intent = new Intent(Activity1.this, Activity2.class);
2.   startActivity(intent);
```

在上述代码中，当未调用 startActivity()方法时，Activity1 作为当前 Activity 处于 Activity 栈的顶部，如图 5-3（a）所示；当调用 startActivity()方法后，Activity2 会作为当前 Activity 处于 Activity 栈的顶部，如图 5-3（b）所示；当 Activity2 结束时，在后台的 Activity1 又会被调到前台来运行，如图 5-3（c）所示。startActivity (Intent) 方法可以启动新的 Activity，finish()方法则可以结束当前的 Activity。

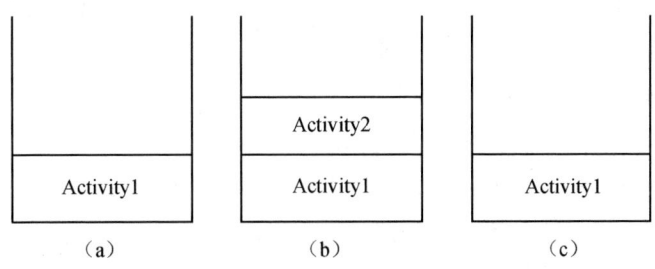

图 5-3　Activity 堆栈

5.3 热身任务——健全人格的标准

1. 任务说明

要求通过 Fragment 完成以下功能：当单击"健全人格的标准"下的第一张图片时，显示"爱心"的简介，如图 5-4 所示；当单击第二张图片时，显示"忍耐"的简介，如图 5-5 所示。

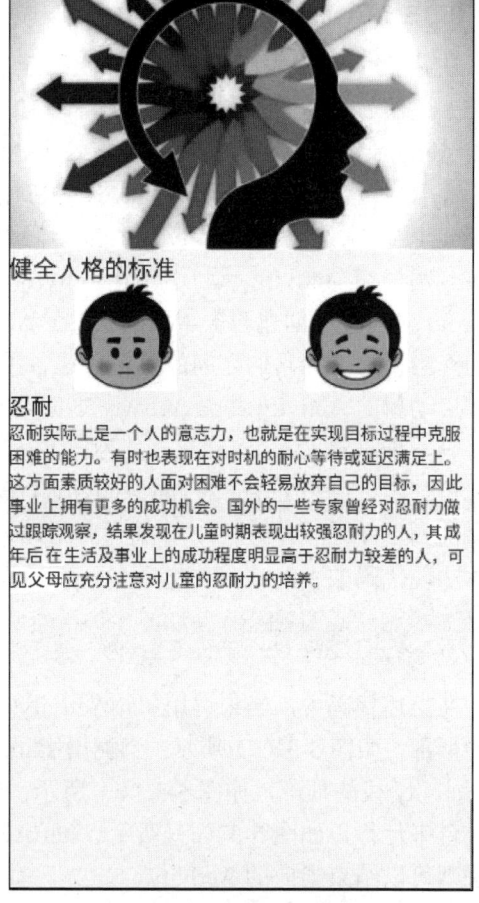

图 5-4 "爱心"的简介　　　　　　　图 5-5 "忍耐"的简介

2. 操作步骤

（1）创建一个 Android 项目，项目名自拟。

（2）制作如图 5-6 所示的布局，图 5-6 中用箭头指向的"FrameLayout"部分使用的是 FrameLayout 布局。"健全人格的标准"的 Component Tree 如图 5-7 所示。

图 5-6   "健全人格的标准"布局   图 5-7   "健全人格的标准"的 Component Tree

"健全人格的标准"的 XML 文件代码如下。

```
1.  <?xml version="1.0" encoding="utf-8"?>
2.  <LinearLayout xmlns:android="http://schemas.***roid.com/apk/res/android"
3.      xmlns:app="http://schemas.***roid.com/apk/res-auto"
4.      xmlns:tools="http://schemas.***roid.com/tools"
5.      android:layout_width="match_parent"
6.      android:layout_height="match_parent"
7.      android:orientation="vertical"
8.      tools:context=".MainActivity">
9.      <ImageView
10.         android:id="@+id/imageView"
11.         android:layout_width="match_parent"
12.         android:layout_height="wrap_content"
13.         app:srcCompat="@drawable/person" />
14.     <TextView
15.         android:id="@+id/textView"
16.         android:layout_width="match_parent"
17.         android:layout_height="wrap_content"
18.         android:text="健全人格的标准"
19.         android:textSize="20sp" />
20.     <LinearLayout
21.         android:layout_width="match_parent"
22.         android:layout_height="wrap_content"
23.         android:orientation="horizontal">
24.         <ImageView
25.             android:id="@+id/imageView2"
26.             android:layout_width="wrap_content"
27.             android:layout_height="wrap_content"
28.             android:layout_weight="1"
29.             android:src="@tools:sample/avatars"
30.             app:srcCompat="@drawable/p1" />
31.         <ImageView
```

```
32.          android:id="@+id/imageView3"
33.          android:layout_width="wrap_content"
34.          android:layout_height="wrap_content"
35.          android:layout_weight="1"
36.          app:srcCompat="@drawable/p2" />
37.      </LinearLayout>
38.      <FrameLayout
39.          android:id="@+id/fragment_container"
40.          android:layout_width="match_parent"
41.          android:layout_height="match_parent">
42.      </FrameLayout>
43.  </LinearLayout>
```

（3）在 Project 视图中右击 layout 文件夹，在弹出的快捷菜单中选择"New"→"XML"→"Layout XML File"选项，新建一个名为 love.xml 的 XML 布局文件，制作如图 5-8 所示的"爱心"简介的布局。

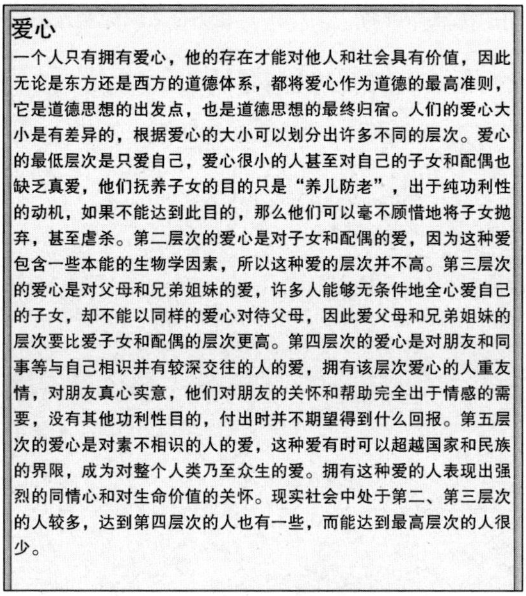

爱心

一个人只有拥有爱心，他的存在才能对他人和社会具有价值，因此无论是东方还是西方的道德体系，都将爱心作为道德的最高准则，它是道德思想的出发点，也是道德思想的最终归宿。人们的爱心大小是有差异的，根据爱心的大小可以划分出许多不同的层次。爱心的最低层次是只爱自己，爱心很小的人甚至对自己的子女和配偶也缺乏真爱，他们抚养子女的目的只是"养儿防老"，出于纯功利性的动机，如果不能达到此目的，那么他们可以毫不顾惜地将子女抛弃，甚至虐杀。第二层次的爱心是对子女和配偶的爱，因为这种爱包含一些本能的生物学因素，所以这种爱的层次并不高。第三层次的爱心是对父母和兄弟姐妹的爱，许多人能够无条件地全心爱自己的子女，却不能以同样的爱心对待父母，因此爱父母和兄弟姐妹的层次要比爱子女和配偶的层次更高。第四层次的爱心是对朋友和同事等与自己相识并有较深交往的人的爱，拥有该层次爱心的人重友情，对朋友真心实意，他们对朋友的关怀和帮助完全出于情感的需要，没有其他功利性目的，付出时并不期望得到什么回报。第五层次的爱心是对素不相识的人的爱，这种爱有时可以超越国家和民族的界限，成为对整个人类乃至众生的爱。拥有这种爱的人表现出强烈的同情心和对生命价值的关怀。现实社会中处于第二、第三层次的人较多，达到第四层次的人也有一些，而能达到最高层次的人很少。

图 5-8　"爱心"简介的布局

XML 布局文件代码如下。

```
1.  <?xml version="1.0" encoding="utf-8"?>
2.  <LinearLayout xmlns:android="http://schemas.***roid.com/apk/res/android"
3.      android:layout_width="match_parent"
4.      android:layout_height="match_parent"
5.      android:orientation="vertical">
6.      <TextView
7.          android:id="@+id/textView"
8.          android:layout_width="match_parent"
9.          android:layout_height="wrap_content"
10.         android:text="爱心"
11.         android:textColor="#000"
12.         android:textSize="18sp" />
```

```
13.        <TextView
14.            android:id="@+id/textView2"
15.            android:layout_width="match_parent"
16.            android:layout_height="wrap_content"
17.            android:text="一个人只有拥有爱心，他的存在才能对他人和社会具有价值，因此无论
是东方还是西方的道德体系，都将爱心作为道德的最高准则，它是道德思想的出发点，也是道德思想的最终归
宿。人们的爱心大小是有差异的，根据爱心的大小可以划分出许多不同的层次。爱心的最低层次是只爱自己，
爱心很小的人甚至对自己的子女和配偶也缺乏真爱，他们抚养子女的目的只是"养儿防老"，出于纯功利性的
动机，如果不能达到此目的，那么他们可以毫不顾惜地将子女抛弃，甚至虐杀。第二层次的爱心是对子女和配
偶的爱，因为这种爱包含一些本能的生物学因素，所以这种爱的层次并不高。第三层次的爱心是对父母和兄弟
姐妹的爱，许多人能够无条件地全心爱自己的子女，却不能以同样的爱心对待父母，所以爱父母和兄弟姐妹的
层次要比爱子女和配偶的层次更高。第四层次的爱心是对朋友和同事等与自己相识并有较深交往的人的爱，拥
有该层次爱心的人重友情，对朋友真心实意，他们对朋友的关怀和帮助完全出于情感的需要，没有其他功利性
目的，付出时并不期望得到什么回报。第五层次的爱心是对素不相识的人的爱，这种爱有时可以超越国家和民
族的界限，成为对整个人类乃至众生的爱。拥有这种爱的人表现出强烈的同情心和对生命价值的关怀。现实社
会中处于第二、第三层次的人较多，达到第四层次的人也有一些，而能达到最高层次的人很少。" />
18.    </LinearLayout>
```

（4）右击 Project 视图中 java 文件夹下的项目源程序文件夹，在弹出的快捷菜单中选择
"New"→"Java Class"选项，在"Create New Class"对话框中输入"Fragment_love"，创建
Fragment_love.java 类文件。

（5）打开 Fragment_love.java 类文件，先让 Fragment_love 类继承 Fragment，再将插入点
移至类体内，使用快捷键 Ctrl+O 打开"Select Methods to Override/ Implement"对话框（见
图 5-9），在该对话框中选中 onCreateView()方法，单击"OK"按钮，即可在 Fragment_love.java
类文件中添加 onCreateView()方法。

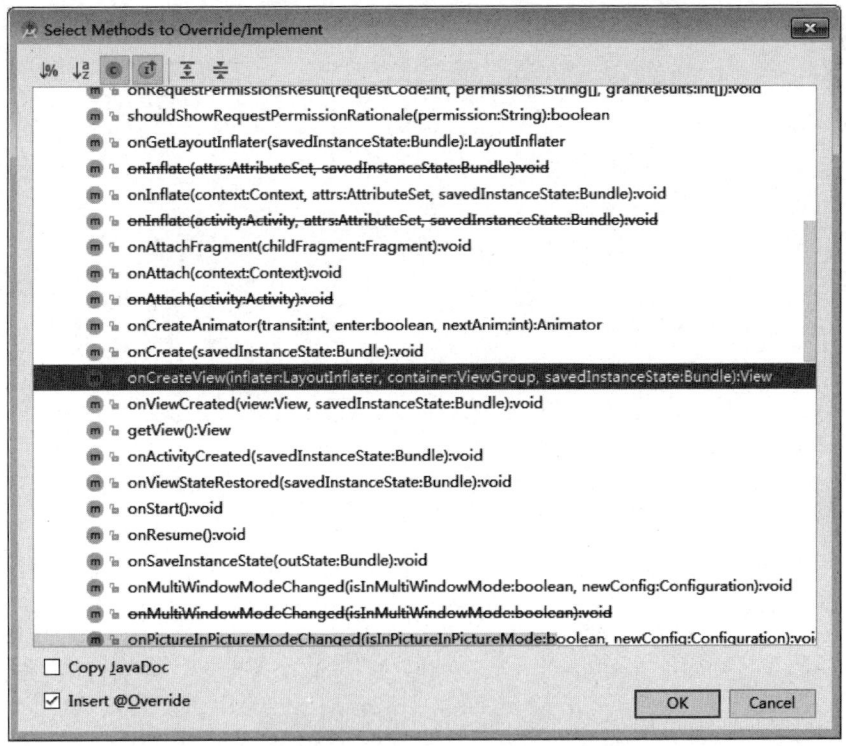

图 5-9　"Select Methods to Override/Implement"对话框

（6）重写 Fragment_love.java 类文件中的 onCreateView()方法，具体代码及其功能说明如下。

```
1. public class Fragment_love extends Fragment {
2.     @Nullable
3.     @Override
4.     public View onCreateView(@NonNull LayoutInflater inflater, @Nullable
ViewGroup container, @Nullable Bundle savedInstanceState) {
5.         View view = inflater.inflate(R.layout.love, null);//利用布局加载器加载
"爱心"布局，将其转换为 View 对象
6.         return view; //返回 View 对象
7.     }
8. }
```

（7）在 Project 视图中右击 layout 文件夹，在弹出的快捷菜单中选择"New"→"XML"→"Layout XML File"选项，新建一个名为 endure.xml 的 XML 布局文件，制作如图 5-10 所示的"忍耐"简介的布局。

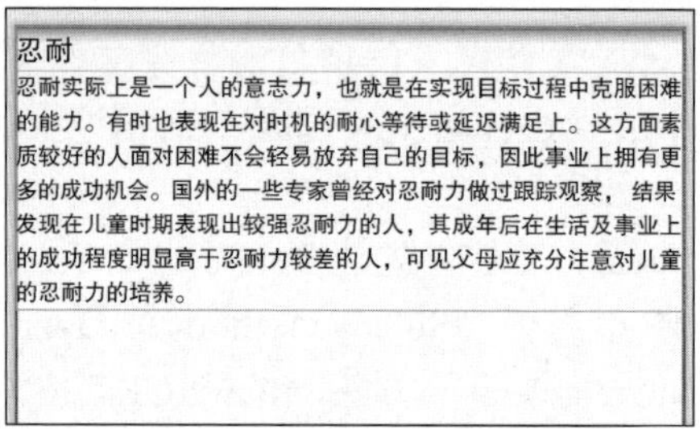

图 5-10　"忍耐"简介的布局

XML 布局文件代码如下。

```
1. <?xml version="1.0" encoding="utf-8"?>
2. <LinearLayout xmlns:android="http://schemas.***roid.com/apk/res/android"
3.     android:layout_width="match_parent"
4.     android:layout_height="match_parent"
5.     android:orientation="vertical">
6.     <TextView
7.         android:id="@+id/textView3"
8.         android:layout_width="match_parent"
9.         android:layout_height="wrap_content"
10.        android:textColor="#000"
11.        android:textSize="18sp"
12.        android:text="忍耐" />
13.     <TextView
14.        android:id="@+id/textView4"
15.        android:layout_width="match_parent"
16.        android:layout_height="wrap_content"
17.        android:text="忍耐实际上是一个人的意志力，也就是在实现目标过程中克服困难的
能力。有时也表现在对时机的耐心等待或延迟满足上。这方面素质较好的人面对困难不会轻易放弃自己的目
标，因此事业上拥有更多的成功机会。国外的一些专家曾经对忍耐力做过跟踪观察，结果发现在儿童时期表
现出较强忍耐力的人，其成年后在生活及事业上的成功程度明显高于忍耐力较差的人，可见父母应充分注意
对儿童的忍耐力的培养。" />
18. </LinearLayout>
```

（8）重复步骤（4）～（6），创建 Fragment_endure.java 类文件，让 Fragment_endure 类继承 Fragment，并添加与重写其 onCreateView()方法，完成后的代码如下。

```
1. public class Fragment_endure extends Fragment {
2.     @Nullable
3.     @Override
4.     public View onCreateView(@NonNull LayoutInflater inflater, @Nullable
ViewGroup container, @Nullable Bundle savedInstanceState) {
5.         View view = inflater.inflate(R.layout.endure, null);//利用布局加载器
加载"忍耐"布局，将其转换为 View 对象
6.         return view; //返回 View 对象
7.     }
8. }
```

（9）在项目的 java 文件夹中找到 MainActivity.java 文件，打开该文件并在其中创建 FragmentChange()方法，用于加载和替换 Fragment，具体代码如下。

```
1.   public void FragmentChange(Fragment myFragment) {
2.       FragmentManager manager = getSupportFragmentManager ();//获取 Fragment
Manager
3.       FragmentTransaction transaction = manager.beginTransaction();//开启
一个 Fragment 管理事务
4.       // R.id.fragment_container 是主布局的 FrameLayout 组件,主要用于显示 Fragment;
myFragment 是要显示的 Fragment
5.       transaction.replace(R.id.fragment_container, myFragment);
6.       transaction.commit();//提交事务
7.   }
```

（10）在 MainActivity.java 文件中添加 init()方法，该方法用于初始化组件，并为两张用于切换的图片添加单击事件监听器，以加载对应的 Fragment，具体代码如下。

```
1. public class MainActivity extends AppCompatActivity {
2.     private ImageView Img_love, Img_endure;
3.     protected void onCreate(Bundle savedInstanceState) {
4.         super.onCreate(savedInstanceState);
5.         setContentView(R.layout.activity_main);
6.         init();
7.     }
8.     public void FragmentChange(Fragment myFragment) {
9.         FragmentManager manager = getSupportFragmentManager();// 获取
FragmentManager
10.         FragmentTransaction transaction = manager.beginTransaction();//开
启一个 Fragment 管理事务
11.         // R.id.fragment_container 是主布局的 FrameLayout 组件，主要用于显示
Fragment；myFragment 是要显示的 Fragment
12.         transaction.replace(R.id.fragment_container, myFragment);
13.         transaction.commit();//提交事务
14.     }
15.     public void init() {
16.         //在布局文件中找到用于显示"爱心"的开关图片组件
17.         Img_love = findViewById(R.id.imageView2);
18.         //在布局文件中找到用于显示"忍耐"的开关图片组件
19.         Img_endure = findViewById(R.id.imageView3);
```

```
20.          //为"爱心"的开关图片组件添加单击事件监听器，用于显示对应的 Fragment
21.          Img_love.setOnClickListener(new View.OnClickListener() {
22.              @Override
23.              public void onClick(View view) {
24.                  Fragment_love myFragment = new Fragment_love();//创建"爱心"
简介 Fragment
25.                  //调用 Fragment 加载方法，将"爱心"的简介显示在页面上
26.                  FragmentChange(myFragment);
27.              }
28.          });
29.          //为"忍耐"的开关图片添加单击事件监听器，用于显示对应的 Fragment
30.          Img_endure.setOnClickListener(new View.OnClickListener() {
31.
32.              public void onClick(View view) {
33.                  Fragment_endure myFragment = new Fragment_endure();//创建"忍
耐"简介 Fragment
34.                  //调用 Fragment 加载方法，将"忍耐"的简介显示在页面上
35.                  FragmentChange(myFragment);
36.              }
37.          });
38.      }
39. }
```

思考

本案例中的布局为什么要使用 FrameLayout？

5.4　实现"我的"模块的布局

1. 知识点

➢ 线性布局的属性修改方法。

➢ ConstraintLayout 布局的属性修改方法。

➢ 使用样式文件 themes.xml 修改属性的方法。

2. 工作任务

制作"薪火传承"App 的"我的"模块的 UI 布局，如图 5-11 所示。

3. 操作流程

（1）打开"薪火传承"项目，在 Project 视图中右击 res 文件夹下的 layout 文件夹，在弹出的快捷菜单中选择"New"→"XML"→"Layout XML File"选项，在项目的 res/layout 文件夹中添加 frag_me.xml 文件。

（2）在 frag_me.xml 文件中添加组件，形成如

图 5-11　"我的"模块的 UI 布局

图 5-12 所示的"我的"的初始布局。"我的"的 Component Tree 如图 5-13 所示。

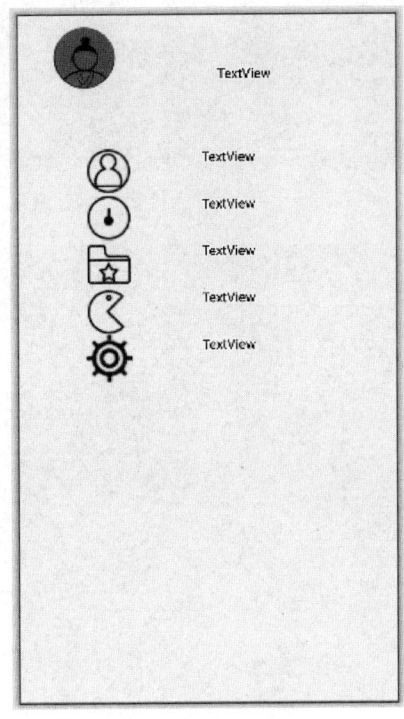

图 5-12　"我的"的初始布局　　　　　　图 5-13　"我的"的 Component Tree

（3）打开项目中 res/values 文件夹下的 themes.xml 文件，并在该文件中添加 me_Liner 样式，具体代码及其功能说明如下。

```
1.  <style name="me_Liner">
2.      <item name="android:background">#fff</item>//设置背景颜色
3.      <item name="android:layout_marginBottom">2dp</item>//设置组件底部与
下方组件的距离
4.      <item name="android:padding">5dp</item>//设置组件内边距
5.      <item name="android:gravity">center_vertical</item>//设置组件内元素
的对齐方式
6.  </style>
```

（4）打开 frag_me.xml 文件，修改图 5-13 中组件 0 的属性，修改后的"Attributes"面板如图 5-14 所示。

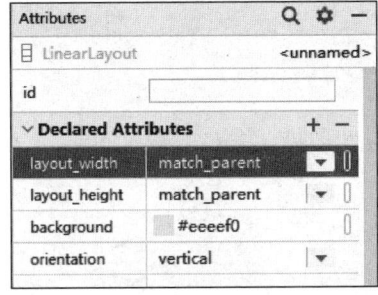

图 5-14　修改后的"Attributes"面板

（5）修改图 5-13 中组件 1 的属性，具体代码如下。

```
1.   <android.support.constraint.ConstraintLayout
2.       android:layout_width="match_parent"
3.       android:layout_height="100dp"
4.       android:layout_marginTop="10dp"
5.       android:layout_marginBottom="10dp"
6.       android:background="@drawable/person_head" >
```

（6）修改图 5-13 中组件 2 的属性，具体代码如下。

```
1.   <ImageView
2.       android:id="@+id/imageView"
3.       android:layout_width="100dp"
4.       android:layout_height="100dp"
5.       app:layout_constraintBottom_toBottomOf="parent"
6.       app:layout_constraintEnd_toEndOf="parent"
7.       app:layout_constraintHorizontal_bias="0.019"
8.       app:layout_constraintStart_toStartOf="parent"
9.       app:layout_constraintTop_toTopOf="parent"
10.      app:layout_constraintEnd_toEndOf="parent"
11.      app:layout_constraintVertical_bias="0.0"
12.      app:srcCompat="@drawable/logo2" />
```

（7）修改图 5-13 中组件 3 的属性，具体代码如下。

```
1.   <TextView
2.       android:id="@+id/textView"
3.       android:layout_width="wrap_content"
4.       android:layout_height="wrap_content"
5.       android:text="待君登录"
6.       app:layout_constraintBottom_toBottomOf="parent"
7.       app:layout_constraintEnd_toEndOf="parent"
8.       app:layout_constraintHorizontal_bias="0.3"
9.       app:layout_constraintStart_toStartOf="@+id/imageView"
10.      app:layout_constraintTop_toTopOf="parent"/>
```

（8）修改图 5-13 中组件 4 的属性，具体代码如下。

```
1.   <LinearLayout
2.       android:layout_width="match_parent"
3.       android:layout_height="wrap_content"
4.       style="@style/me_Liner"
5.       android:orientation="horizontal">
```

（9）修改图 5-13 中组件 5 的属性，具体代码如下。

```
1.   <ImageView
2.       android:id="@+id/imageView2"
3.       android:layout_width="wrap_content"
4.       android:layout_height="wrap_content"
5.       android:layout_weight="1"
6.       app:srcCompat="@mipmap/icmember1" />
```

（10）修改图 5-13 中组件 6 的属性，具体代码如下。

```
1.   <TextView
2.       android:id="@+id/textView2"
3.       android:layout_width="wrap_content"
4.       android:layout_height="wrap_content"
5.       android:layout_weight="3"
```

```
6.        android:text="个人信息" />
```

（11）对图 5-13 中的组件 7、组件 10、组件 13 分别进行与组件 4 相同的属性修改。

（12）对图 5-13 中的组件 8、组件 11、组件 14、组件 17 分别进行与组件 5 相似的属性修改，唯一不同的是，app:srcCompat 属性的值需要修改为个性图片源。

（13）对图 5-13 中的组件 9、组件 12、组件 15、组件 18 分别进行与组件 6 相似的属性修改，唯一不同的是，android:text 属性的值需要修改为个性标题。

（14）修改图 5-13 中组件 16 的属性，具体代码如下。

```
1.    <LinearLayout
2.        android:layout_width="match_parent"
3.        android:layout_height="wrap_content"
4.        style="@style/me_Liner"
5.        android:layout_marginTop="20dp"
6.        android:orientation="horizontal">
```

5.5 创建"我的"Fragment

1. 知识点

Fragment 的创建方法。

2. 工作任务

在 5.4 节工作任务的基础上将 frag_me.xml 文件转换成"我的"Fragment。

3. 操作流程

（1）右击 Project 视图中 java 文件夹下的项目源程序文件夹，在弹出的快捷菜单中选择"New"→"Package"选项，新建文件夹 fragment，存放 fragment 类文件。

（2）在 Project 视图中打开 java 文件夹，右击 fragment 文件夹，在弹出的快捷菜单中选择"New"→"Java Class"选项，在"New Java Class"对话框中（见图 5-15）的文本框中填写"me_fragment"，创建 me_fragment.java 类文件。

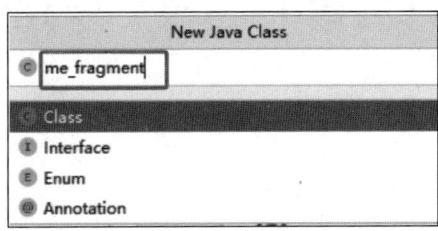

图 5-15   "New Java Class"对话框

（3）打开 me_fragment.java 类文件，让 me_fragment 类继承 Fragment，并将插入点移至类体内，使用快捷键 Ctrl+O 打开"Select Methods to Override/ Implement"对话框（见图 5-16），在该对话框中选中 onCreateView()方法，单击"OK"按钮，即可在 me_fragment.java 类文件中添加 onCreateView()方法。

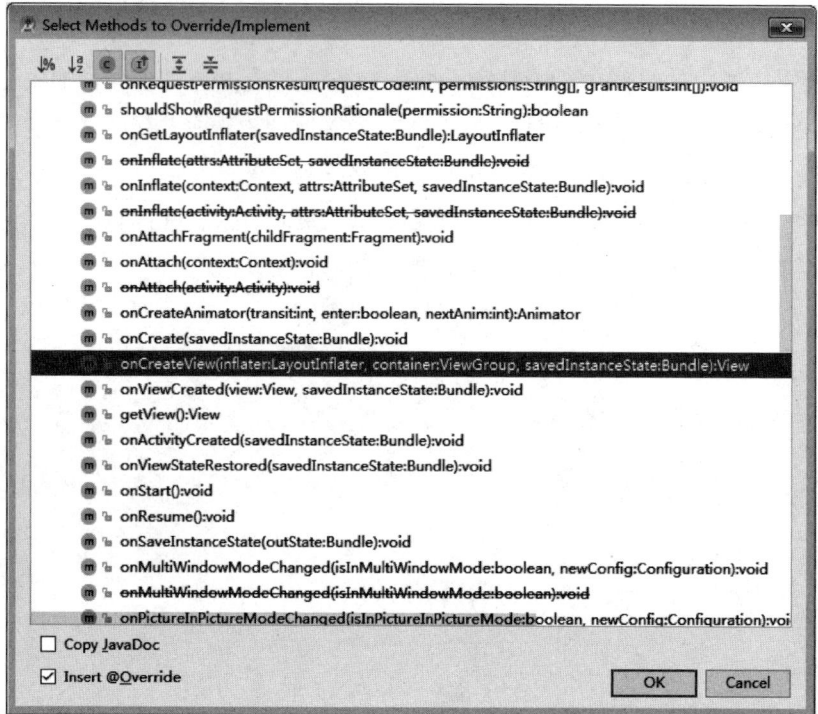

图 5-16 "Select Methods to Override/Implement" 对话框

（4）重写 me_fragment.java 类文件中的 onCreateView() 方法，具体代码及其功能说明如下。

```
1.   public class me_fragment extends Fragment {
2.   View view;
3.   public View onCreateView(LayoutInflater inflater, ViewGroup container,
Bundle savedInstanceState) {
4.       //利用布局加载器加载 "我的" 布局，将其转换为 View 对象
5.       view = inflater.inflate(R.layout.frag_me, null);
6.          return view; //返回 View 对象
7.   }
8.}
```

5.6 将 "我的" Fragment 组装至 App 主框架中

1. 知识点

Fragment 动态加载方法。

2. 工作任务

将创建完成的 "我的" Fragment 组装至 "薪火传承" App 主框架中。组装完成后，当用户选中 App 底部导航栏中的 "我的" 单选按钮（见图 5-17 序号 1）时，系统能够将 "我的" Fragment 在 App 内部进行显示（见图 5-17 序号 2）。

3. 操作流程

（1）打开 "薪火传承" 项目，在 package Explore 视图中打开项目 src 文件夹中的 MainActivity.java 文件，修改该文件中的 onCreate() 方法，如图 5-18 所示，添加标注处的两行代

码，先声明一个 Fragment 管理器 fgm，再通过 getSupportFragmentManager()方法实例化 fgm。

图 5-17 "我的" Fragment 组装效果

```
public class MainActivity extends AppCompatActivity {
    2 usages
    private RadioGroup myradioGroup;
    5 usages
    private RadioButton rbutton1, rbutton2, rbutton3, rbutton4;
    2 usages
    private Drawable home_true, home_false, community_true, community_false, order_true, order_fal:
    5 usages
    private int colorTrue, colorFalse;
    1 usage
    FragmentManager fgm;              ← 新声明一个 Fragment 管理器 fgm

    protected void onCreate(Bundle savedInstanceState) {
        super.onCreate(savedInstanceState);
        setContentView(R.layout.activity_main);
        fgm = getSupportFragmentManager();   ← 实例化 fgm
        initView();
        navigation();
    }
}
```

图 5-18 修改 onCreate()方法

（2）修改 navigation()方法，如图 5-19 所示，分别添加标注处的 3 行代码。这 3 行代码的作用如下。

代码行 1：FragmentTransaction transaction = fgm.beginTransaction()用于开启一个 Fragment

管理事务。

代码行 2：transaction.replace (R.id.MainActivity_FrameLayout, new me_fragment())用于在布局中替换"我的"Fragment。

代码行 3：transaction.commit()用于提交 Fragment 管理事务。

```
myradioGroup.setOnCheckedChangeListener(new RadioGroup.OnCheckedChangeListener() {
    //变量int checkedId中保存了用户每次选中的选项的ID，下面的操作就是利用此特点来确定单选按钮被选中的状态，并实现相应需求
    no usages
    public void onCheckedChanged(RadioGroup radioGroup, int checkedId) {
        //调用此方法用于在每次切换选项时将所有选项的文字颜色复位为未被选时的字体颜色
        setAllColor();
        //调用此方法用于在每次切换选项时将所有选项的图片复位为未被选时的图片
        setAllImage();
        FragmentTransaction transaction = fgm.beginTransaction();          代码行1
        if (checkedId == R.id.MainActivity_radioButton) {
            rbutton1.setTextColor(colorTrue);
            rbutton1.setCompoundDrawablesWithIntrinsicBounds( left: null, home_true, right: null, bottom: null);
            Toast.makeText( context: MainActivity.this, text: "首页", Toast.LENGTH_LONG).show();
        } else if (checkedId == R.id.MainActivity_radioButton2) {
            rbutton2.setTextColor(colorTrue);
            rbutton2.setCompoundDrawablesWithIntrinsicBounds( left: null, community_true, right: null, bottom: null);
            Toast.makeText( context: MainActivity.this, text: "分享", Toast.LENGTH_LONG).show();
        } else if (checkedId == R.id.MainActivity_radioButton3) {
            rbutton3.setTextColor(colorTrue);
            rbutton3.setCompoundDrawablesWithIntrinsicBounds( left: null, order_true, right: null, bottom: null);
            Toast.makeText( context: MainActivity.this, text: "社区", Toast.LENGTH_LONG).show();
        } else if (checkedId == R.id.MainActivity_radioButton4) {
            rbutton4.setTextColor(colorTrue);
            rbutton4.setCompoundDrawablesWithIntrinsicBounds( left: null, me_true, right: null, bottom: null);
            Toast.makeText( context: MainActivity.this, text: "我的", Toast.LENGTH_LONG).show();
            transaction.replace(R.id.MainActivity_FrameLayout, new me_fragment());    代码行2
        }
        transaction.commit();          代码行3
    }
});
```

图 5-19　修改 navigation()方法

5.7　实现"登录"界面的调用

1．知识点

在 Fragment 中添加监听方法。

2．工作任务

本任务主要实现首次运行"薪火传承"App 时，用户点击"我的"界面（见图 5-20）中的"待君登录"文本，跳转到"登录"界面（见图 5-21）的功能。

3．操作流程

（1）打开"薪火传承"项目，在 package Explore 视图中打开项目 src 文件夹中的 me_fragment.java 文件，并在该文件中创建 jumplogin()方法，具体代码如下。

```
1.    public void jumplogin(View v){
2.        TextView login= v.findViewById(R.id.textView);
3.        login.setOnClickListener(new TextView.OnClickListener(){
4.            public void onClick(View v) {
5.                //创建显式 Intent，从当前 Activity 跳转到"登录"界面的 Activity
6.                Intent it=new Intent(getActivity(),LoginActivity.class);
7.                startActivity(it);//启动 Activity
```

```
8.            }
9.        });
10.  }
```

图 5-20 "我的"界面

图 5-21 "登录"界面

（2）重写 onCreateView()方法，在该方法中调用 jumplogin()方法，具体代码如下。

```
1.   public View onCreateView(LayoutInflater inflater, ViewGroup container,
Bundle savedInstanceState) {
2.       view = inflater.inflate(R.layout.frag_me, null);
3.       jumplogin(view);//调用 jumplogin()方法，实现"登录"界面的跳转
4.       return view;
5.   }
```

5.8 工作小憩

 【心灵驿站】

健全人格是指人格的正常和谐发展，是心理学中关于人格健康的一个重要概念。从学术定义角度来看，人格的健全程度可以从五个维度来衡量：性格（内外倾）、人格品质（善恶）、责任感、情绪稳定性和思维开放性。

一个健全的人格有助于个人在社会中更好地适应和发展，提升认识自我和实现自我的能力。健全人格能够激发我们的内在动力，使我们积极面对学习、工作和生活中的挑战；使我们更加自信，敢于面对挑战和变化，勇于接受新事物，从而在各个方面都能更好地表现自己；有助于我们形成明确的道德观念和正确的行为准则，使我们能够在社会中保持自律，正确处理各种道德问题；使我们能够真实地表达自己，做出符合自己意愿的决定，保持个人的独特性。

培养健全人格的建议：（1）定期进行自我反省，对自己的言行做出客观评价，并根据评价结果调整自己的行为和心理状态。（2）养成客观面对现实的态度，正确评估自己在团队中的地位并明确目标，不要逃避现实。（3）在学习、工作和生活中注重协作，培养团队精神和合作能力。（4）不断学习新知识，培养创新和求知的心态，提高创造力。（5）培养坚强的意志力，勇于克服困难，实现自己的理想目标。（6）增强同情心，体验和理解他人的情感，建立良好的人际关系。（7）增强适应环境的能力，积极应对各种变化和挑战。

 【 轻松时刻 】

请完成以下 6 道健全人格心理测试题目，并根据答案及解析了解自己。

测试题 1：自我认知

请在以下 4 个选项中选择一个最能描述你的个性特征的词语。

1. 坚定不移

2. 有创造力

3. 富有同情心

4. 安静和稳定

测试题 2：社交能力

请回答以下问题。

1. 你是否喜欢在大型社交场合中与陌生人交流？

2. 你是否很容易在与人交往时建立亲密的关系？

3. 你是否经常主动与他人互动？

4. 你在解决冲突时是否会主动采取妥协的方式？

测试题 3：情绪管理

请回答以下问题。

1. 面对压力时，你是否有有效的应对方法？

2. 你是否容易被他人的情绪影响？

3. 当遇到挫折时，你是否会很容易感到沮丧？

4. 你是否倾向于快速恢复并调整自己的情绪？

测试题 4：自律性

请回答以下问题。

1. 你是否有固定的作息时间？

2. 你是否能够坚持完成自己的目标和计划？

3. 你是否习惯于养成健康的生活习惯？

4. 你在处理日常事务时是否是高效率的？

测试题 5：开放性

请回答以下问题。

1. 你是否愿意接受新的观点和理念？

2. 你是否热衷于探索和学习新知识？

3. 你是否对于艺术和美学有强烈的兴趣？

4. 你是否习惯于对事物进行反思？

测试题 6：责任感

请回答以下问题。

1. 你是否认为自己是一个守信用的人？

2. 你是否能够按时完成自己的工作和任务？

3. 你是否乐于承担责任并为自己的行为负责？

4. 对于自己的决策，你是否经过深思熟虑？

答案及解析

测试题 1：自我认知

根据你的选择，你可能具备以下特点：

1. 坚定不移：你具有坚定的意志力和执行力，对自己的目标和原则始终如一。

2. 有创造力：你富有想象力和创造力，擅长寻求新颖的解决方案和创意。

3. 富有同情心：你善解人意，懂得倾听和体谅他人的感受，容易与人建立深入的情感联系。

4. 安静和稳定：你倾向于内敛和稳定，在繁忙的社交环境中更喜欢保持独立和平静。

测试题 2：社交能力

根据你对于社交能力的回答，你的社交类型可能是：

1. 否：你不太喜欢在大型社交场合中与陌生人交流，更喜欢与熟悉的人建立联系。

2. 否：你在建立亲密关系方面较为困难，可能需要更多的时间和机会去培养这种关系。

3. 否：你对于与他人互动并不是十分主动，在一些情况下可能需要更多的鼓励和机会去融入社交圈。

4. 是：你在解决冲突时更倾向于寻求妥协，不喜欢过度争吵或引起不必要的争议。

测试题 3：情绪管理

根据你对于情绪管理的回答，你的情绪类型可能是：

1. 否：你面对压力时可能需要更多的方法来帮助自己缓解压力。

2. 是：你比较容易受到他人情绪的影响，需要学会更好地保持自己的情绪稳定。

3. 是：当遇到挫折时，你可能需要更多的支持来帮助自己积极面对困境。

4. 是：你通常有较好的情绪调节能力，能够较快地从负面情绪中恢复。

测试题 4：自律性

根据你对于自律性的回答，你的自律类型可能是：

1. 是：你具有固定的作息时间，更容易养成良好的生活习惯。

2. 是：你能够坚持完成自己的目标和计划，具有较高的自我控制力。

3. 是：你习惯于养成健康的生活习惯，关注自己的身体和心理健康。

4. 是：你在处理日常事务时较为高效，能够合理地安排时间和资源。

测试题 5：开放性

根据你对于开放性的回答，你的开放性类型可能是：

1. 是：你愿意接受新的观点和理念，对于不同的想法和观点持有开放的态度。

2. 是：你热衷于探索和学习新知识，对于知识的渴望推动你不断地发展自己。

3. 是：你对于艺术和美学有较强的兴趣，喜欢欣赏和思考美的事物。

4. 是：你习惯于对事物进行反思和思考，追求理性和知识的积淀。

测试题 6：责任感

根据你对于责任感的回答，你的责任感类型可能是：

1. 是：你认为自己是一个守信用的人，能够遵守承诺和契约。

2. 是：你通常能够按时完成自己的工作和任务，具有较高的责任心。

3. 是：你乐于承担责任并为自己的行为负责，积极推动自己的成长和发展。

4. 是：对于自己的决策，你常常会深思熟虑，不轻易做出冲动的决定。

总结

通过这套健全人格心理测试题及答案，希望能帮助你更好地了解自己的个性特征和心理特点。请记住，人格的形成是一个持续的过程，我们可以通过认知和行为的调整来不断发展和成长。

（以上测试仅供娱乐）

 【深度思考】

你拥有健全的人格吗？

项目 6

"首页"模块的设计与实现

【教学目标】

◇ 了解 Android 动画分类。
◇ 掌握图片动画（逐帧动画）与属性动画的创建方法。
◇ 了解什么是适配器。
◇ 了解常用的适配器。
◇ 掌握 ArrayAdapter 的使用方法。
◇ 掌握 SimpleAdapter 的使用方法。
◇ 掌握 Spinner 组件的使用方法。
◇ 掌握 ListView 组件的使用方法。
◇ 掌握 GridView 组件的使用方法。

6.1 工作任务概述

App 中不同的页面具有不同的作用。按照作用划分，可以将 App 页面大致分为 4 种类型：聚合类页面、列表类页面、内容类页面、功能类页面。聚合类页面多见于 App 的首页，用于功能入口的聚合展示。本项目的工作任务是完成"薪火传承"App"首页"模块的制作，即完成如图 6-1 所示的"首页"的效果，并实现以下功能。

（1）将"首页"页面加入 App 主框架，打开 App 便显示该页面，不在"首页"页面时，也可以在选中底部导航栏中的"首页"单选按钮后加载并显示"首页"页面。

（2）实现"首页"页面顶部的广告轮播效果（见图 6-1 序号 1）。

（3）实现"首页"页面中的九宫格 UI 效果（见图 6-1 序号 2），选择九宫格中的任意选项，会有相应的消息框显示功能名称（见图 6-1 序号 3）。

图 6-1 "首页"的效果

6.2 预备知识

6.2.1 Android 动画

Android 动画是 Android 项目开发中不可或缺的一部分，Android 动画可分为 3 类：视图动画（View Animation）、图片动画（Drawable Animation）、属性动画（Property Animation）。

1. 视图动画

视图动画是通过对整个视图不断做图像的变换（平移、缩放、旋转、改变透明度）产生的动画效果，是一种渐进式动画。视图动画支持 4 种动画效果，分别是：透明度动画（AlphaAnimation）、缩放动画（ScaleAnimation）、平移动画（TranslateAnimation）、旋转动画（RotateAnimation），这 4 种动画既能分开独立实现，也可以组合实现复合动画 AnimationSet。

视图动画可以通过 XML 文件来定义，也可以通过 Java 代码来动态设置。对于视图动画，建议使用 XML 文件来定义，不仅可读性好，而且能够复用。视图动画与属性动画相似，但属性动画更加灵活快捷，因此本书不再深入介绍视图动画，将会较详细地介绍属性动画，读者可以先学习属性动画，再查阅资料学习视图动画。

2. 图片动画

图片动画，也被称为逐帧动画，是通过一个接一个地加载 Drawable 资源来创建动画，像胶卷一样按顺序播放这些资源。

图片动画可以通过在 res/drawable 目录下创建一个 animation-list 资源文件来实现，也可以通过 Java 代码实现。animation-list 资源文件的常用属性及其说明如表 6-1 所示，Java 代码的常用方法及其说明如表 6-2 所示。

表 6-1 animation-list 资源文件的常用属性及其说明

序　号	属　　性	说　　明
1	android: drawable	设置要显示的图片
2	android: duration	显示此帧的时间（以毫秒为单位）
3	android: oneshot	如果属性值为true，那么动画只播放一次

表 6-2 Java 代码的常用方法及其说明

序　号	方　　法	说　　明
1	addFrame (Drawable frame, int duration)	向动画添加帧
2	setOneShot (boolean oneShot)	设置动画是播放一次还是重复播放
3	start()	从第一帧开始播放动画，必要时可循环播放
4	stop()	在当前帧停止动画

1）animation-list 资源文件实现方法

创建逐帧动画的最简单方法是先在 res/drawable 文件夹中创建 XML 文件并定义动画，再将其设置为 View 对象的背景，最后调用 start()方法播放动画。

第一步：在 res/drawable 文件下创建 Root element 为 animation-list 的资源文件 spin_animation.xml，示例代码如下。

```
1. <?xml version="1.0" encoding="utf-8"?>
2. <animation-list xmlns:android="http://schemas.***roid.com/apk/res/android"
android:oneshot="true">
3.     <item android:drawable="@drawable/text1" android:duration="1000"></item>
4.     <item android:drawable="@drawable/text2" android:duration="1000"></item>
5.     <item android:drawable="@drawable/text3" android:duration="1000"></item>
6.     <item android:drawable="@drawable/text4" android:duration="1000"></item>
7. </animation-list>
```

第二步：给具体的 View 应用动画，示例代码如下。

```
1. ImageView img = (ImageView)findViewById(R.id.ImageView1);
2. img.setBackgroundResource(R.drawable.spin_animation);
3. AnimationDrawable frameAnimation = (AnimationDrawable) img.getBackground();
4. frameAnimation.start();
```

第 1 行代码从布局文件中获取名为 ImageView1 的 ImageView 组件。

第 2 行代码设置图片背景为第一步创建的 spin_animation.xml。

第 3 行代码获取已编译为动画对象的背景。

第 4 行代码开始播放逐帧动画。

2）Java 代码实现方法

Java 代码实现方法与 animation-list 资源文件实现方法最大的区别在于前者使用 AnimationDrawable 对象的 addFrame()方法将图片加载到帧里，示例代码如下。

```
1. ImageView imageView = findViewById(R.id.imageView);
2. AnimationDrawable frameAnimation = new AnimationDrawable();
3. frameAnimation.addFrame(getResources().getDrawable(R.drawable.frame1), 50);
4. frameAnimation.addFrame(getResources().getDrawable(R.drawable.frame2), 50);
5. frameAnimation.addFrame(getResources().getDrawable(R.drawable.frame3), 50);
6. frameAnimation.setOneShot(false);
7. imageView.setImageDrawable(frameAnimation);
8. frameAnimation.start();
```

第 1 行代码从布局文件中获取 ID 为 imageView 的 ImageView 组件。

第 2 行代码创建一个逐帧动画对象。

第 3～5 行代码添加图片到逐帧动画的列表中。

第 6 行代码设置逐帧动画是否只播放一次。方法中的参数为 true 表示只播放一次，为 false 表示循环播放。

第 7 行代码设置图片组件的内容为逐帧动画。

第 8 行代码开始播放逐帧动画。

3. 属性动画

属性动画是在 Android 3.0 版本（API 级别为 11）时被引入的。属性动画系统可以设置动画的任何对象的属性，而且属性动画系统是首选的制作动画方法，因为它更灵活，而且能提供更多功能。

属性动画主要使用 Java 代码来完成，主要借助 ValueAnimator 类或 ObjectAnimator 类来实现动画的创建与播放。

1）ValueAnimator 类

ValueAnimator 类继承自 Animator 类，通过 ValueAnimator 类可以根据给定的起点值和终点值计算一段时间内各个时间点的变化值，通过将各个时间点的变化值设置到 View 的透明度、缩放、旋转、位移、背景颜色、背景图片等属性上，可以达到 View 动画的效果。

2）ObjectAnimator 类

ObjectAnimator 类继承自 ValueAnimator 类，它本质还是 ValueAnimator 类，只是 ValueAnimator 类的使用比较麻烦，每次都要先在监听函数中监听每个时间点的数据，然后设置到 View 的属性中，这个过程比较烦琐，代码也不简洁，因此 ObjectAnimator 类对整个过程进行了封装，方便开发人员编写更简洁的代码。ObjectAnimator 类的常用方法及其说明如表 6-3 所示。

表 6-3　ObjectAnimator 的类常用方法及其说明

序　号	方　法	说　明
1	setDuration (long)	动画持续时间，以毫秒为单位
2	setFillAfter (boolean)	如果设置为 true，那么在动画结束时，将保持动画最后的状态
3	setFillBefore (boolean)	如果设置为 true，那么在动画结束时，将还原到动画开始前的状态
4	setRepeatCount (int)	重复次数

ObjectAnimator 类只能对单个属性进行设置，如果想实现比较复杂的效果，就需要用到 PropertyValuesHolder 类，PropertyValuesHolder 类相当于一个动画容器，主要用于存放属性及对应的值。可借助 ofInt (String propertyName, int… values)方法来构造背景动画，其中参数 String propertyName 用于设置动画属性，若要构造背景动画，则可将其设置为 BackgroundColor；参数 int… values 用于设置系列颜色。可借助 ofFloat (String propertyName, float… values)方法来实现旋转、缩放等动画效果，其中参数 String propertyName 用于设置动画属性，可设置为 Rotation、ScaleX、ScaleY 等属性；参数 float… values 用于设置具体的数值。示例代码如下。

```
1．PropertyValuesHolder.ofInt("BackgroundColor", 0xff55aa11, 0xff115633,
0xff123344, 0xffaabbcc);
2．PropertyValuesHolder.ofFloat("Rotation", 90, -90, 45, -45, 60, -60);
3．PropertyValuesHolder.ofFloat("ScaleY", 1f, 1.1f, 1.2f, 1.5f, 1.8f, 1.5f,
1.2f, 1.1f, 1);
4．PropertyValuesHolder.ofFloat("ScaleX", 1f, 1.1f, 1.2f, 1.5f, 1.8f, 1.5f,
1.2f, 1.1f, 1);
```

第 1 行代码构造背景动画。
第 2 行代码构造旋转动画。
第 3 行、第 4 行代码构造缩放动画。

6.2.2　适配器

1．适配器概述

适配器（Adapter）是数据和界面之间的桥梁。后台数据（如数组、链表、数据库、集合等）通过适配器变成手机页面中显示的数据，可以理解为界面数据绑定，如果将数据、适配器和页面比作 MVC 模式，那么适配器充当 Controller 的角色。

一般来说，Spinner（下拉列表）、ListView（列表视图）、GridView（网格视图）、Gallery（画廊）、ViewPager 等组件都需要使用适配器来为其设置数据源。

android.widget.Adapter 类层次结构如图 6-2 所示。

在图 6-2 中可以看到 Android 中与适配器有关的所有接口、类的完整层级图，在使用过程中可以根据需求对接口或类进行相应的扩展。比较常用的适配器有 BaseAdapter、ArrayAdapter、SimpleAdapter、SimpleCursorAdapter 等。

（1）BaseAdapter 是一个抽象类，继承它的类可以实现较多的方法，具有较高的灵活性。

（2）ArrayAdapter 支持泛型操作，最为简单，但只能展示一行文字。

（3）SimpleAdapter 的扩充性较好，可以通过自定义实现各种效果。

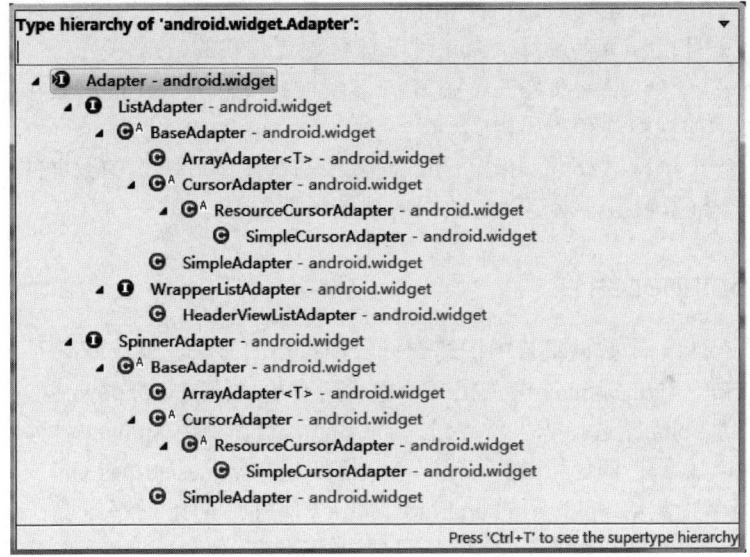

图 6-2　android.widget.Adapter 类层次结构

（4）SimpleCursorAdapter 适用于简单的纯文字型 ListView 组件，在使用时需要将 Cursor 的字段和组件的 ID 对应起来，若需要实现更复杂的 UI 效果，则可以重写其他方法。SimpleCursorAdapter 可以理解为 SimpleAdapter 对数据库的简单整合，它可以方便地将数据库中的内容以列表的形式进行展示。

2. ArrayAdapter

ArrayAdapter 主要用于将简单的文本字符串在高级组件中进行显示。使用 ArrayAdapter 的步骤如下。

第一步：使用 new 运算符创建 ArrayAdapter 对象，示例代码如下。

```
ArrayAdapter arrayadapter = new ArrayAdapter(Context context,@layoutresource
int resource, data);
```

第一个参数 Context context 是上下文，即当前视图所关联的且正在使用的适配器所处的上下文对象。第二个参数@layoutresource int resource 是 Android SDK 中内置的一个布局，该布局中只有一个 TextView 组件，表明数组中的每条数据都会显示在这个 TextView 组件上。第三个参数 data 是要显示的数据。ArrayAdapter 既可以接收 List 作为数据源，也可以接收数组作为数据源。如果传入的是一个数组，那么 ArrayAdapter 会在构造函数中通过 Arrays.asList()方法将数组转换成 List。

第二步：调用 setAdapter()方法绑定适配器与组件。

3. SimpleAdapter

SimpleAdapter 的扩展性较好，可以定义各种各样的布局，也可以适配 ImageView（图片）、Button（按钮）、CheckBox（复选框）等组件。

SimpleAdapter 的构造函数如下。

```
SimpleAdapter(Context context,List<?extends Map<String,?>>data,int resource,
String[]from,int[]to)
```

（1）context：当前视图所关联的且正在使用的适配器所处的上下文对象。

（2）data：一个 Map 型列表，该列表中的每个条目都对应列表中的一行数据。Map 不仅包含每行数据，并且包含所有条目，data 可以理解为要装载的数据。

（3）resource：一个 View 布局的资源 ID，该资源定义了布局中的列表项，布局文件中至少要包含需要展示的视图项和布局样式。

（4）from：一个字符串数组，指定 Map 对象中与视图组件绑定的数据的键。

（5）to：一个整型数组，指定绑定数据的视图组件的 ID。

6.2.3　Spinner 组件

Spinner 提供了从一个数据集合中快速选择一项数据的方法。默认情况下，Spinner 显示的是当前选择的数据，单击 Spinner 会弹出一个包含所有可选值的 dropdown 菜单（下拉列表），可以在该菜单中为 Spinner 选择一个新数据。如果开发人员在使用 Spinner 时可以确定 dropdown 菜单中的列表项，那么完全不需要编写代码，只需要先在 values/strings.xml 文件中创建字符串数组，再将数组名指定给 Spinner 的 android: entries 属性。如果程序需要在运行时动态确定 Spinner 的列表项，或者需要对 Spinner 的列表项进行定制，那么可以使用适配器提供列表项。

1. Spinner 的常用属性及其说明

Spinner 的常用属性及其说明如表 6-4 所示。

表 6-4　Spinner 的常用属性及其说明

属　　性	说　　明
android:entries	直接在 XML 布局文件中绑定数据源
android:spinnerMode	设置下拉列表风格。android:spinnerMode="dropdown"为默认的下拉列表风格；android:spinnerMode="dialog"为弹出对话框风格
android:popupBackground	设置下拉列表背景色
android:dropDownHorizontalOffset	设置水平偏移量
android:dropDownVerticalOffset	设置垂直偏移量

2. Spinner 的常用方法

（1）getSelectedItemPosition()：此方法用于获取用户在 Spinner 组件中所选择的选项（选

项的索引编号从 0 开始)。

（2）setOnItemSelectedListener()：此方法用于实现 OnItemSelectedListener 接口的监听对象。OnItemSelectedListener 接口有两个方法，具体代码如下。

```
1.  spinner.setOnItemSelectedListener(new
AdapterView.OnItemSelectedListener(){
2.      public void onItemSelected(AdapterView<?> parent, View view, int
position, long id) {
3.          }
4.      public void onNothingSelected(AdapterView<?> parent) {
5.          // TODO
6.          }
7.  });
```

onItemSelected()：当用户选择列表中的选项时会调用此方法。第三个参数 position 是常用的参数值，它保存了选中的 Spinner 中的列表项的索引编号，一般自上而下编排，从 0 开始。

onNothingSelected()：当用户拉下菜单但没有选择选项时会调用此方法。通常不修改此方法，但是因为要实现接口中定义的所有方法，所以在定义监听器时仍要列出一个没有内容的onNothingSelected()方法。

6.2.4　ListView 组件

ListView（列表视图）是 Android 中常用的一种视图组件，它以垂直列表的形式列出需要显示的列表项。在 Android 中，有两种方法可以向布局中添加 ListView 组件：一种是直接使用 ListView 组件；另一种是利用 Activity 继承 ListActivity。ListView 组件在使用时需要配合适配器将数据显示在视图上。

1. ListView 的常用属性

ListView 的常用属性及其说明如表 6-5 所示。

表 6-5　ListView 的常用属性及其说明

属　　　性	说　　　明
android: divider	设置分隔线颜色。例如：android:divider="#f9b68b"
android: dividerHeight	设置分隔线边距。例如：android:dividerHeight="1dp"
android: scrollbars	设置是否显示滚动条。例如：android:scrollbars="none"
android: listSelector	设置 ListView 被选中时的颜色，默认为橙黄底色。例如：android:listSelector="@color/pink"
android: transcriptMode	用 ListView 或其他显示大量 Items 的组件实时跟踪或查看信息，以实现最新的条目可以自动滚动到可视范围内的功能。通过设置组件的 transcriptMode 属性可以使 Android 平台的组件（支持 ScrollBar）自动滑动到底部。例如：android:transcriptMode="alwaysScroll"
android: footerDividersEnabled	当设置为 false 时，ListView 将不会在各个 footer 之间绘制 divider，默认值为 true。例如：android:footerDividersEnabled="false"
android: headerDividersEnabled	当设置为 false 时，ListView 将不会在各个 header 之间绘制 divider，默认值为 true。例如：android:headerDividersEnabled ="false"

2. ListView 的常用方法

void addFooterView (View v)：增加一个固定在列表底部的 View 视图，参数 v 为欲增加的视图。

void addFooterView (View v, Object data, boolean isSelectable)：增加一个固定在列表底部的 View 视图，参数 v 为欲增加的视图，参数 data 为与 View 绑定的数据，参数 isSelectable 设置该视图是否可选。

boolean removeFooterView (View v)：删除一个之前添加的 FooterView，参数 v 为欲删除的视图，若成功删除则返回 true。

void addHeaderView (View v)：增加一个固定在列表顶部的 View，参数 v 为欲增加的视图。

void addHeaderView (View v, Object data, boolean isSelectable)：增加一个固定在列表顶部的 View，参数 v 为欲增加的视图，参数 data 为与 View 绑定的数据，参数 isSelectable 设置该视图是否可选。

boolean removeHeaderView (View v)：删除一个之前添加的 HeaderView，参数 v 为欲删除的视图，若成功删除则返回 true。

setOnItemClickListener()：添加单击选项事件监听器。虽然 ListView 的用法和 Spinner 的用法非常相似，但 ListView 的默认行为没有选取事件。当用户选择列表选项时，触发的是单击事件，而非选取事件，要监听此单击事件，必须使用 setOnItemClickListener()方法。

6.2.5 GridView 组件

GridView（网格视图）可以将屏幕上的多个元素（文字、图片或其他组件）按网格的排列方式全部显示出来，在实现可以浏览相册、图片等的应用时非常方便。在使用 GridView 组件时，需要用与 SimpleAdapter 类似的适配器来适配需要显示的元素（此时允许用户对其中的某一个元素进行操作），同时需要设置事件监听器 onItemClickListener()来捕捉和处理事件。

（1）GridView 的常用属性及其说明如表 6-6 所示。

表 6-6 GridView 的常用属性及其说明

属　　性	说　　明
android: checkedButton	设置单选按钮组（RadioGroup）中默认选中的单选按钮（RadioButton）的ID
android: contentDescription	定义简要描述视图内容的文本
android: orientation	单选按钮的排列方式
android: numColumns	列数
android: columnWidth	每列的宽度
android: verticalSpacing	垂直间距，即行间距
android: horizontalSpacing	水平间距，即列间距
android: stretchMode	缩放模式
android: cacheColorHint="#00000000"	去除拖动时默认的背景色（常用属性）
android: listSelector="#00000000"	去除选中时的默认底色（常用属性）
android: scrollbars="none"	隐藏 GridView 的滚动条

属　　性	说　　明
android: fadeScrollbars="true"	设置为 true 可以实现滚动条的自动隐藏和自动显示
android: fastScrollEnabled="true"	使 GridView 出现快速滚动的按钮（至少滚动 4 页才会显示）
android: fadingEdge="none"	GridView 衰落（褪去）时边缘颜色为空，默认值是 vertical（可以理解为上下边缘的提示色）

（2）GridView 的常用方法。

```
1.    setOnItemClickListener(new OnItemClickListener(){
2.        public void onItemClick(AdapterView<?> parent, View view, int position,
long id) {
3.        }
4.    });
```

onItemClick()方法中的第三个参数是 int 类型的 position，它是 GridView 中被单击的网格的索引编号，索引编号从 0 开始。

6.3　热身任务

6.3.1　点亮黑暗中的星星

1. 任务说明

（1）完成如图 6-3 所示的"点亮黑暗中的星星"的布局。

（2）分别给布局中的 imageView1、imageView2、imageView3、imageView4 组件添加旋转、背景、缩放、逐帧动画，如图 6-4 所示。

图 6-3　"点亮黑暗中的星星"的布局

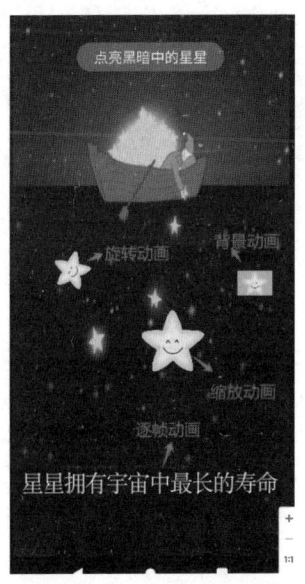

图 6-4　"点亮黑暗中的星星"的动画效果

2. 操作步骤

（1）创建一个 Android 项目。

（2）将图片素材复制到项目的 drawable 文件夹中。

（3）打开 activity_main.xml 布局文件，按照图 6-5 所示的 Component Tree 添加四个 ImageView 组件和一个 Button 组件，将 ConstraintLayout 的 background 属性值设置为 @drawable/p2，将 Button 组件的 text 属性值设置为"点亮黑暗中的星星"，将 imageView1、imageView2 和 imageView3 组件的 srcCompat 属性值设置为@drawable/p1，按照图 6-6 所示的布局效果调整各组件的大小及位置。

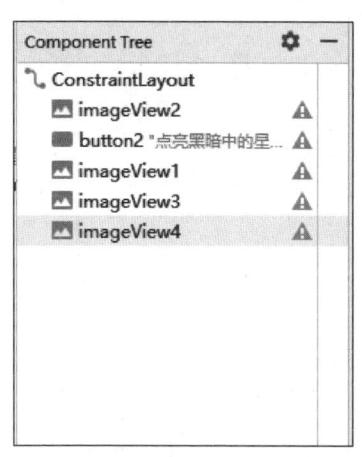

图 6-5　Component Tree

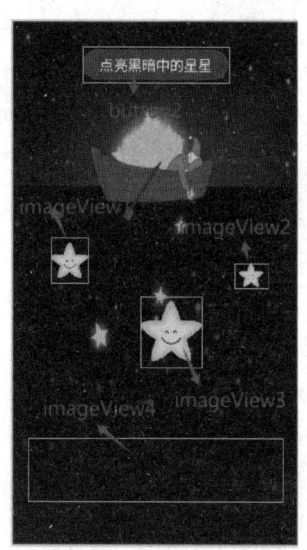

图 6-6　布局效果

（4）在 Project 视图中右击 res 文件夹，在弹出的快捷菜单中选择"New"→"Android Resource File"选项，在"New Resource File"对话框中依照图 6-7 所示的内容填写信息，新建一个名为 starttalk 的逐帧动画 XML 文件。

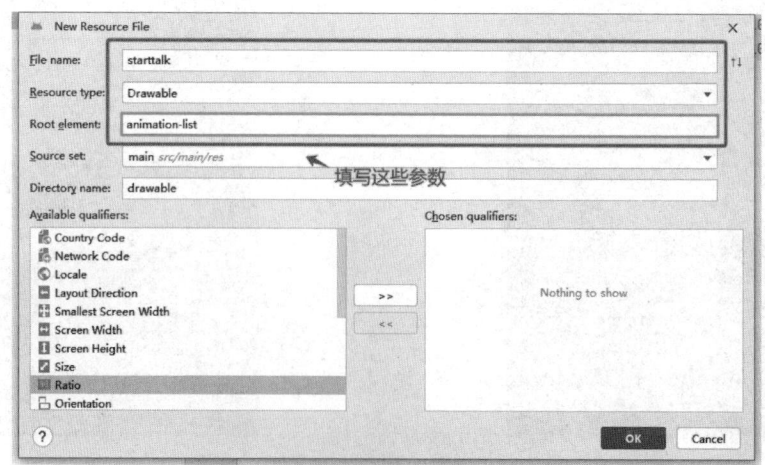

图 6-7　新建逐帧动画 XML 文件

（5）打开 starttalk.xml 文件，并在其中添加动画帧，设置相关参数，代码如下。

```
1. <?xml version="1.0" encoding="utf-8"?>
2. <animation-list xmlns:android="http://schemas.***roid.com/apk/res/android"
3. android:oneshot="true">
4. <item android:drawable="@drawable/text1" android:duration="1000"></item>
5. <item android:drawable="@drawable/text2" android:duration="1000"></item>
6. <item android:drawable="@drawable/text3" android:duration="1000"></item>
7. <item android:drawable="@drawable/text4" android:duration="1000"></item>
8. </animation-list>
```

（6）打开项目中的 MainActivity.java 文件，在文件中新建 start (View v)、animation1()等方法，实现 imageView1 等组件的动画效果，代码及相关说明如下。

```
1. public class MainActivity extends AppCompatActivity {
2.     ImageView img1, img2, img3, img4;
3.     @SuppressLint("MissingInflatedId")
4.     protected void onCreate(Bundle savedInstanceState) {
5.         super.onCreate(savedInstanceState);
6.         setContentView(R.layout.activity main);
7.     }
8.     public void start(View v) {
9.         img1 = findViewById(R.id.imageView1);
10.         img2 = findViewById(R.id.imageView2);
11.         img3 = findViewById(R.id.imageView3);
12.         img4 = findViewById(R.id.imageView4);
13.         animation1();
14.         animation2();
15.         animation3();
16.         animation4();
17.     }
18.     private void animation1(){
19.         PropertyValuesHolder rotationHolder = PropertyValuesHolder.ofFloat
("Rotation", 90, -90, 45, -45, 60, -60);
20.         ObjectAnimator objectAnimator1 = ObjectAnimator.ofPropertyValuesHolder
(img1, rotationHolder);
21.         objectAnimator1.setDuration(3000);
22.         objectAnimator1.setInterpolator(new AccelerateInterpolator());
23.         objectAnimator1.start();
24.     }
25.     private void animation2(){
26.         PropertyValuesHolder colorHolder = PropertyValuesHolder.ofInt
("BackgroundColor", 0xff55aa11, 0xff115633, 0xff123344, 0xffaabbcc);
27.         ObjectAnimator objectAnimator2 = ObjectAnimator.ofPropertyValuesHolder
(img2, colorHolder);
28.         objectAnimator2.setDuration(3000);
29.         objectAnimator2.setInterpolator(new AccelerateInterpolator());
30.         objectAnimator2.start();
31.     }
32.     private void animation3(){
33.         PropertyValuesHolder scaleXHolder = PropertyValuesHolder.ofFloat
("ScaleX", 1f, 1.1f, 1.2f, 1.5f, 1.8f, 1.5f, 1.2f, 1.1f, 1);
34.         PropertyValuesHolder scaleYHolder = PropertyValuesHolder.ofFloat
("ScaleY", 1f, 1.1f, 1.2f, 1.5f, 1.8f, 1.5f, 1.2f, 1.1f, 1);
35.         ObjectAnimator objectAnimator3 = ObjectAnimator.ofPropertyValuesHolder
(img3, scaleXHolder, scaleYHolder);
36.         objectAnimator3.setDuration(3000);
```

```
37.        objectAnimator3.setInterpolator(new AccelerateInterpolator());
38.        objectAnimator3.start();
39.    }
40.    private void animation4() {
41.        img4.setBackgroundResource(R.drawable.startalk);
42.        AnimationDrawable background = (AnimationDrawable) img4.get
Background();
43.        background.start();
44.    }
45. }
```

第 8～17 行代码用于获取布局文件中的按钮与图片等组件并调用播放动画的方法。

第 18～24 行代码实现 imageView1 的旋转动画效果。

第 25～31 行代码实现 imageView2 的背景动画效果。

第 32～39 行代码实现 imageView3 的缩放动画效果。

第 40～44 行代码实现 imageView4 的逐帧动画效果。

（7）打开 activity_main.xml 布局文件，选中 button 组件，单击"Attributes"面板中的"+"按钮，添加 onClick 属性，并将其值设置为 start。

6.3.2　科学精神

1. 任务说明

（1）利用 Spinner、ListView、ArrayAdapter 完成如图 6-8（a）所示的 UI 效果。

（2）当单击 Spinner 时产生如图 6-8（b）所示的效果。

（3）当选择 Spinner 下拉列表中的某个选项时弹出消息框，消息框的内容是"您选择了："+选项内容，如图 6-8（c）所示。

（4）当选择 ListView 列表中的某个选项时弹出消息框，消息框的内容是该精神的具体阐述，如图 6-8（d）所示。

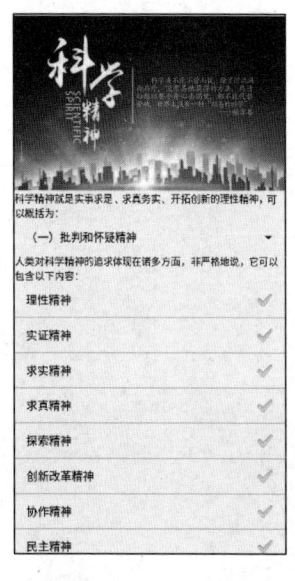

（a）

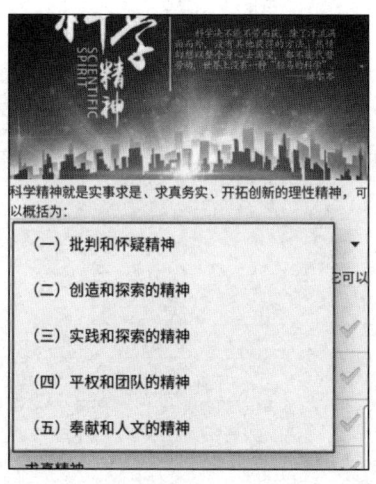

（b）

图 6-8　"科学精神"的效果

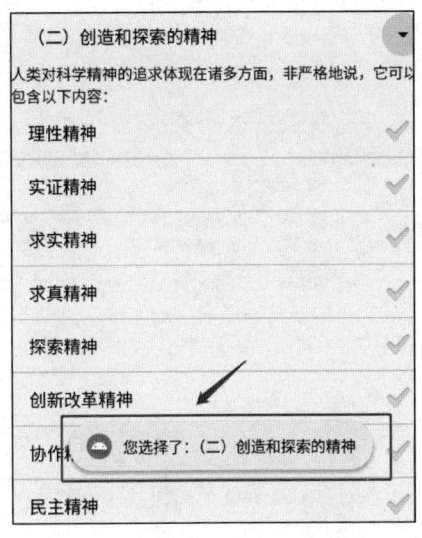

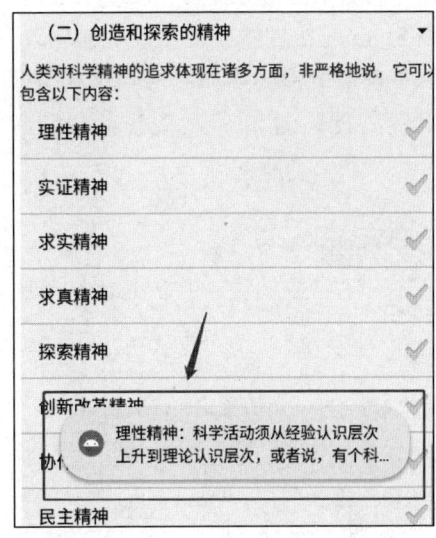

（c）　　　　　　　　　　　（d）

图 6-8　"科学精神"的效果（续）

2. 操作步骤

（1）创建一个 Android 项目。

（2）将图片素材复制到项目的 drawable 文件夹中。

（3）打开 activity_main.xml 布局文件，按照图 6-9 所示的"科学精神"的 Component Tree 添加组件，将 imageView 组件的 srcCompat 属性值设置为@drawable/p1，分别修改 textView 与 textView2 的 text 属性值，按照图 6-10 所示的初始布局效果调整各组件的大小及位置。

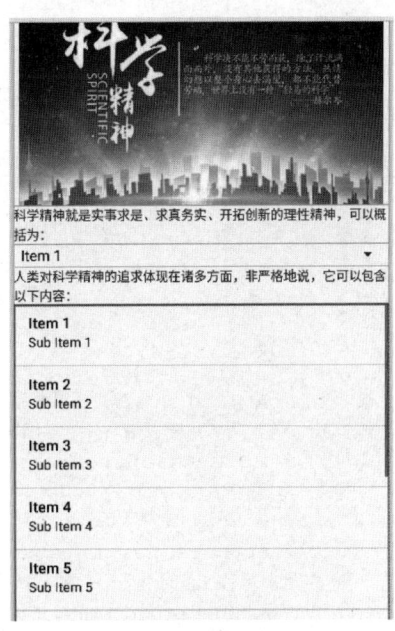

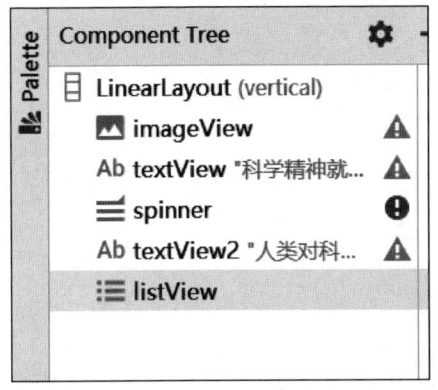

图 6-9　"科学精神"的 Component Tree

图 6-10　初始布局效果

（4）打开 MainActivity.java 文件，在文件中新建 init_spinner()、init_listView()等方法，分别实现 Spinner 组件数据的适配、选项改变事件监听器的添加、ListView 组件数据的适配及单击选项事件监听器的添加，代码及说明如下。

```
1. public class MainActivity extends AppCompatActivity {
2.      String[] spinner_text = {"（一）批判和怀疑的精神", "（二）创造和探索的精神", "
（三）实践和探索的精神", "（四）平权和团队的精神", "（五）奉献和人文的精神"};
3.      String[] listview_text1 = {"理性精神", "实证精神", "求实精神", "求真精神", "
探索精神", "创新改革精神", "协作精神", "民主精神", "开放精神", "实践精神", "批评精神"};
4.      String[] listview_text2 = {"理性精神：科学活动须从经验认识层次上升到理论认识层
次，或者说，有个科学抽象的过程。为此，必须坚持理性原则。", "实证精神：科学的实践活动是检验科学
理论真理性的唯一标准。", "求实精神：科学须正确反映客观现实、实事求是、克服主观臆断、可重复和可
检验", "求真精神：在严格确定的科学事实面前，科学家须勇于维护真理，反对权威、独断、虚伪和谬误。
", "探索精神：根据已有知识、经验的启示或预见，科学家在自己的活动中总是既有方向和信心，又有锲而
不舍的意志。", "创新改革精神：这是科学的生命，是科学活动的灵魂。", "协作精神：由于现代科学研
究项目规模的扩大，所以只有依靠多学科和社会多方面的协作与支持，才能有效地完成任务。", "民主精神：
科学从不迷信权威，并敢于向权威挑战。", "开放精神：科学无国界，科学是开放的体系，它不承认终极真
理。", "实践精神：离开实践，科学毫无意义和真实性。", "批评精神：要勇于质疑传统、权威，坚持真
理，敢于向传统和权威挑战。"};
5.      protected void onCreate(Bundle savedInstanceState) {
6.          super.onCreate(savedInstanceState);
7.          setContentView(R.layout.activity_main);
8.          init_spinner();
9.          init_listView();
10.     }
11.     private void init_spinner() {
12.         Spinner sp = findViewById(R.id.spinner);
13.         ArrayAdapter adapter = new ArrayAdapter(this, android.R.layout.simple_
list_item_1, spinner_text);
14.         sp.setAdapter(adapter);
15.         sp.setOnItemSelectedListener(new AdapterView.OnItemSelected Listener() {
16.             @Override
17.             public void onItemSelected(AdapterView<?> adapterView, View
view, int i, long l) {
18.                 Toast.makeText(MainActivity.this, "您选择了：" + spinner_
text[i], Toast.LENGTH_LONG).show();
19.             }
20.             @Override
21.             public void onNothingSelected(AdapterView<?> adapterView) {
22.             }
23.         });
24.     }
25.     private void init_listView() {
26.         ListView lv = findViewById(R.id.listView);
27.         ArrayAdapter adapter = new ArrayAdapter(this, android.R.layout.
simple_list_item_checked, listview_text1);
28.         lv.setAdapter(adapter);
29.         lv.setOnItemClickListener(new AdapterView.OnItemClickListener() {
30.             @Override
31.             public void onItemClick(AdapterView<?> adapterView, View view, int
i, long l) {
32.                 Toast.makeText(MainActivity.this,listview_text2[i],Toast.LENG
```

```
TH_LONG).show();
   33.          }
   34.        });
   35.      }
   36. }
```

第 2 行代码创建字符串数组,用于 Spinner 下拉列表适配数据。

第 3 行代码创建字符串数组,用于 ListView 列表适配数据。

第 4 行代码创建字符串数组,用于在 ListView 列表选项被单击时弹出的消息框中显示信息。

第 11~24 行代码实现 Spinner 组件数据的适配及选项改变事件监听器的添加。

第 25~35 行代码实现 ListView 组件数据的适配及单击选项事件监听器的添加。

思考

(1)ArrayAdapter 是否只能适配文本数据?

(2)在创建热身任务中的两个 ArrayAdapter 时,都使用了 Android 自带的布局(android.R.layout.simple_list_item_1、android.R.layout.simple_list_item_checked),那么 Android 自带的布局是否都能应用到 ArrayAdapter 中?

(3)ArrayAdapter 是否可以自定义布局?

6.3.3 永不消失的经典

1. 任务说明

利用 GridView 和 SimpleAdapter 完成如图 6-11(a)所示的九宫格效果;选择任一选项都会弹出消息框,消息框的内容为"你选择了:"+标题内容,如图 6-11(b)所示。

(a)   (b)

图 6-11 "永不消失的经典"的效果

2．操作步骤

（1）创建一个 Android 项目。

（2）在布局文件中添加 GridView 组件，初始布局效果如图 6-12 所示。

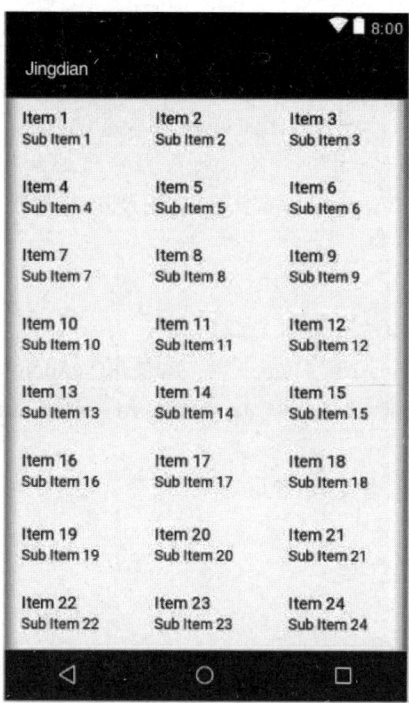

图 6-12　初始布局效果

布局文件代码如下。

```
1.   <?xml version="1.0" encoding="utf-8"?>
2.   <android.support.constraint.ConstraintLayout
     xmlns:android="http://schemas.***roid.com/apk/res/android"
3.       xmlns:app="http://schemas.***roid.com/apk/res-auto"
4.       xmlns:tools="http://schemas.***roid.com/tools"
5.       android:layout_width="match_parent"
6.       android:layout_height="match_parent"
7.       tools:context=".MainActivity">
8.       <GridView
9.           android:id="@+id/gridView1"
10.          android:layout_width="match_parent"
11.          android:layout_height="match_parent"
12.          android:numColumns="3"
13.          app:layout_constraintStart_toStartOf="parent"
14.          app:layout_constraintTop_toTopOf="parent" />
15.  </android.support.constraint.ConstraintLayout>
```

第 12 行代码设置 GridView 组件显示 3 列。

（3）在项目中的 res/layout 文件夹中新建 itemview.xml 文件，该文件用于规范每个选项的界面布局。itemview.xml 文件代码如下。

```
1.   <?xml version="1.0" encoding="utf-8"?>
2.   <LinearLayout xmlns:android="http://schemas.***roid.com/apk/res/android"
3.       android:layout_width="match_parent"
```

```
4.        android:layout_height="match_parent"
5.        android:orientation="vertical"
6.        android:gravity="center">
7.        <ImageView
8.            android:id="@+id/imageView1"
9.            android:layout_width="100dp"
10.           android:layout_height="120dp"/>
11.       <TextView
12.           android:id="@+id/textView1"
13.           android:layout_width="wrap_content"
14.           android:layout_height="wrap_content"
15.           android:textSize="18sp"
16.           android:layout_marginTop="10dp"
17.           android:text="TextView" />
18.   </LinearLayout>
```

（4）打开 MainActivity.java 文件，重写 onCreate()方法，实现 GridView 组件的数据适配并添加相应的单击事件监听器，具体代码及相关功能说明如下。

```
1. public class MainActivity extends AppCompatActivity {
2.     private String[] name = {"地道战", "董存瑞", "51 号兵站", "红色娘子军", "建
军大业", "狼牙山五壮士", "建党伟业", "青春之歌", "中华女儿"};//定义数组，用于存储电影标题
3.     private int[] image = {R.drawable.p1_di, R.drawable.p2_dong, R.drawable.
p3_five, R.drawable.p4_hong, R.drawable.p5_jianjun, R.drawable.p6_lang, R.drawable.
p7_jiandang, R.drawable.p8_qing, R.drawable.p9_zhong};//定义数组，用于存储电影海报图片
4.     List imagelist;
5.     private GridView myGridView;
6.     protected void onCreate(Bundle savedInstanceState) {
7.         super.onCreate(savedInstanceState);
8.         setContentView(R.layout.activity_main);
9.         myGridView = (GridView) this.findViewById(R.id.gridView1);
10.        imagelist = new ArrayList();
11.        for (int i = 0; i < 9; i++) {
12.            HashMap hm = new HashMap();
13.            hm.put("name", name[i]);
14.            hm.put("image", image[i]);
15.            imagelist.add(hm);
16.        }
17.        SimpleAdapter myAdapter = new SimpleAdapter(this, imagelist,
R.layout.itemview, new String[]{"image", "name"}, new int[]{R.id.imageView1,
R.id.textView1});
18.        myGridView.setAdapter(myAdapter);//将适配器应用于 GridView 组件
19.        myGridView.setOnItemClickListener(new AdapterView.OnItemClickListener() {
20.            @Override
21.            public void onItemClick(AdapterView<?> adapterView, View view,
int i, long l) {
22.                //当用户选择选项时用消息框显示信息，其中 i 值保存了被选择选项的序号，
序号从 0 开始编排
23.                Toast.makeText(MainActivity.this, "你选择了:" + name[i],
Toast.LENGTH_LONG).show();
24.            }
25.        });
26.    }
```

6.4 创建"首页"Fragment

1. 知识点

➢ Fragment 的创建方法。

➢ GridView 组件的常用属性。

2. 工作任务

完成"薪火传承"App"首页"模块的 UI 布局并创建相应的 Fragment。

3. 操作流程

（1）打开"薪火传承"项目，在 Project 视图中右击 res 文件夹下的 layout 文件夹，在弹出的快捷菜单中选择"New"→"XML"→"Layout XML File"选项，在项目的 res/layout 文件夹中添加 frag_home.xml 文件。

（2）在 frag_home.xml 文件中添加组件。"首页"的 Component Tree 如图 6-13 所示。

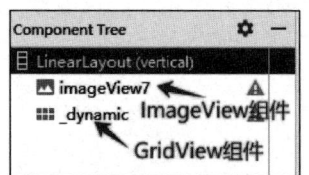

图 6-13 "首页"的 Component Tree

（3）打开 frag_home.xml 文件，修改 ImageView 组件的相关属性，各属性修改后的值如图 6-14 所示。

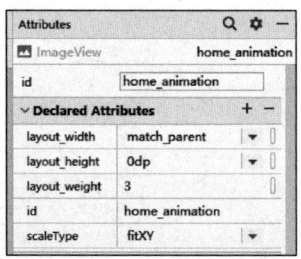

图 6-14 ImageView 组件的属性面板

（4）修改 GridView 组件的相关属性，各属性修改后的值如图 6-15 所示。

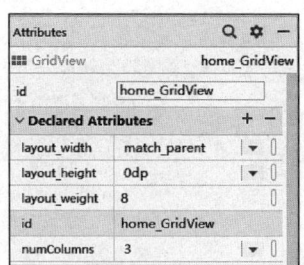

图 6-15 GridView 组件的属性面板

（5）在项目的 java/fragment 文件夹中新建 home_fragment.java 类文件，并让 home_fragment 类继承 Fragment，同时添加 onCreateView()方法。

（6）重写 home_fragment.java 类文件中的 onCreateView()方法，具体代码及其功能说明如下。

```
1.    public View onCreateView(LayoutInflater inflater, ViewGroup container,
Bundle savedInstanceState) {
2.        // TODO Auto-generated method stub
3.        View view = inflater.inflate(R.layout.frag_home, null);    // 利用布
局加载器加载"首页"的布局，将其转换为 View 对象
4.            return view; //返回 View 对象
5.    }
```

6.5 将"首页"Fragment 组装至App主框架中

1. 知识点

Fragment 动态加载方法。

2. 工作任务

将创建好的"首页"Fragment（此时为空白页面）组装至"薪火传承"App 主框架中，组装完成的效果如图 6-16 所示。组装完成后，当选中 App 底部导航栏中的"首页"单选按钮（见图 6-16 序号 1）时，能够将"首页"Fragment 在 App 内进行显示（见图 6-16 序号 2）。

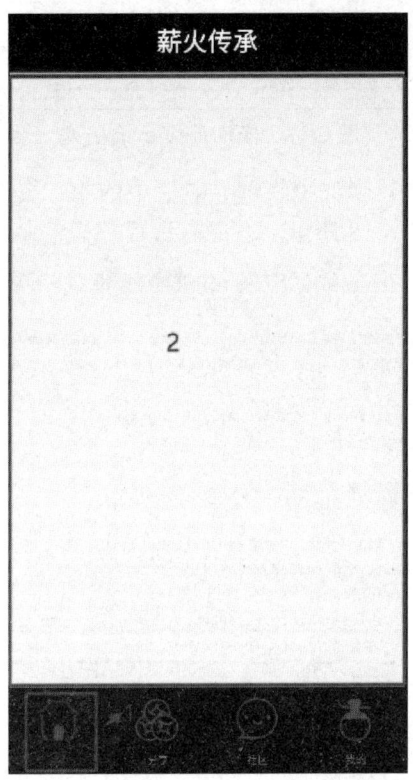

图 6-16   "首页"Fragment 组装完成的效果

3. 操作流程

（1）在 package Explore 视图中打开 java 文件夹中的 MainActivity.java 文件，修改 initView()方法，使 App 被打开时的初始页面为"首页"，如图 6-17 所示，在原有程序代码的基础上添加以下代码。

```
1.   FragmentTransaction  transaction = fgm.beginTransaction();//开启 Fragment
事务
2.   transaction.replace(R.id.MainActivity_FrameLayout, new home_fragment());//
替换 Fragment 内容
3.   transaction.commit();//提交事务
```

```
private void initView() {
    myradioGroup = findViewById(R.id.MainActivity_RadioGroup);
    rbutton1 = findViewById(R.id.MainActivity_radioButton);
    rbutton2 = findViewById(R.id.MainActivity_radioButton2);
    rbutton3 = findViewById(R.id.MainActivity_radioButton3);
    rbutton4 = findViewById(R.id.MainActivity_radioButton4);
    home_true = getResources().getDrawable(R.drawable.menu1_t);
    home_false = getResources().getDrawable(R.drawable.menu1_f);
    community_true = getResources().getDrawable(R.drawable.menu2_t);
    community_false = getResources().getDrawable(R.drawable.menu2_f);
    order_true = getResources().getDrawable(R.drawable.menu3_t);
    order_false = getResources().getDrawable(R.drawable.menu3_f);
    me_true = getResources().getDrawable(R.drawable.menu4_t);
    me_false = getResources().getDrawable(R.drawable.menu4_f);
    colorTrue = getResources().getColor(R.color.BarSelectFontColor);
    colorFalse = getResources().getColor(R.color.BarUnselectFontColor);
    FragmentTransaction transaction = fgm.beginTransaction();//开启Fragment事务
    transaction.replace(R.id.MainActivity_FrameLayout, new home_fragment());//替换Fragment内容
    transaction.commit();//提交事务
}
```

新添加的3行代码

图 6-17　修改 initView() 方法

（2）修改 navigation()方法，当选中底部导航栏中的"首页"单选按钮时，将"首页"模块加载至程序主框架中，如图 6-18 所示，在原有程序代码的基础上添加以下代码。

```
transaction.replace(R.id.MainActivity_FrameLayout, new home_fragment());
```

```
myradioGroup.setOnCheckedChangeListener(new RadioGroup.OnCheckedChangeListener() {
    //变量int Check Id 中保存了用户每次选中的选项的ID，下面的操作就是利用此特点来确定单选 按钮被选中的状态，并实现相应需求
    no usages
    public void onCheckedChanged(RadioGroup radioGroup, int checkedId) {
        //调用此方法用于在每次切换选项时将所有选项的文字颜色复位为未被选中时的字体颜色
        setAllColor();
        //调用此方法用于在每次切换选项时将所有选项的图片复位为未被选中时的图片
        setAllImage();
        FragmentTransaction transaction = fgm.beginTransaction();
        if (checkedId == R.id.MainActivity_radioButton) {
            rbutton1.setTextColor(colorTrue);
            rbutton1.setCompoundDrawablesWithIntrinsicBounds( left: null, home_true, right: null, bottom: null);
            transaction.replace(R.id.MainActivity_FrameLayout, new home_fragment()); ←  新添加的1行代码
            Toast.makeText( context: MainActivity.this, text: "首页", Toast.LENGTH_LONG).show();
        } else if (checkedId == R.id.MainActivity_radioButton2) {
            rbutton2.setTextColor(colorTrue);
            rbutton2.setCompoundDrawablesWithIntrinsicBounds( left: null, community_true, right: null, bottom: null);
```

图 6-18　修改 navigation()方法

由于"首页"布局中还未添加数据，所以此时运行程序只能看见空白的"首页"。

6.6　实现"首页"的图片轮播效果

1. 知识点

AnimationDrawable（逐帧动画）的使用方法。

2. 工作任务

实现"薪火传承"App"首页"顶部的图片每隔 1.5 秒循环播放的效果。

3. 操作流程

（1）打开 java/fragment/home_fragment.java 文件，新建 image_animotion()方法，此方法用于创建一个有 6 张图片的逐帧动画，具体代码如下。

```
1.  public void image_animotion() {
2.      AnimationDrawable animationDrawable1 = new AnimationDrawable();
3.      animationDrawable1.addFrame(getResources().getDrawable(R.drawable
.guanggao1), 1500);
4.      animationDrawable1.addFrame(getResources().getDrawable(R.drawable
.guanggao2), 1500);
5.      animationDrawable1.addFrame(getResources().getDrawable(R.drawable
.guanggao3), 1500);
6.      animationDrawable1.addFrame(getResources().getDrawable(R.drawable
.guanggao4), 1500);
7.      animationDrawable1.addFrame(getResources().getDrawable(R.drawable
.guanggao5), 1500);
8.      animationDrawable1.addFrame(getResources().getDrawable(R.drawable
.guanggao6), 1500);
9.      animationDrawable1.setOneShot(false);
10.     imageView_animation.setImageDrawable(animationDrawable1);
11.     animationDrawable1.start();
12.  }
```

（2）在程序的开始声明一个 ImageView 对象 imageView_animation，在 onCreateView()方法中实例化此 ImageView 对象，并执行步骤（1）中创建的 image_animotion()方法，具体代码及功能说明如图 6-19 所示。

```
2 usages
private ImageView imageView_animation;    →  声明ImageView对象

public View onCreateView(@NonNull LayoutInflater inflater, @Nullable ViewGroup
    View view = inflater.inflate(R.layout.frag_home, root: null);    //利用布局加
    imageView_animation = view.findViewById(R.id.home_animation);
    image_animotion();                          实例化对象
    return view; //返回View对象    执行方法
}
```

图 6-19　实例化对象代码

6.7 实现"首页"的数据适配功能

1. 知识点

➢ GridView 组件的数据适配方法。

➢ GridView 组件的 OnItemClickListener()监听方法。

➢ SimpleAdapter 的使用方法。

2. 工作任务

实现"薪火传承"App"首页"的数据适配功能。当选择九宫格中的任意选项时，显示相应的标题信息，如选择"国学经典"选项时，会在消息框中显示"国学经典"，效果如图 6-20 所示。

图 6-20　选择"国学经典"选项的效果

3. 操作流程

（1）在 Project 视图中右击 res 文件夹下的 layout 文件夹，在弹出的快捷菜单中选择"New"→"XML"→"Layout XML File"选项，在项目的 res/layout 文件夹中新建 home_gridview_item.xml 文件，该文件用于规范 GridView 每个选项的布局样式。home_gridview_item.xml 文件代码如下。

```xml
1. <?xml version="1.0" encoding="utf-8"?>
2. <LinearLayout xmlns:android="http://schemas.***roid.com/apk/res/android"
3.     android:layout_width="match_parent"
4.     android:layout_height="match_parent"
5.     android:gravity="center"
6.     android:orientation="vertical">
```

```
7.    <ImageView
8.       android:id="@+id/gridItem_imageView"
9.       android:layout_width="125dp"
10.      android:layout_height="125dp" />
11.   <TextView
12.      android:id="@+id/gridItem_textView"
13.      android:layout_width="match_parent"
14.      android:layout_height="wrap_content"
15.      android:gravity="center"
16.      android:text="TextView" />
17. </LinearLayout>
```

（2）打开 home_fragment.java 文件，并声明对象为后续做准备，具体代码及相关功能说明如下。

```
1. List<HashMap<String, Object>> list_gridItem;//存放 GridView 的数据项
2. String[] array_Grid_title = {"国学经典", "中医药籍", "书画欣赏", "匠人故事", "
戏剧中华", "中华历史", "中华美食", "中华武术", "中华茶道"};//GridView 组件中每个选项显示的
文本
3. int[]array_Grid_icon={R.drawable.co1, R.drawable.co2, R.drawable.co3, R.
drawable.co4, R.drawable.co5, R.drawable.co6, R.drawable.co7, R.drawable.co8,
R.drawable.co9};//GridView 组件中每个选项显示的图片
4. GridView home_gridView;//声明 GridView 对象
```

（3）在该程序中新建 initGridview()方法，实现 GridView 组件的数据适配及 OnItemClick
Listener() 监听器的添加，具体代码及相关功能说明如下。

```
1. private void initGridview() {
2.    //第一步：创建动态数组，用于存放 HashMap 数据
3.    list_gridItem = new ArrayList<>();
4.    for (int i = 0; i < array_Grid_title.length; i++) {
5.      HashMap map = new HashMap();
6.      map.put("ico", array_Grid_icon[i]);
7.      map.put("title", array_Grid_title[i]);
8.      list_gridItem.add(map);
9.    }
10.   //第二步：创建 SimpleAdapter，用于 GridView 组件的数据适配
11.    SimpleAdapter adapter =new SimpleAdapter(getActivity(), list_gridItem,
R.layout.home_gridview_item, new String[]{"ico", "title"}, new int[]{R.id.gridItem_
imageView, R.id.gridItem_textView});
12.   home_gridView.setAdapter(adapter);
13.   //第三步：为 GridView 组件添加 OnItemClickListener()监听器，当用户选择 GridView
组件中的选项时弹出消息框
14.   home_gridView.setOnItemClickListener(new AdapterView.OnItemClickListener() {
15.   public void onItemClick(AdapterView<?> parent, View view, int position,
long id) {
16.    switch (position) {
17.      case 0:
18.        Toast.makeText(getActivity(), array_Grid_title[0], Toast.LENGTH_
LONG).show();
19.        break;
20.      case 1:
21.        Toast.makeText(getActivity(), array_Grid_title[1], Toast.LENGTH_LONG).
show();
```

```
22.          break;
23.      case 2:
24.          Toast.makeText(getActivity(), array_Grid_title[2], Toast.LENGTH_LONG).
show();
25.          break;
26.      case 3:
27.          Toast.makeText(getActivity(), array_Grid_title[3], Toast.LENGTH_LONG).
show();
28.          break;
29.      case 4:
30.          Toast.makeText(getActivity(), array_Grid_title[4], Toast.LENGTH_LONG).
show();
31.          break;
32.      case 5:
33.          Toast.makeText(getActivity(), array_Grid_title[5], Toast.LENGTH_LONG).
show();
34.          break;
35.      case 6:
36.          Toast.makeText(getActivity(), array_Grid_title[6], Toast.LENGTH_LONG).
show();
37.          break;
38.      case 7:
39.          Toast.makeText(getActivity(), array_Grid_title[7], Toast.LENGTH_LONG).
show();
40.          break;
41.      case 8:
42.          Toast.makeText(getActivity(), array_Grid_title[8], Toast.LENGTH_LONG).
show();
43.          break;
44.      }
45.    }
46.  });
47. }}
```

（4）在 onCreateView()方法中实例化 GridView 对象并执行（3）中创建的 initGridview()
方法，具体代码如图 6-21 所示。

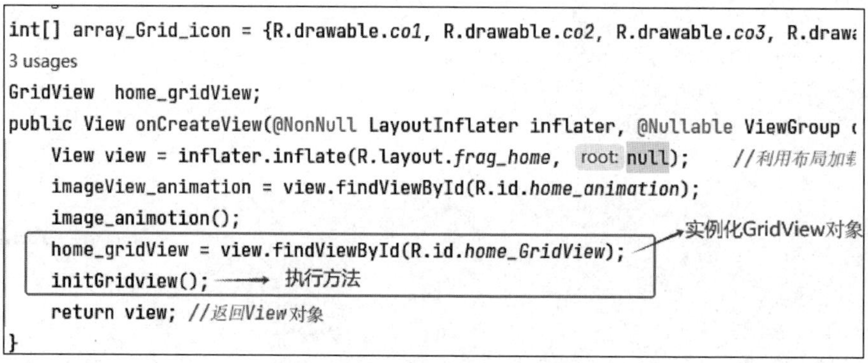

图 6-21　实例化 GridView 对象

6.8 工作小憩

 【心灵驿站】

科学家精神内涵：
胸怀祖国、服务人民的爱国精神，
勇攀高峰、敢为人先的创新精神，
追求真理、严谨治学的求实精神，
淡泊名利、潜心研究的奉献精神，
集智攻关、团结协作的协同精神，
甘为人梯、奖掖后学的育人精神。

 【榜样学习】

6 个"科学家精神"的代表人物事例如下。

1. 邓稼先（1924.06.25—1986.07.29）

人物简介

核物理学家，中国核武器研制开拓者和奠基者，被称为"两弹元勋"，为中国国防自卫武器的发展做出了重要贡献。

人物速写

作为核武器总设计师的邓稼先，在一次原子弹试验事故处理中，命令所有人退后，自己抢上前去，亲身涉险，去接受致命的核污染。正如他所说的："如果做好了这件事（核事业），我这辈子就活得很值得，就是为它死也值得。"苟利国家，不量祸福，不问生死。

2. 钱学森（1911.12.11—2009.10.31）

人物简介

应用力学家、系统工程科学家，为组织领导中国运载火箭和航天器的研制工作做出了巨大贡献。

人物速写

44 岁的钱学森正是盛年英姿，辗转五载，他坎坷归来，要将满腹学识献给祖国；驱驰半生，他呕心沥血，呵护国防现代化的种子，从生根发芽，直至枝繁叶茂；迎难而上，他勤修不辍，不问报偿，只求泱泱中华，扬眉吐气，奋起砥砺尊严。正如他所说的："我的事业在中国，我的成就在中国，我的归宿在中国。"愿将此生许家国，志存兴邦忘功名。

3. 黄旭华（1926.03.12—2025.02.06）

人物简介

核潜艇研究设计专家，是中国第一代核动力潜艇研制创始人之一，被誉为"中国核潜艇之父"。

人物速写

34 岁的黄旭华，受命研制核潜艇，此后他如泥牛入海，杳无音讯，而被弟妹误认为是不要家的、不赡养父母的不孝儿子。30 年后，他母亲看到一篇题目为《赫赫而无名的人生》文章里面写的"黄总设计师"，才知道这段隐藏的秘密，此时的母亲满眼泪水，自豪不已。正如他所说的："对国家的忠就是对父母最大的孝。"蹈历奇兵游瀚海，忠勇堪书白马篇。

4. 孙家栋（1929.04.08—）

人物简介

中国探月工程总设计师，被称为"卫星之父"。为中国航天科技事业创新发展做出了重要贡献。

人物速写

头发花白，仍雄心似火；步履缓慢，却志在千里。当国家启动嫦娥一号探月工程时，已经 75 岁的孙家栋毅然接下总设计师的重担。正如他所说的："国家需要，我就去做。"这誓言，历风雨而日盛，经霜雪而弥坚。

5. 林俊德（1938.03.13—2012.05.31）

人物简介

中国爆炸力学与核试验工程领域著名专家，中国工程院院士，为我国国防科技事业做出了重要贡献。

人物速写

52 年坚守罗布泊马兰基地，参与了中国全部的 45 次核试验，他就是献身国防科技事业的林俊德。弥留之际，为了深爱的祖国，老人仍在燃烧生命的余烬，正如他所说的："我是搞核试验的，一不怕苦，二不怕死，现在最需要的是时间。"青春与大漠共舞，岁月与长河同眠。

6. 顾方舟（1926.06.16—2019.01.02）

人物简介

医学科学家、病毒学专家，被称为"中国脊髓灰质炎疫苗之父"，为中国研制活疫苗以消灭脊髓灰质炎做出了重大贡献。

人物速写

被人们称为"糖丸爷爷"的顾方舟，有人说他是一艘方舟，载着新中国的孩子，避开了脊髓灰质炎的劫难；有人说他是当之无愧的人民科学家，用潜心研究护佑了几代人的生命健康，使中国进入无脊髓灰质炎时代。而他自己却谦逊地说："我一辈子只做了一件事，就是做了一颗小小的糖丸。"一生为一大事来，方舟已成；一世做一大事去，不负初心。

 【深度思考】

国家为什么非常重视培养年轻一代的科学精神？

项目 7

"分享"模块的设计与实现

【教学目标】

✦ 掌握 BaseAdapter 的使用方法。
✦ 掌握 ContextMenu 的使用方法。
✦ 掌握 AlertDialog 的使用方法。

7.1 工作任务概述

本项目的主要工作任务是完成"薪火传承"App"分享"页面的制作，需要完成以下工作子任务。"分享"页面的效果如图 7-1 所示。

（1）完成"分享"页面的 UI 布局，效果如图 7-1（a）所示。

（2）创建"分享"Fragment。

（3）将"分享"Fragment 组装至"薪火传承"App 的主框架（项目 4 创建的 MainActivity）中。

（4）如图 7-1（b）所示，用户点击序号 1 标识的心形图标（点赞）后，系统能够将点赞数显示于序号 2 标识处。

（5）为"分享"页面的每个分享内容创建上下文菜单（ContextMenu），效果如图 7-1（c）所示。

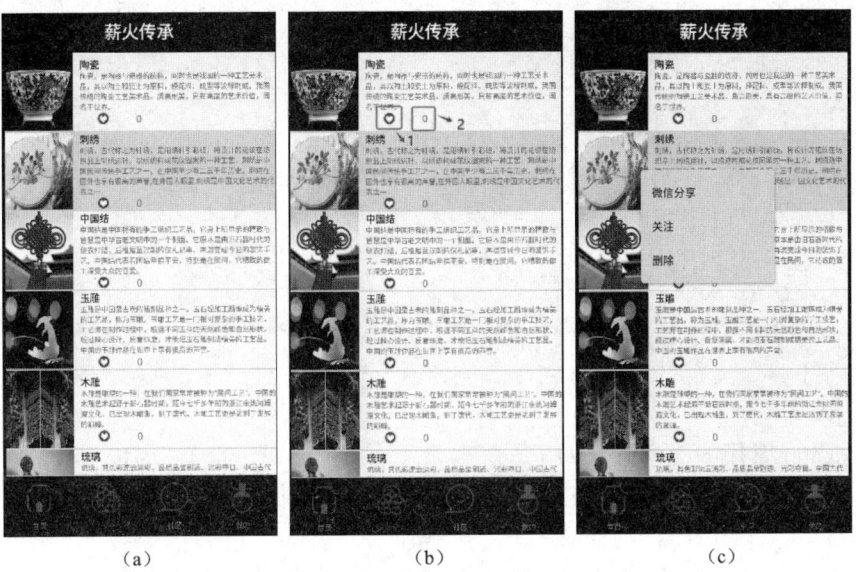

（a）　　　　　　　　　　　（b）　　　　　　　　　　　（c）

图 7-1　"分享"页面的效果

7.2 预备知识

7.2.1 BaseAdapter

1. BaseAdapter 概述

BaseAdapter 是 Android 应用程序中十分常用的基础数据适配器，是非常实用的一个类。相比项目 6 介绍的 ArrayAdapter、SimpleAdapter，BaseAdapter 较难理解，但由于其具有全能性，所以 Android 应用程序开发人员必须掌握 BaseAdapter 的使用方法。

2. BaseAdapter 的使用方法

使用 BaseAdapter 的主要目的是通过继承此类来实现以下 4 个方法。

（1）public int getCount()：获取适配器中数据集的数据个数。

（2）public Object getItem (int position)：获取数据集中与索引编号对应的数据项。

（3）public long getItemId (int position)：获取指定行对应的 ID。

（4）public View getView (int position, View convertView, ViewGroup parent)：获取 UI 组件的每一行显示的内容。

由于 BaseAdapter 首先通过 getCount()方法确定数量，然后循环执行 getView()方法获取组件每一行显示的内容，所以必须重写 getCount()方法和 getView()方法。而 getItem()方法和 getItemId()方法是调用某些函数时才会触发的方法，如果不使用，那么可以暂时不修改。以下代码为这 4 个方法的应用示例。

```
1.   public class myadapter extends BaseAdapter{
2.       //getCount()方法是程序在加载到 UI 上时首先要执行的，该方法获得的值决定了 UI 组
件显示的数据项数
3.       public int getCount() {
4.           // TODO Auto-generated method stub
5.           return 0;
6.       }
7.       //根据 UI 组件所在位置返回 View
8.       public Object getItem(int position) {
9.           return null;
10.      }
11.      //根据 UI 组件所在位置得到数据源集合中的指定行对应的 ID
12.      public long getItemId(int position) {
13.          return 0;
14.      }
15.      //获取 UI 组件的每一行显示的内容
16.      public View getView(int position, View convertView, ViewGroup parent) {
17.          return null;
18.      }
19.  }
```

BaseAdapter 常用的 2 个方法如下。

（1）notifyDataSetChanged()：在依附于监视器底层的数据发生改变时，通知每一个 Item 视图进行刷新。

（2）notifyDataSetInvalidated()：在依附于监视器底层的数据不再是有效的或可获得的时，

通知每一个 Item 视图进行刷新。

7.2.2　菜单

菜单是 Android 应用程序中非常重要且常见的组成部分，其主要可以分为 3 类：选项菜单、上下文菜单及弹出菜单。它们的主要区别如下。

（1）选项菜单（OptionsMenu）是一个应用程序的主菜单，用于放置对应用程序产生全局影响的操作，如搜索、设置等。

（2）上下文菜单（ContextMenu）是用户长按某个元素时出现的浮动菜单，它提供的操作将影响用户选中的元素，主要应用于列表中的每项元素（如长按列表项弹出"删除"对话框）。

（3）弹出菜单（PopupMenu）以垂直列表形式显示一系列操作选项，一般由某个组件触发，显示在对应组件的上方或下方。弹出菜单用于提供与特定内容相关的大量操作。

7.2.3　ContextMenu

1. ContextMenu 概述

当用户长按某个元素不放时，弹出的菜单称为 ContextMenu，这类菜单只能显示文字，不能显示图片。

2. ContextMenu 的使用方法

一般通过以下方法来使用 ContextMenu。

（1）创建 ContextMenu，代码如下。

```
onCreateContextMenu(ContextMenu menu,View v,ContextMenuInfo menuInfo);
```

该方法是一个回调函数，用于创建 ContextMenu，ContextMenu 每次显示时都会调用这个函数。其中，参数 v 指定上下文菜单绑定的 View 视图，而 menuInfo 是该上下文菜单的一些额外信息。额外信息包含以下字段。

① public long id：显示上下文菜单的子视图的行 ID。

② public int position：显示上下文菜单的子视图在适配器中的位置。

③ public View targetView：显示上下文菜单的子视图，是 AdapterView 的子视图之一。

④ public AdapterView.AdapterContextMenuInfo (View targetView, int position, long id)：构造函数。

（2）响应菜单选项被选择事件，代码如下。

```
onContextItemSelected(MenuItem item);
```

一般会利用 item.getItemId()方法来获取被选择的菜单选项的 ID。

（3）为 View 视图注册 ContextMenu，代码如下。

```
registerForContextMenu(View view);
```

该方法用于为某个 View 视图注册 ContextMenu。

（4）为菜单添加菜单选项，代码如下。

```
menu.add(int groupId,int itemId,int order,int titleRes);
```

该方法用于为 ContextMenu 添加菜单选项。其中各参数说明如下。

① groupId：int 类型的 groupId 参数，代表的是菜单选项的组 ID。可以将几个菜单选项归为一组并指定 ID，以便以组的方式管理菜单选项。

② itemId：int 类型的 itemId 参数，代表的是选项编号。这个参数非常重要，一个 item ID 对应菜单中的一个选项。在后续使用菜单时，就可以用 item ID 来判断用户选择的是哪个选项。

③ order：int 类型的 order 参数，代表的是菜单选项的显示顺序。默认是 0，表示菜单选项是按照 order 的显示顺序来显示的。

④ titleRes：String 类型的 title 参数，表示选项中显示的文字。

3. ContextMenu 的使用步骤

（1）在 Activity 或 Fragment 中调用 registerForContextMenu (View v)方法，为需要和上下文菜单关联的 View 注册上下文菜单。如果将 ListView 或 GridView 作为参数传入 ContextMenu，那么每个列表项将会有相同的上下文菜单。

（2）在 Activity 或 Fragment 中重写 onCreateContextMenu()方法，加载 Menu 资源。

（3）在 Activity 或 Fragment 中重写 onContextItemSelected()方法，响应菜单选项被选择事件。

7.2.4　对话框

1. 对话框概述

在 Android 的开发中，在界面中弹出对话框（Dialog）是与用户进行交互的常用手段。对话框并不会占满整个屏幕，其通常用在某项事件中，用户做出选择后，程序才会继续执行。Android 中提供了多种类型的对话框以满足开发的需要，包括普通对话框、列表对话框、单选对话框、多选对话框、等待对话框、进度条对话框、自定义对话框。对话框效果如图 7-2 所示。

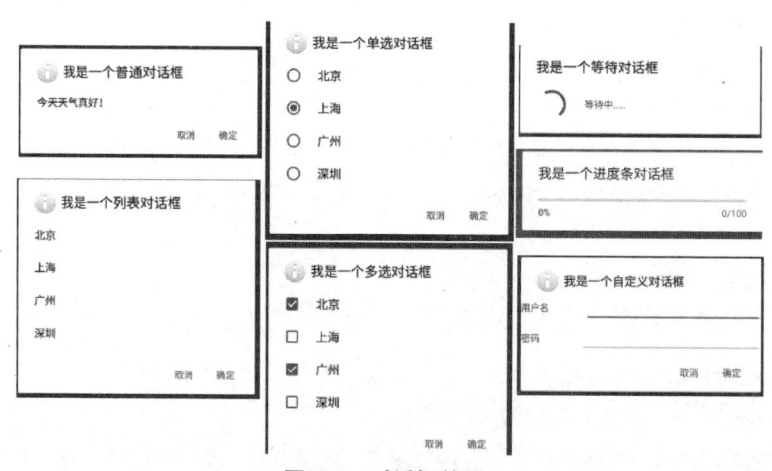

图 7-2　对话框效果

2. 普通对话框

普通对话框是一种较常用的对话框，可以显示 1 个标题和最多 3 个按钮。普通对话框的常用方法及其功能如表 7-1 所示。

表 7-1 普通对话框的常用方法及其功能

方 法	功 能
setTitle()	设置对话框标题
setIcon()	设置对话框图标
setPositiveButton()	设置对话框的"确定"按钮
setNegativeButton()	设置对话框的"取消"按钮
setMessage()	设置对话框提示信息

下面的代码展示了利用上述方法实现的一个简单的普通对话框。

```
1.    public class MainActivity extends Activity {
2.        protected void onCreate(Bundle savedInstanceState) {
3.            super.onCreate(savedInstanceState);
4.            setContentView(R.layout.activity_main);
5.            AlertDialog.Builder dialog=new AlertDialog.Builder(this);//创建
普通对话框
6.            dialog.setTitle("你好");//设置对话框标题
7.            dialog.setIcon(android.R.drawable.ic_dialog_alert);//设置对话框
图标
8.            dialog.setMessage("你好吗？");//设置对话框提示信息
9.            dialog.setPositiveButton("确定", null);//设置对话框的"确定"按钮
10.           dialog.setNegativeButton("取消", null) ;//设置对话框的"取消"按钮
11.           dialog.show();//显示对话框
12.       }
13.   }
```

第 5 行代码中的 new AlertDialog.Builder()方法的参数是 this，表示上下文。

小贴士

（1）在实现普通对话框时，通常用 show()方法显示对话框，用 dismiss()方法关闭对话框。

（2）在上述代码中，仅设置了"取消"按钮及"确定"按钮，而未实现其单击功能，若要实现单击功能，则需要在它们的第二个参数中添加单击事件监听器，具体代码如下。

```
1.    dialog.setNegativeButton ("取消",new DialogInterface.OnClickListener() {
2.        public void onClick(DialogInterface dialogInterface,int i) {
3.        }
4.    });
```

（3）因为普通对话框的构造方法使用"protected"修饰，所以不能直接通过 new 运算符创建普通对话框。若要创建普通对话框，则需要使用 AlertDialog.Builder()方法。

7.3 热身任务——通讯录

1. 任务说明

通过 ListView 组件和 BaseAdapter 实现如图 7-3 所示的"通讯录"效果。

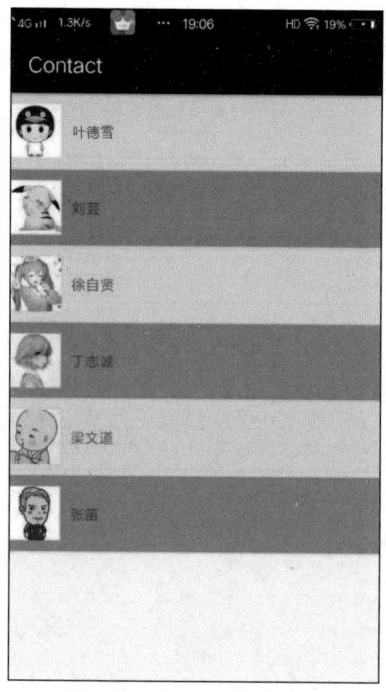

图 7-3　"通讯录"效果

2. 操作步骤

（1）创建一个 Android 项目。

（2）打开 activity_main.xml 文件并完成布局效果，具体代码如下。

```
1.   <?xml version="1.0" encoding="utf-8"?>
2.   <LinearLayout xmlns:android="http://schemas.***roid.com/apk/res/android"
3.       xmlns:app="http://schemas.***roid.com/apk/res-auto"
4.       xmlns:tools="http://schemas.***roid.com/tools"
5.       android:layout_width="match_parent"
6.       android:layout_height="match_parent"
7.       android:orientation="vertical"
8.       tools:context=".MainActivity">
9.       <ListView
10.          android:id="@+id/contact"
11.          android:layout_width="match_parent"
12.          android:layout_height="match_parent" />
13.  </LinearLayout>
```

（3）将图片复制到项目的 drawable 文件夹中。

（4）在项目的 res/layout 文件夹中新建 contact_item.xml 文件，该文件用于规范每个选项的界面布局。contact_item.xml 文件代码如下。

```
1.   <?xml version="1.0" encoding="utf-8"?>
2.   <LinearLayout xmlns:android="http://schemas.***roid.com/apk/res/android"
3.       android:layout_width="match_parent"
4.       android:layout_height="match_parent"
5.       android:orientation="horizontal"
6.       android:gravity="center_vertical"
7.       android:paddingTop="10dp"
8.       android:paddingBottom="10dp">
```

```
9.    <ImageView
10.        android:id="@+id/contact_photo"
11.        android:layout_width="49dp"
12.        android:layout_height="52dp" />
13.    <TextView
14.        android:id="@+id/contact_name"
15.        android:layout_width="46dp"
16.        android:layout_height="wrap_content"
17.        android:layout_marginLeft="10dp"
18.        android:text="TextView" />
19. </LinearLayout>
```

（5）修改 java 文件夹下的 MainActivity.java 文件代码，具体代码及其功能说明如下。

```
1.    public class MainActivity extends AppCompatActivity {
2.        private ListView mylistview;
3.        private int images[] = {R.drawable.p1,R.drawable.p2,R.drawable.p3,R.drawable.
p4,R.drawable.p5,R.drawable.p6};//联系人图像
4.        private String[] name = {"叶德雪","刘芸","徐自贤","丁志诚","梁文道","张
笛"};//联系人姓名
5.        private List<HashMap> dataList;//定义 List 数据集，用于存放联系人数据
6.        protected void onCreate(Bundle savedInstanceState) {
7.            super.onCreate(savedInstanceState);
8.            setContentView(R.layout.activity_main);
9.            mylistview = findViewById(R.id.contact);
10.           initdata();
11.           MyBaseAdapter adapter = new MyBaseAdapter();
12.           mylistview.setAdapter(adapter);
13.       }
14.       //初始化数据，将每个人的图像及姓名通过 HashMap 捆绑在一起，放在 List 中
15.       private void initdata() {
16.           dataList = new ArrayList();
17.           for (int i = 0; i < images.length; i++) {
18.               HashMap hm = new HashMap();
19.               hm.put("image",images[i]);
20.               hm.put("name",name[i]);
21.               dataList.add(hm);
22.           }
23.       }
24.       //定义内部类以继承 BaseAdapter，用于数据适配
25.       public class MyBaseAdapter extends BaseAdapter {
26.           //获取在组件中显示的数据个数
27.           public int getCount() {
28.               return dataList.size();
29.           }
30.           public Object getItem(int position) {
31.               return null;
32.           }
33.           public long getItemId(int position) {
34.               return 0;
35.           }
36.           //个性化地生成"通讯录"中每一行 Item 的显示内容
37.           public View getView(int position,View convertView,ViewGroup parent) {
38.               LayoutInflater layInflater = LayoutInflater.from(MainActivity.this);
39.               View view = layInflater.inflate(R.layout.contect_item,null);
40.               ImageView image = view.findViewById(R.id.contact_photo);
41.               TextView name = view.findViewById(R.id.contact_name);
```

```
42.                image.setBackgroundResource(Integer.parseInt(dataList.get
(position).get("image").toString()));
43.                name.setText(dataList.get(position).get("name").toString());
44.                //设置偶数行背景为黄色，设置奇数行背景为绿色
45.                if (position % 2 == 0) {
46.                    view.setBackgroundColor(Color.parseColor("#FFFF00"));
47.                } else {
48.                    view.setBackgroundColor(Color.parseColor("#66CD00"));
49.                }
50.                return view;
51.            }
52.        }
53. }
```

第 15～23 行代码中的 initdata()方法的主要功能是将碎片数据（图像、姓名）捆绑成一个对象，便于后续编写代码时引用。

第 25～51 行代码组成的 MyBaseAdapter 类是程序的核心部分，继承自 BaseAdapter。与项目 6 介绍的 ArrayAdapter 及 SimpleAdapter 两种适配器相比，MyBaseAdapter 的用法更为复杂，需要重写其方法来规范数据的适配，但也正是因为如此，它更灵活，功能更强大，如本任务的奇数、偶数行背景色的设置就体现了其灵活性与功能的强大。

7.4 创建“分享”Fragment

1. 知识点

- ListView 组件的添加方法。
- ListView 组件的常用属性。
- Fragment 的创建方法。

2. 工作任务

制作“薪火传承”App 的“分享”页面的 UI 布局并创建相应的 Fragment。

3. 操作流程

（1）打开“薪火传承”项目，在 Project 视图中右击 res 文件夹下的 layout 文件夹，在弹出的快捷菜单中选择“New”→“XML”→“Layout XML File”选项，在项目的 res/layout 文件夹中新建 frag_share.xml 文件。

（2）在 frag_share.xml 文件中添加组件。“分享”页面的 Component Tree 如图 7-4 所示。

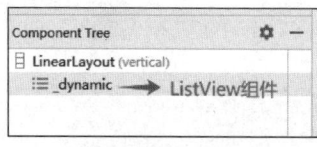

图 7-4 “分享”页面的 Component Tree

（3）打开 frag_share.xml 文件，修改各组件的相关属性，具体代码如下。

```
1.    <?xml version="1.0" encoding="utf-8"?>
2.    <LinearLayout xmlns:android="http://schemas.***roid.com/apk/res/android"
3.        android:layout_width="match_parent"
4.        android:layout_height="match_parent"
```

```
5.        android:orientation="vertical">
6.     <ListView
7.         android:id="@+id/share_frag_listView1"
8.         android:layout_width="match_parent"
9.         android:layout_height="match_parent"
10.        android:divider="#EAEAEA"
11.        android:dividerHeight="2dp"
12.        android:listSelector="#EAEAEA"/>
13. </LinearLayout>
```

第 10 行代码用于设置分隔线颜色。

第 11 行代码用于设置分隔线边距。

第 12 行代码用于设置 ListView 组件的选项被选择时的颜色。

（4）在项目的 java/fragment 文件夹中新建 share_fragment.java 类文件，并让 share_fragment 类继承 Fragment，同时在该文件中添加 onCreateView()方法。

（5）重写 share_fragment.java 类文件中的 onCreateView()方法，具体代码及相关功能说明如下。

```
1.    public View onCreateView(LayoutInflater inflater, ViewGroup container,
Bundle savedInstanceState) {
2.        // TODO Auto-generated method stub
3.        //利用布局加载器加载 "分享" 布局，将其转换为 View 对象
4.        View view = inflater.inflate(R.layout.frag_share, null);
5.        return view; //返回 View 对象
6.    }
```

第 4 行代码利用布局加载器加载 "分享" 布局，并将其转换为 View 对象。

第 5 行代码返回 View 对象。

7.5 将 "分享" Fragment 组装至 App 主框架中

1. 知识点

Fragment 动态加载方法。

2. 工作任务

在 7.4 节工作任务的基础上将创建完成的 "分享" Fragment（此时为空白页面）组装至 "薪火传承" App 主框架中，如图 7-5 所示。组装完成后，当用户选中 App 底部导航栏中的 "分享" 单选按钮（见图 7-5 序号 1）时，系统能够将 "分享" Fragment 在 App 内（见图 7-5 序号 2）进行显示。

3. 操作流程

在 Project 视图中打开 java 文件夹中的 MainActivity.java 文件，修改 navigation()方法，用于当用户选中底部导航栏中的 "分享" 单选按钮时，将 "分享" 页面显示到屏幕上，在原有程序代码的基础上添加以下代码，如图 7-6 所示。

```
transaction.replace(R.id.MainActivity_FrameLayout, new share_fragment());
```

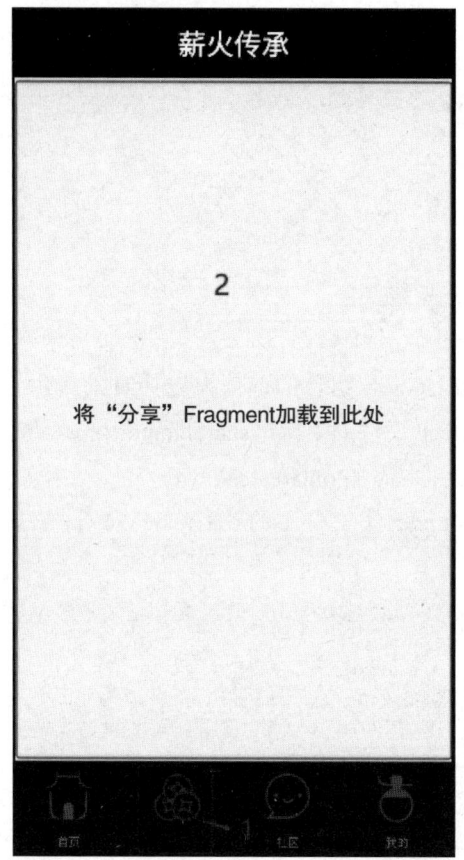

图 7-5　"分享" Fragment 的组装效果

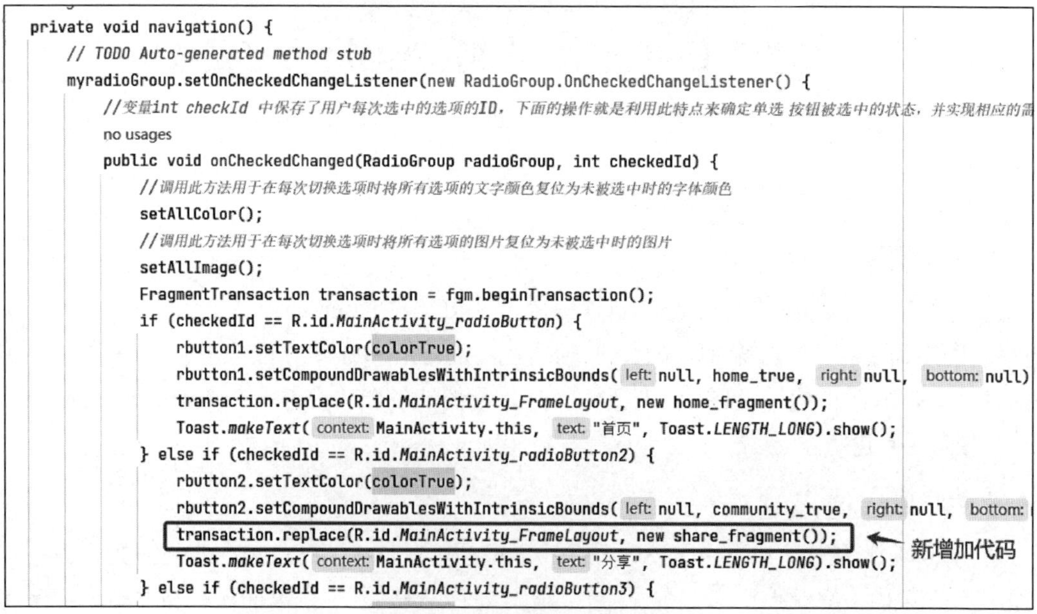

```java
private void navigation() {
    // TODO Auto-generated method stub
    myradioGroup.setOnCheckedChangeListener(new RadioGroup.OnCheckedChangeListener() {
        //变量int checkId 中保存了用户每次选中的选项的ID，下面的操作就是利用此特点来确定单选 按钮被选中的状态，并实现相应的需
        no usages
        public void onCheckedChanged(RadioGroup radioGroup, int checkedId) {
            //调用此方法用于在每次切换选项时将所有选项的文字颜色复位为未被选中时的字体颜色
            setAllColor();
            //调用此方法用于在每次切换选项时将所有选项的图片复位为未被选中时的图片
            setAllImage();
            FragmentTransaction transaction = fgm.beginTransaction();
            if (checkedId == R.id.MainActivity_radioButton) {
                rbutton1.setTextColor(colorTrue);
                rbutton1.setCompoundDrawablesWithIntrinsicBounds( left: null, home_true,  right: null,  bottom: null)
                transaction.replace(R.id.MainActivity_FrameLayout, new home_fragment());
                Toast.makeText( context: MainActivity.this,  text: "首页", Toast.LENGTH_LONG).show();
            } else if (checkedId == R.id.MainActivity_radioButton2) {
                rbutton2.setTextColor(colorTrue);
                rbutton2.setCompoundDrawablesWithIntrinsicBounds( left: null, community_true,  right: null,  bottom:
                transaction.replace(R.id.MainActivity_FrameLayout, new share_fragment());     ← 新增加代码
                Toast.makeText( context: MainActivity.this,  text: "分享", Toast.LENGTH_LONG).show();
            } else if (checkedId == R.id.MainActivity_radioButton3) {
```

图 7-6　修改 navigation()方法

7.6 实现"分享"的数据适配功能

1. 知识点

BaseAdapter 适配数据的方法。

2. 工作任务

将"分享"的数据显示到 ListView 组件上，完成后的效果如图 7-7 所示。

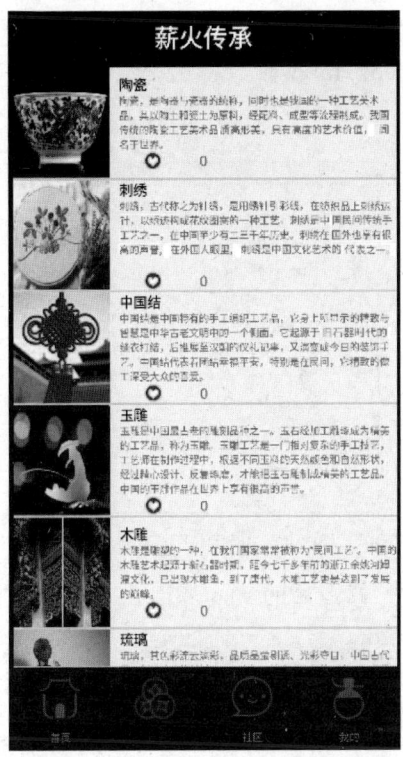

图 7-7 "分享"数据的显示效果

3. 操作流程

（1）在 Project 视图中右击 res 文件夹，在弹出的快捷菜单中选择"New"→"Android Resource File"选项，在弹出的"New Resource File"对话框中填写如图 7-8 所示的 3 个参数，新建一个名为 thumb_up.xml 的 selector 文件。

图 7-8 "New Resource File"对话框

（2）在 thumb_up.xml 文件中添加相应属性，创建点赞选择器，具体代码如下。

```
1.    <?xml version="1.0" encoding="utf-8"?>
2.    <selector xmlns:android="http://schemas.***roid.com/apk/res/android" >
3.       <item android:state_pressed="true" android:drawable="@drawable/heart2"/>
4.       <item android:state_pressed="false" android:drawable="@drawable/heart1"/>
5.    </selector>
```

第 3 行代码设置组件被按下时显示的图片。

第 4 行代码设置组件未被按下时显示的图片。

（3）在 Project 视图中右击 res 文件夹下的 layout 文件夹，在弹出的快捷菜单中选择"New"→"XML"→"Layout XML File"选项，在项目的 res/layout 文件夹中新建 share_listview_item.xml 文件，该文件用于规范 ListView 组件的每个选项（item）的布局。

（4）打开 share_listview_item.xml 文件，将相关组件添加至布局中，完成后的 Component Tree 如图 7-9 所示。

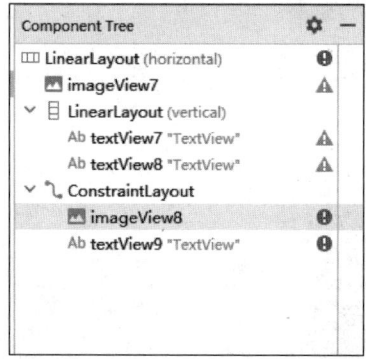

图 7-9　share_listview_item.xml 文件的 Component Tree

（5）修改每个组件的属性，修改后的 share_listview_item.xml 文件代码如下。

```
1. <?xml version="1.0" encoding="utf-8"?>
2. <LinearLayout xmlns:android="http://schemas.***roid.com/apk/res/android"
3.     xmlns:app="http://schemas.***roid.com/apk/res-auto"
4.     xmlns:tools="http://schemas.***roid.com/tools"
5.     android:layout_width="match_parent"
6.     android:layout_height="match_parent"
7.     android:minHeight="100dp">
8.     <ImageView
9.         android:id="@+id/sli_image"
10.        android:layout_width="100dp"
11.        android:layout_height="110dp"
12.        android:layout_gravity="center_vertical"
13.        android:paddingLeft="30dp"
14.        android:scaleType="fitStart" />
15.    <LinearLayout
16.        android:layout_width="match_parent"
17.        android:layout_height="wrap_content"
18.        android:layout_gravity="center_vertical"
19.        android:layout_marginLeft="10dp"
20.        android:orientation="vertical">
```

```
21.        <TextView
22.            android:id="@+id/sli_username"
23.            android:layout_width="wrap_content"
24.            android:layout_height="wrap_content"
25.            android:layout_gravity="center_vertical"
26.            android:maxLines="5"
27.            android:text="分类"
28.            android:textColor="#000" />
29.        <TextView
30.            android:id="@+id/sli_comment"
31.            android:layout_width="wrap_content"
32.            android:layout_height="wrap_content"
33.            android:text="介绍"
34.            android:textColor="#60000000"
35.            android:textSize="10sp" />
36.        <androidx.constraintlayout.widget.ConstraintLayout
37.            android:layout_width="match_parent"
38.            android:layout_height="wrap_content">
39.            <ImageView
40.                android:id="@+id/sli_praise"
41.                android:layout_width="15dp"
42.                android:layout_height="15dp"
43.                android:src="@drawable/thumb_up"
44.                app:layout_constraintBottom_toBottomOf="parent"
45.                app:layout_constraintEnd_toEndOf="parent"
46.                app:layout_constraintHorizontal_bias="0.1"
47.                app:layout_constraintStart_toStartOf="parent"
48.                app:layout_constraintTop_toTopOf="parent" />
49.            <TextView
50.                android:id="@+id/sli_count"
51.                android:layout_width="8dp"
52.                android:layout_height="wrap_content"
53.                android:text="0"
54.                android:textColor="#60000000"
55.                app:layout_constraintBottom_toBottomOf="parent"
56.                app:layout_constraintEnd_toEndOf="parent"
57.                app:layout_constraintHorizontal_bias="0.3"
58.                app:layout_constraintStart_toStartOf="parent"
59.                app:layout_constraintTop_toTopOf="parent" />
60.        </androidx.constraintlayout.widget.ConstraintLayout>
61.    </LinearLayout>
62. </LinearLayout>
```

　　第 7 行代码主要用于设置 ListView 组件中每个 item 的高度。在 item 的布局文件中，用 android:layout_height 属性设置 item 的高度，运行程序后，会发现该高度设置无效，这是因为 ListView 中每个 item 的高度是由 inflater 填充布局中高度最大的控件决定的，而在 item 的布局文件中为 item 设定 minHeight 是设置 ListView 的每个子 item 高度的较快捷且有效的方法。

　　（6）右击 Project 视图中 java 文件夹下的项目源程序文件夹，在弹出的快捷菜单中选择 "New" → "Package" 选项，新建文件夹 adapter，存放适配器文件。

　　（7）在 adapter 文件夹中新建一个 GourmetBaseAdapter.java 类文件，使 GourmetBaseAadpter

类作为 ListVeiw 数据适配的适配器，并让该类继承 BaseAdapter，同时重写 getCount()等方法，具体代码如下。

```
1. public class GourmetBaseAdapter extends BaseAdapter {
2.     List<HashMap> mylist;
3.     Context mycontext;
4.     public GourmetBaseAdapter(Context context,List list) {
5.         mylist = list;
6.         mycontext = context;
7.     }
8.     public int getCount() {
9.         return mylist.size();
10.     }
11.     @Override
12.     public Object getItem(int i) {
13.         return null;
14.     }
15.     @Override
16.     public long getItemId(int i) {
17.         return 0;
18.     }
19.     @Override
20.     public View getView(int i, View view, ViewGroup viewGroup) {
21.         LayoutInflater inflater = LayoutInflater.from(mycontext);
22.         View v = inflater.inflate(R.layout.share_listview_item, null);
23.         TextView comment = v.findViewById(R.id.sli_comment);
24.         TextView username = v.findViewById(R.id.sli_username);
25.         ImageView img = v.findViewById(R.id.sli_image);
26.         comment.setText(mylist.get(i).get("comment").toString());
27.         username.setText(mylist.get(i).get("name").toString());
28.         img.setBackgroundResource((int) mylist.get(i).get("image"));
29.         return v;
30.     }
31. }
```

第 4～7 行代码用于构造向适配器传递适配数据及上下文的函数。

第 8～10 行代码用于设置 ListView 组件需要显示的数据数量。

第 20 行代码中的 getView()方法用于返回每一项的显示内容。

第 21 行代码用于创建布局加载器。

第 22 行代码用于利用布局加载器将规范 ListView 每一项显示外观的布局加载到适配器中。因为只需要从 XML 文件代码转化为具体的 View 视图，并不涉及具体的布局，所以第二个参数通常被设置为 null。

第 26～28 行代码用于设置各组件要显示的内容。

（8）打开 share_fragment.java 文件，在该文件中添加相关代码以实现对应功能，具体代码如下。

```
1.   public class share_fragment extends Fragment {
2.     //每一项分享的图片
3.        private int images[] = {R.drawable.fenxiang1, R.drawable.fenxiang2,
R.drawable.fenxiang3, R.drawable.fenxiang4, R.drawable.fenxiang5, R.drawable.fenxiang6,
```

```
R.drawable.fenxiang7, R.drawable.fenxiang8};
```

4.　　　//每一项分享的介绍文本

5.　　　private String[] comment = {"陶瓷，是陶器与瓷器的统称，同时也是我国的一种工艺美术品，其以陶土和瓷土为原料，经配料、成型等流程制成。我国传统的陶瓷工艺美术品质高形美，具有高度的艺术价值，闻名于世界。", "刺绣，古代称之为针绣，是用绣针引彩线，在纺织品上刺绣运针，以绣迹构成花纹图案的一种工艺。刺绣是中国民间传统手工艺之一，在中国至少有两千年历史。刺绣在国外也享有很高的声誉，在外国人眼里，刺绣是中国文化艺术的代表之一。", "中国结是中国特有的手工编织工艺品，它身上所体现的情致与智慧是中华古老文明中的一个侧面。它起源于旧石器时代的缝衣打结，后推展至汉朝的仪礼记事，又演变成今日的装饰手艺。中国结代表着团结、幸福、平安，特别是在民间，因为精致的做工深受大众喜爱。", "玉雕是中国最古老的雕刻品种之一。玉石经加工雕琢成为精美的工艺品，称为玉雕。玉雕工艺是一门相对复杂的手工技艺，工艺师在制作过程中，根据不同玉料的天然颜色和自然形状，经过精心设计、反复琢磨，才能把玉石雕制成精美的工艺品。中国的玉雕作品在世界上享有很高的声誉。", "木雕是雕塑的一种，在我们国家常常被称为"民间工艺"。中国的木雕艺术起源于新石器时期，七千多年前的浙江余姚河姆渡文化中就已出现木雕鱼，到了唐代，木雕工艺更是达到了发展的巅峰。", "琉璃，其色彩流云漓彩，外观更是晶莹剔透、光彩夺目。中国古代最初制作琉璃的材料，是从青铜器铸造时产生的副产品中获得的，经过提炼加工制成琉璃。在古时候属于皇室专用，民间流传的琉璃制造技法非常少，当时人们甚至把琉璃看成比玉器还要珍贵的东西。", "景泰蓝又称"铜胎掐丝珐琅"，是我国著名的传统工艺之一，因其在明朝景泰年间盛行，制作技艺比较成熟，使用的珐琅釉多以蓝色为主，故而得名"景泰蓝"。它的制作工艺精细复杂，每个作品都需要经过设计、制胎、掐丝、点蓝、烧蓝、磨活、镀金等 10 余道工序才能完成。它是我国最传统的出口工艺品之一。", "中国剪纸是一种用剪刀或刻刀在纸上剪刻花纹，用于装点生活或配合其他民俗活动的民间艺术。中国最早的剪纸作品是北朝时期的五幅团花剪纸，到了唐代，剪纸处于大发展时期，南宋时期更是出现了以剪纸为职业的艺人。它存在于各种民俗活动中，是中国民间历史文化内涵最为丰富的艺术形态之一。"};

6.　　　//每一项分享的主题

7.　　　private String[] username = {"陶瓷", "刺绣", "中国结", "玉雕", "木雕", "琉璃", "景泰蓝", "剪纸"};

8.　　　ListView lv;

9.　　　List<HashMap> list;

10.　　　GourmetBaseAdapter adapter;

11.　　　public View onCreateView(@NonNull LayoutInflater inflater, @Nullable ViewGroup container, @Nullable Bundle savedInstanceState) {

12.　　　　View view = inflater.inflate(R.layout.frag_share, null);

13.　　　　lv = view.findViewById(R.id.share_frag_listView1);

14.　　　　initListView();

15.　　　　return view; //返回 View 对象

16.　　}

17.　　public void initListView() {

18.　　　　//初始化显示在 ListView 组件上的数据

19.　　　　list = new ArrayList<>();

20.　　　　for (int i = 0; i < images.length; i++) {

21.　　　　　HashMap map = new HashMap();

22.　　　　　map.put("image", images[i]);

23.　　　　　map.put("comment", comment[i]);

24.　　　　　map.put("username", username[i]);

25.　　　　　list.add(map);

26.　　　　}

27.　　　　adapter = new GourmetBaseAdapter(getActivity(), list);

28.　　　　lv.setAdapter(adapter);

29.　　}

30. }

7.7 实现"分享"的点赞功能

1. 知识点

➤ BaseAdapter 中监听单击事件的方法。

➤ BaseAdapter 的 notifyDataSetInvalidated()方法的使用。

2. 工作任务

实现在"分享"页面中点击图 7-10 序号 1 标识处的心形图标（点赞）后，能够将变化后的点赞数显示在序号 2 标识处的功能。

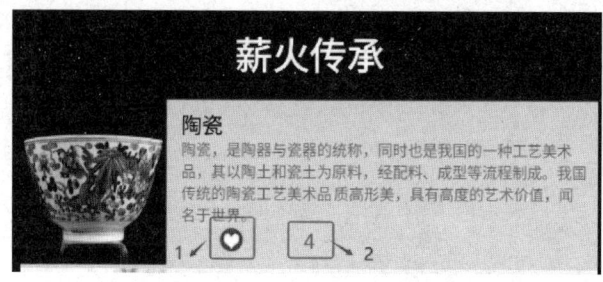

图 7-10 点赞效果

3. 操作流程

（1）在项目中打开 GourmetBaseAdapter.java 文件，并在该文件中声明一个 int[] count 数组，此数组用于保存每一项的点赞数，并在结构化方法 GourmetBaseAdapter()中进行初始化，具体代码如图 7-11 所示。

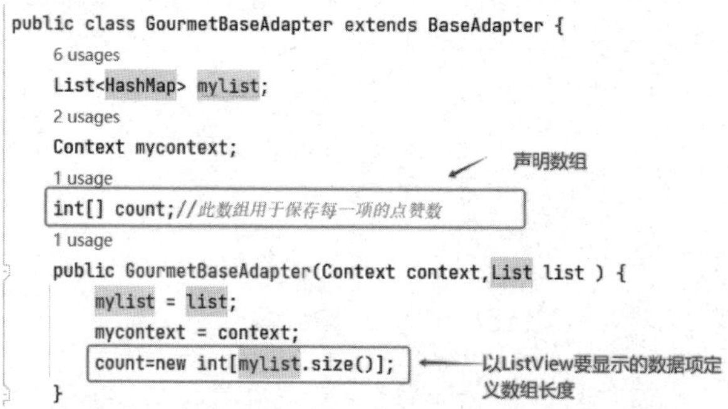

```java
public class GourmetBaseAdapter extends BaseAdapter {
    6 usages
    List<HashMap> mylist;
    2 usages
    Context mycontext;
    1 usage
    int[] count;//此数组用于保存每一项的点赞数        声明数组
    1 usage
    public GourmetBaseAdapter(Context context,List list ) {
        mylist = list;
        mycontext = context;
        count=new int[mylist.size()];        以ListView要显示的数据项定
    }                                        义数组长度
```

图 7-11 GourmetBaseAdapter.java 文件代码

（2）在 getView()方法中添加以下代码。

```
1.      final TextView tv_count=v.findViewById(R.id.sli_count);
2.      ImageView praise=v.findViewById(R.id.sli_praise);
3.      tv_count.setText(count[i]+"");
4.      praise.setOnClickListener(new View.OnClickListener() {
5.        @Override
6.        public void onClick(View v) {
```

```
7.            count[i]++;
8.            notifyDataSetInvalidated();
9.        }
10.    });
```

第 3 行代码用于将 int[] count 数组保存的点赞数显示在 TextView 组件上。

第 4～9 行代码用于实现点击心形图标后，点赞数加 1，同时刷新界面的功能。其中，第 8 行代码用于实现界面刷新功能。

本工作任务虽然实现了点赞功能，但点赞的数据并未保存，因此每次加载页面后，点赞数都会恢复为 0。

7.8　实现"分享"的功能菜单

1. 知识点

➤ 上下文菜单的添加方法。
➤ 上下文菜单选项功能的实现方法。
➤ 普通对话框的实现方法。

2. 工作任务

当长按"分享"页面中的某个条目时显示如图 7-12（a）所示的上下文菜单。当选择"微信分享"选项时弹出"确认"对话框［见图 7-12（b）］，当单击该对话框中的"确定"按钮时，显示"分享成功"消息框；当单击该对话框中的"取消"按钮时，显示"你不进行微信分享了"消息框。当选择"关注"选项时，显示"晚一点帮你关注"消息框。当选择"删除"选项时，删除当前条目。

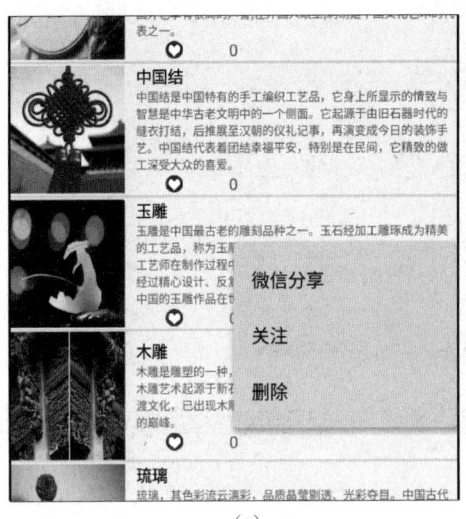
（a）

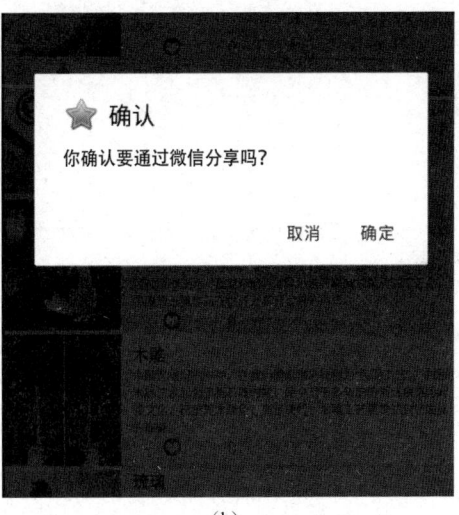
（b）

图 7-12　"分享"功能菜单效果图

3. 操作流程

（1）打开 share_fragment.java 文件，在该文件中添加并重写 onCreateContextMenu()方法，创建上下文菜单（ContextMenu），具体代码如下（第 3 行和第 4 行代码用于添加菜单选项）。

```
1.    public void onCreateContextMenu(ContextMenu menu, View v, ContextMenuInfo
menuInfo) {
2.        menu.add(0, 1, Menu.NONE, "微信分享");
3.        menu.add(0, 2, Menu.NONE, "关注");
4.        menu.add(0, 3, Menu.NONE, "删除");
5.        super.onCreateContextMenu(menu, v, menuInfo);
6.    }
```

（2）在 onCreateView()方法中添加注册菜单方法 registerForContextMenu()，将上下文菜单与 ListView 组件绑定，具体代码如图 7-13 所示。

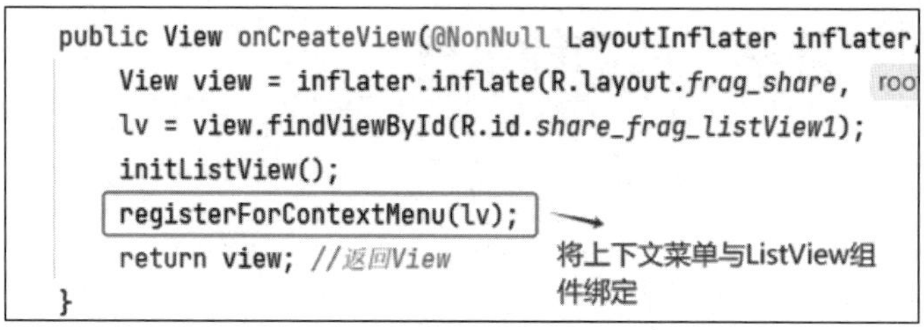

图 7-13　将上下文菜单与 ListView 组件绑定

（3）创建 showMsg()方法。使用 AlertDialog.Builder()方法创建普通对话框。当用户选择菜单中的"微信分享"选项时，调用此对话框实现交互功能，具体代码如下。

```
1. private void showMsg(){
2.        AlertDialog.Builder dialog=new AlertDialog.Builder(getActivity());
3.        dialog.setIcon(android.R.drawable.btn_star);//设置对话框图标
4.        dialog.setTitle("确认");//设置对话框标题
5.        dialog.setMessage("你确认要通过微信分享吗？");//设置对话框消息
6.        //为对话框设置一个"取消"按钮，并通过 new DialogInterface.OnClickListener()
方法为按钮添加一个单击事件监听器
7.        dialog.setNegativeButton("取消", new DialogInterface.OnClickListener() {
8.            @Override
9.            public void onClick(DialogInterface dialog, int which) {
10.                Toast.makeText(getActivity(),"你不进行微信分享了",Toast.LENGTH_
LONG).show();
11.            }
12.        });
13.        //为对话框设置一个"确定"按钮,并通过 new DialogInterface.OnClickListener()
方法为按钮添加一个单击事件监听器
14.        dialog.setPositiveButton("确定", new DialogInterface.OnClickListener() {
15.            @Override
16.            public void onClick(DialogInterface dialog, int which) {
17.                Toast.makeText(getActivity(),"分享成功",Toast.LENGTH_LONG).
show();
18.            }
19.        });
20.        dialog.show();//显示对话框
21.    }
```

（4）添加并重写 onContextItemSelected()方法，实现菜单选项的选择功能，具体代码如下。

```
1. public boolean onContextItemSelected(@NonNull MenuItem item) {
2.         AdapterView.AdapterContextMenuInfo info= (AdapterView.Adapter
ContextMenuInfo) item.getMenuInfo();//获取在 ListView 中被选择选项的序号
3.
4.        switch( item.getItemId()){
5.           case 1:
6.               showMsg();//调用对话框，让用户选择是否要通过微信分享
7.               break;
8.           case 2:
9.                Toast.makeText(getActivity(),"晚一点帮你关注",Toast.LENGTH_
LONG).show();
10.              break;
11.          case 3:
12.              list.remove(info.position);//从 ListView 中移除当前选择的选项
13.              adapter.notifyDataSetInvalidated();//刷新数据
14.              break;
15.        }
16.     return super.onContextItemSelected(item);
17.   }
```

第 2 行代码用于获取 AdapterContextMenuInfo 对象，info 用于获取在 ListView 中被选择
选项的序号，从而确定要进行的操作。

7.9   工作小憩

【心灵驿站】

翻开历史的画卷，品德修养历来被人们看作立身之本、治国之要，其也是中华传统文
化的精神所在。在中国，先秦时期就十分重视道德修养，当时的人们把个人的道德修养，
同齐家、治国、平天下结合起来，认为"物有本末、事有终始"，一切都要从修养个人的品
德做起，只有修身才能齐家，然后才能达到治国、平天下的目的。《周易·系辞下传》中就
提出了人要修养九种品德："《易》之兴也，其于中古乎？作《易》者，其有忧患乎？是故
履，德之基也；谦，德之柄也；复，德之本也；恒，德之固也；损，德之修也；益，德之
裕也；困，德之辨也；井，德之地也；巽，德之制也。履，和而至；谦，尊而光；复，小
而辨于物；恒，杂而不厌；损，先难而后易；益，长裕而不设；困，穷而通；井，居其所
而迁；巽，称而隐。履以和行，谦以制礼，复以自知，恒以一德，损以远害，益以兴利，
困以寡怨，井以辨义，巽以行权。"

【轻松时刻】

以下为 10 道品德修养心理测试题，请完成测试并根据评分参考进行自我评价。

说明：以下问题是基于品德修养的核心维度（如诚信、责任、同理心、公平等）设计的，
答案无对错之分，仅反映个体在特定情境下的道德判断倾向。

1. 考试场景

你发现邻桌同学在考试中偷偷翻看小抄，而监考老师正低头整理试卷，并未发现这一情况。此时，你会：

A. 立即举手报告

B. 用眼神暗示同学停止，但不敢直接举报

C. 认为与自己无关，保持沉默

2. 拾金不昧

你在食堂捡到一个装有学生证和现金的钱包，但并未标注失主的联系方式，你会：

A. 交到学校保卫处并登记

B. 在班级群发布招领信息

C. 暂时留下，若无人寻找就自行使用

3. 同学求助

一位同学因病请假多日，请求你帮忙整理课堂笔记并告知作业要求，你会：

A. 毫不犹豫答应，并每天主动联系他

B. 答应但偶尔忘记跟进

C. 委婉拒绝，担心影响自己复习

4. 班级选举

你和好友竞争班长职位，对方私下作出承诺，若你退出竞选，就推荐你加入学生会，你会：

A. 拒绝交易，坚持公平竞争

B. 在考虑自身利益后妥协

C. 直接揭露对方的不当行为

5. 网络信息

你发现有同学在社交平台上转发未经证实的谣言（如"某地发生恶性伤人事件"），你会：

A. 立即私信该同学，要求对方删除谣言

B. 向老师举报该账号

C. 觉得"宁可信其有，不可信其无"，继续转发该谣言

6. 家庭责任

父母因工作忙碌希望你在周末帮忙照顾年幼的弟弟，但你原本计划和朋友出游，你会：

A. 放弃出游，主动承担责任

B. 向父母抱怨，但仍勉强答应

C. 坚持出游，认为照顾弟弟是父母的事

7. 破坏公物

你因心情烦躁故意在教室课桌上刻字，第二天班主任追查责任人，你会：

A. 主动承认错误并承担维修费用

B. 假装不知情，但私下后悔

C. 坚称是他人所为，拒不承认

8. 举报困境

你发现某同学多次旷课并参与校外赌博，当班主任询问情况时，你会：

A. 如实告知，避免其越陷越深

B. 委婉暗示但不愿透露具体细节

C. 完全隐瞒，认为"多一事不如少一事"

9. 慈善行动

班级发起了为山区儿童募捐旧衣物的活动，你认真地整理出一箱干净的衣物，但朋友嘲笑你"装模作样"，你会：

A. 坚持捐赠，认为善行无须他人认可

B. 坚持捐赠，但会私下向朋友解释这么做的意义

C. 因朋友的嘲笑而放弃捐赠

10. 意外失误

你答应帮同学代买电影票，却因疏忽买错场次，对方抵达影院后才发现问题，你会：

A. 立即自掏腰包补买新票

B. 道歉并建议对方自行处理

C. 坚称"已经尽力，责任在对方"

评分参考（品德修养维度）

高度责任感（选 A 居多）：注重规则，能主动承担责任，倾向于以集体利益为先。

矛盾性选择（选 B 居多）：道德判断受情境影响较大，需要加强价值观内化。

自我中心倾向（选 C 居多）：对他人的需求关注不足，需要培养同理心与社会责任感。

 【深度思考】

有修养的人有哪些表现？

项目 8

"社区"模块的设计与实现

 【教学目标】

◇ 掌握 RecyclerView 的使用方法。
◇ 了解什么是 SQLite。
◇ 掌握新建 SQLite 数据库的方法。
◇ 掌握新建 SQLite 数据表的方法。
◇ 掌握 SQLite 数据增、删、查、改的方法。
◇ 掌握 SQLiteOpenHelper 的使用方法。
◇ 掌握 Android 获取图片资源的方法。

8.1 工作任务概述

本项目的工作任务是完成"薪火传承"App"社区"页面的制作,需要完成以下工作子任务。

(1)完成"社区"页面的 UI 布局,效果如图 8-1(a)所示。

(2)创建"社区"Fragment。

(3)将"社区"Fragment 组装至"薪火传承"App 的主框架(项目 4 创建的 MainActivity)中。

(4)"分享"页面的"关注"选项如图 8-1(b)所示。当用户选择了"分享"页面上下文菜单中的"关注"选项时,系统会将该分享内容的相关数据存储到本地 SQLite 数据库中,同时关注信息会在"社区"的"我的关注"中显示出来,如图 8-1(c)所示。

8.2 预备知识

8.2.1 RecyclerView

1. RecyclerView 简介

RecyclerView 是进阶版的 ListView 与 GridView,相比 ListView 与 GridView,RecyclerView 具有许多新功能。

(1)提供了多种 LayoutManager,可轻松实现多种样式的布局,而且可以实现纵向滑动、横向滑动及瀑布流滑动。

(2)支持局部刷新。

图 8-1 "社区"页面的效果

（3）轻松实现 View 复用，而且回收机制更加完善。

2. RecyclerView 常用类

1）LayoutManager

LayoutManager，即布局管理器，默认提供 LinearLayoutManager、GridLayoutManager、StaggeredGridLayoutManager 3 个类，分别可以实现线性布局、网络布局及瀑布流布局的列表效果。

2）Adapter

Adapter，即适配器，适配数据并将数据显示出来，RecyclerView 常用 RecyclerView.Adapter 适配器或 BaseQuick Adapter 适配器（本书主要讲解 RecyclerView.Adapter 适配器）适配数据。一个完整的自定义 RecyclerView.Adapter 适配器的框架代码如下。

```
1.  public class RV_adapter_demo extends RecyclerView.Adapter  {
2.      public RV_adapter_demo(){
3.      }
4.      class ViewHolder extends RecyclerView.ViewHolder{
5.          public ViewHolder(@NonNull View itemView) {
6.              super(itemView);
7.          }
8.      }
9.      public RecyclerView.ViewHolder  onCreateViewHolder(@NonNull ViewGroup
parent, int viewType) {
10.         return null;
11.     }
12.     @Override
13.     public void onBindViewHolder(@NonNull RecyclerView.ViewHolder holder,
int position) {
14.     }
15.     @Override
16.     public int getItemCount() {
```

```
17.        return 0;
18.    }
```

第 1 行代码自定义 RecyclerView 适配器，继承 RecyclerView.Adapter 类。

第 2 行、第 3 行代码定义适配器的构造方法，主要用于接收并维护数据。

第 4～8 行代码自定义内部类 ViewHolder，继承 RecyclerView.ViewHolder 类，用于传入参数为适配布局的 View 实例。

第 9～11 行代码创建内部类 ViewHolder 的回调函数，需要传入的参数为 ViewGroup parent 和 int viewType，返回 MyHolder。

第 13 行和第 14 行代码用于定义绑定 ViewHolder 的回调函数，传入的参数为自定义内部类 ViewHolder holder 和 int position。

第 16～18 行代码确定 RecyclerView 的子项数目。

这段代码执行的过程可概括为以下三步。

第一步：通过构造方法将数据源传递进来。

第二步：执行 onCreateViewHolder()方法，创建子视图 View，再创建一个 ViewHolder 并将其实例化。

第三步：通过 onBindViewHolder()方法进行数据绑定，为 RecyclerView 的每个选项的每个组件赋值。

3）ViewHolder

ViewHolder 继承 RecyclerView.ViewHolder 类，用于生成子项的布局。

3. RecyclerView 常用方法

1）setLayoutManager()

setLayoutManager()方法是 RecyclerView 组件数据适配过程中的必选方法，用于设置 RecyclerView 的布局管理器，决定 RecyclerView 的显示风格。常用的可以设置的布局管理器有线性布局管理器（LinearLayoutManager）、网格布局管理器（GridLayoutManager）、瀑布流布局管理器（StaggeredGridLayoutManager）。

2）setAdapter()

setAdapter()方法是 RecyclerView 组件数据适配过程中的必选方法，用于设置 RecyclerView 的数据适配器。当数据发生改变时，以通知者的身份，通知 RecyclerView 数据改变，需要进行列表刷新操作。

4. RecyclerView 数据适配

RecyclerView 数据适配与 ListView、GridView 组件数据适配的过程相似，可分为以下几步。

第一步：创建一个布局用于规范 RecyclerView 组件中每个选项的排列方式。

第二步：创建 RecyclerView.Adapter 适配器。

5. RecyclerView 单击事件

RecyclerView 中没有像 ListView 的 OnItemClickListener、OnItemLongClickListener 等单击事件监听器，要想监听单击事件，较简易的做法是在 onBindViewHolder()方法中创建，代码如下。

```
1. public void onBindViewHolder(@NonNull RecyclerView.ViewHolder holder, int position) {
2.     tv_title.setOnClickListener(new View.OnClickListener() {
3.         @Override
```

```
4.        public void onClick(View view) {
5.          Toast.makeText(mContext,"我是 tv_title 组件的单击事件监听器",Toast.
LENGTH_LONG).show();
6.          }
7.      });
```

上述代码给 RecyclerView 中每个选项中的 **tv_title** 组件都添加了一个单击事件监听器。

8.2.2　SQLite

1. SQLite 简介

SQLite 是一款轻型数据库，可以实现嵌入式开发，目前广泛应用于嵌入式产品。SQLite 占用的资源非常少，在嵌入式设备中，可能只需要几百 KB 的内存。

2. SQLite 的常用数据类型

SQLite 的常用数据类型如表 8-1 所示。

表 8-1　SQLite 的常用数据类型

类型名称	类　　型	描　　述
char	字符型	char 数据类型用于存储定长且非统一编码型的数据
varchar	字符型	varchar 数据类型用于存储变长且非统一编码型的字符数据
integer	整型	integer 数据类型是一个带符号的整数，根据该整数值的大小存储在 1 字节、2 字节、3 字节、4 字节、6 字节或 8 字节中
real	近似数值型	real 数据类型与浮点数类似，是近似数值类型。它可以表示数值在-3.40E+38 到 3.40E+38 之间的浮点数
text	字符型	text 数据类型用于存储大量的非统一编码型的字符数据。这种数据类型最多可以有 $2^{31}-1$ 个或 20 亿个字符
blob	blob 数据块	blob 数据类型按照输入的数据格式进行存储，不改变输入的数据格式
datetime	日期时间型	datetime 数据类型用于表示日期和时间。这种数据类型可以存储从 1753 年 1 月 1 日到 9999 年 12 月 31 日之间所有的日期和时间数据，精确到 1/300 秒或 3.33 毫秒

3. SQLite 编程简介

SQLite 的操作一般包括以下几种。

1）创建和打开数据库

在 Android 中，可以使用 SQLiteDatabase 的静态方法 Context.openOrCreateDatabase (String name, int mode, CursorFactory factory)打开或创建一个数据库。参数 String name 是数据库的保存路径及名称；参数 int mode 是操作数据库的模式；参数 CursorFactory factory 用于在打开的数据库执行查询语句时创建一个 Cursor 对象，这时会调用 Cursor 工厂类 factory，可以填写默认值 null。Context.openOrCreateDatabase()方法会自动检测是否存在要打开的数据库，存在则打开，不存在则创建一个数据库，创建成功则返回一个 SQLiteDatabase 对象，创建失败则抛出异常 FileNotFoundException。

创建一个数据库 demo.db，代码如下。

```
SQLiteDatabase db=SQLiteDatabase.openOrCreateDatabase("/data/data/com.demo.
```

```
db/databases/demo.db", Context.MODE_PRIVATE, null);
```

2）创建表

第一步：编写创建表的 SQL 语句。

第二步：调用 SQLiteDatabase 的 execSQL()方法来执行 SQL 语句。

下面的代码创建了 stu_table 数据表，属性列为_id（主键并且自动增加）、sname（学生姓名）、snumber（学号）。

```
1.    private void createTable(SQLiteDatabase db){
2.        String stu_table="create table stu_table(_id integer primary key autoincrement,
sname text,snumber text)";
3.        db.execSQL(stu_table);
4.    }
```

如果当前创建的数据表名已经存在，即与已经存在的表名、视图名或索引名冲突，那么本次创建操作将失败并报错，此时可以加上 if not exists 从句，本次创建操作就不会受到任何影响，即不会有错误抛出。

3）向表中添加数据

方法一：借助 SQLiteDatabase 的 insert (String table, String nullColumnHack, ContentValues values)方法，其中各参数的说明如下。

● table：表名称。

● nullColumnHack：空列的默认值。

● values：一个封装了列名称和列值的 ContentValues 类型的 Map。

方法一的代码如下。

```
1.    private void insert(SQLiteDatabase db){
2.        ContentValues cValue = new ContentValues();//实例化常量值
3.        cValue.put("sname","xiaoming");//添加学生姓名
4.        cValue.put("snumber","01005");//添加学号
5.        db.insert("stu_table",null,cValue); //调用 insert()方法插入数据
6.    }
```

方法二：编写插入数据的 SQL 语句，直接调用 SQLiteDatabase 的 execSQL()方法来执行该 SQL 语句。方法二的代码如下。

```
1.    private void insert(SQLiteDatabase db){
2.        //插入数据的 SQL 语句
3.        String stu_sql="insert into stu_table(sname,snumber) values('xiaoming',
'01005')";
4.        db.execSQL(stu_sql); //执行 SQL 语句
5.    }
```

4）查询数据

在 Android 中查询数据是通过 Cursor 类来实现的，使用 SQLiteDatabase.query()方法可以得到一个 Cursor 对象，该 Cursor 对象指向每一条数据。查询表中的某条数据的具体方法如下。

```
public Cursor query(String table,String[]columns,String selection,String[]
selectionArgs,String groupBy, String having,String orderBy,String limit);
```

方法中各参数的说明如下。

● Cursor：返回值，相当于结果集 ResultSet。

- table：表名称，指定查询的表名。
- columns：列名称数组，指定查询的列名。
- selection：条件子句，相当于 where，指定约束条件。
- selectionArgs：条件子句中参数的具体值数组，为占位符提供具体的值。
- groupBy：分组列，指定需要分组的列。
- having：分组条件，对分组后的结果进行进一步约束。
- orderBy：排序列，指定查询结果的排序方式。
- limit：分页查询限制。

Cursor 是一个游标接口，提供遍历查询结果的方法，如移动指针方法 move()、获得列值方法 getString()等，Cursor 的常用方法及其作用如表 8-2 所示。

表 8-2　Cursor 的常用方法及其作用

方 法 名 称	作　　用
getCount()	获得总的数据项数
isFirst()	判断是否为第一条记录
isLast()	判断是否为最后一条记录
moveToFirst()	将指针移动到第一条记录
moveToLast()	将指针移动到最后一条记录
move (int offset)	将指针移动到指定位置记录
moveToNext()	将指针移动到下一条记录
moveToPrevious()	将指针移动到上一条记录
getColumnIndexOrThrow (String columnName)	根据列名称获得列索引
getInt (int columnIndex)	获得指定列索引的 int 类型值
getString (int columnIndex)	获得指定列索引的 string 类型值

用 Cursor 来查询数据库中的数据，具体代码如下。

```
1.    private void query(SQLiteDatabase db) {
2.        //查询数据库，获得游标
3.        Cursor cursor = db.query ("usertable",null,null,null,null,null,null);
4.        /判断游标是否为空
5.        if(cursor.moveToFirst()) {
6.            //遍历游标
7.            for(int i=0;i<cursor.getCount();i++){
8.                    cursor.move(i);
9.                    //获得 ID
10.               int id = cursor.getInt(0);
11.                   //获得学生姓名
12.                   String sname=cursor.getString(1);
13.                   //获得学号
14.                   String snumber=cursor.getString(2);
15.                   //输出信息
16.       Log.i("myinfo",+id+"+"+sname+":"+snumber);
17.       }
18.    }
19.  }
```

5）从表中删除数据

方法一：调用 SQLiteDatabase 的 delete(String table,String whereClause,String[] whereArgs) 方法，方法中各参数的说明如下。

- table：表名称。
- whereClause：删除数据的条件。
- whereArgs：删除数据的条件的具体参数。

方法一的代码如下。

```
1.   private void delete(SQLiteDatabase db) {
2.       String whereClause = "_id=?";//删除数据的条件
3.       String[] whereArgs = {String.valueOf(2)}; //删除数据的条件的具体参数
4.       db.delete("stu_table",whereClause,whereArgs); //执行删除方法
5.   }
```

方法二：编写删除数据的 SQL 语句，调用 SQLiteDatabase 的 execSQL()方法执行该 SQL 语句。

方法二的代码如下。

```
1.   private void delete(SQLiteDatabase db) {
2.       //删除数据的 SQL 语句
3.       String sql = "delete from stu_table where _id = 6";
4.       //执行 SQL 语句
5.       db.execSQL(sql);
6.   }
```

6）修改表中的数据

方法一：调用 SQLiteDatabase 的 update(String table,ContentValues values,String whereClause, String[] whereArgs)方法，方法中各参数的说明如下。

- table：表名称。
- values：需要修改的 ContentValues 类型的键值对。
- whereClause：修改数据的条件。
- whereArgs：修改数据的条件的具体参数。

方法一的代码如下。

```
1.   private void update(SQLiteDatabase db) {
2.       //实例化 values
3.       ContentValues values = new ContentValues();
4.       //在 values 中添加内容
5.       values.put("snumber","101003");
6.       //修改条件
7.       String whereClause = "_id=?";
8.       //修改条件的具体参数
9.       String[] whereArgs={String.valueOf(1)};
10.      //根据修改条件修改数据
11.      db.update("usertable",values,whereClause,whereArgs);
12.  }
```

方法二：编写修改数据的 SQL 语句，调用 SQLiteDatabase 的 execSQL()方法执行该 SQL 语句。

方法二的代码如下。

```
1.    private void update(SQLiteDatabase db){
2.        //修改数据的 SQL 语句
2.        String sql = "update stu_table set snumber = 654321 where _id = 1";
4.        //执行 SQL 语句
5.        db.execSQL(sql);
6.    }
```

7）关闭数据库

关闭数据库很重要，但也是容易被忘记的。关闭数据库的具体代码如下。

```
db.close();
```

8）删除指定表

编写删除表的 SQL 语句，调用 SQLiteDatabase 的 execSQL()方法执行该 SQL 语句，具体代码如下。

```
1.    private void drop(SQLiteDatabase db){
2.        //删除表的 SQL 语句
2.        String sql ="DROP TABLE stu_table";
4.        //执行 SQL 语句
5.        db.execSQL(sql);
6.    }
```

9）删除数据库

直接使用 deleteDatabase()方法即可删除一个数据库，具体代码如下。

```
this. deleteDatabase("demo.db");
```

4. SQLiteOpenHelper 类

SQLiteOpenHelper 类是 SQLiteDatabase 类的一个辅助类，主要用于生成数据库，并对数据库的版本进行管理。

构造方法：public ClassName(Context context, String name, CursorFactory factory, int version)，其中各参数的说明如下。

● context：上下文对象（MainActivity.this）。

● name：数据库的名称，若该数据库不存在，则会调用 onCreate()方法创建数据库。

● factory：创建 CursorFactory 对象，若使用默认的 CursorFactory，则将该参数设置为 null。

● version：数据库的版本，版本号从 0 开始依次增加，若版本号增加，则会执行 onUpgrade()方法。

SQLiteOpenHelper 类是一个抽象类，在使用该类时通常需要创建子类继承它并实现它的 2 个函数。

① onCreate (SQLiteDatabase) 函数：一般在数据库第一次生成，即创建数据库时调用这个函数。在这个函数中生成数据表。

② onUpgrade (SQLiteDatabase, int, int) 函数：当数据库需要升级时，Android 会主动调用这个函数。一般在这个函数中删除数据表并建立新的数据表，是否还需要进行其他操作取决于应用的需求。

代码如下。

```
1.    public class MyDatabaseOpenHelper extends SQLiteOpenHelper {
2.        private static final String db_name = "mydata.db"; //数据库名称
```

```
3.      private static final int version = 1; //数据库版本
4.      public DBOpenHelper(Context context, String db_name, SQLiteDatabase.
CursorFactory factory,
     int version) {
5.          super(context, name, factory, version);
6.      }
7.      //该方法只有在没有数据库存在时才会执行
8.      public void onCreate(SQLiteDatabase db) {
9.          Log.i("Log","没有数据库，创建数据库");
10.         String sql_message = "create table t_message (id int primary
key,userName varchar(50),
     lastMessage varchar(50),datetime varchar(50))"; //创建表语句
11.         db.execSQL(sql_message); //执行创建表语句
12.     }
13.     //该方法只有在数据库更新时才会执行
14.     public void onUpgrade(SQLiteDatabase db, int oldVersion, int
newVersion) {
15.         Log.i("updateLog","数据库更新了！");
16.     }
17. }
```

5. SQLiteDatabase 类与 SQLiteOpenHelper 类的完美配合

SQLiteOpenHelper 类通过调用 getWritableDatabase()方法或 getReadableDatabase()方法可以创建一个 SQLiteDatabase 类，具体代码如下。

```
1.  public class MainActivity extends Activity {
2.      protected void onCreate(Bundle savedInstanceState) {
3.          super.onCreate(savedInstanceState);
4.          setContentView(R.layout.activity_main);
5.          MyDatabaseOpenHelper helper = new MyDatabaseOpenHelper(MainActivity.
this);
6.          SQLiteDatabase sqliteDatabase = helper.getWritableDatabase();
7.      }
8.  }
```

8.2.3　Android 获取图片资源的方式

（1）若图片放在 sdcard 中，则可以通过以下方法获取图片。

```
Bitmap imageBitmap = BitmapFactory.decodeFile(path)
```

path 是图片的路径，根目录是/sdcard。

（2）若图片放在项目的 res 文件夹中，则可以通过以下方法获取图片。

```
1.  //得到 Application 对象
2.  ApplicationInfo appInfo = getApplicationInfo();
3.  //得到该图片的 ID（name 是该图片的名称，drawable 是存放该图片的目录，appInfo.
packageName 是应用程序的包）
4.  int resID = getResources().getIdentifier(name,drawable,appInfo.packageName);
```

具体代码如下。

```
1.  public Bitmap getRes(String name)
2.  {
```

```
3.      ApplicationInfo appInfo = getApplicationInfo();
4.      int  resID  =  getResources().getIdentifier(name,  drawable,  appInfo.
packageName);
5.      return BitmapFactory.decodeResource(getResources(), resID);
6.  }
```

8.3　热身任务

8.3.1　探索科技革命

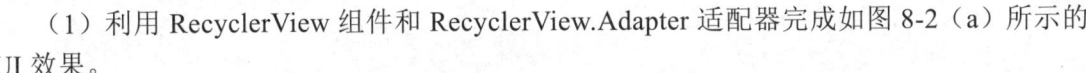

1. 任务说明

（1）利用 RecyclerView 组件和 RecyclerView.Adapter 适配器完成如图 8-2（a）所示的 UI 效果。

（2）为 RecyclerView 组件中每个条目的标题添加单击事件监听器，实现若点击 RecyclerView 中每个条目的标题，如"人工智能""生物技术"[见图 8-2（b）序号 1、2]等，则弹出如图 8-2（b）序号 3 所示的消息框的功能，消息框内容为"你点击了+[标题内容]+文本标签"。

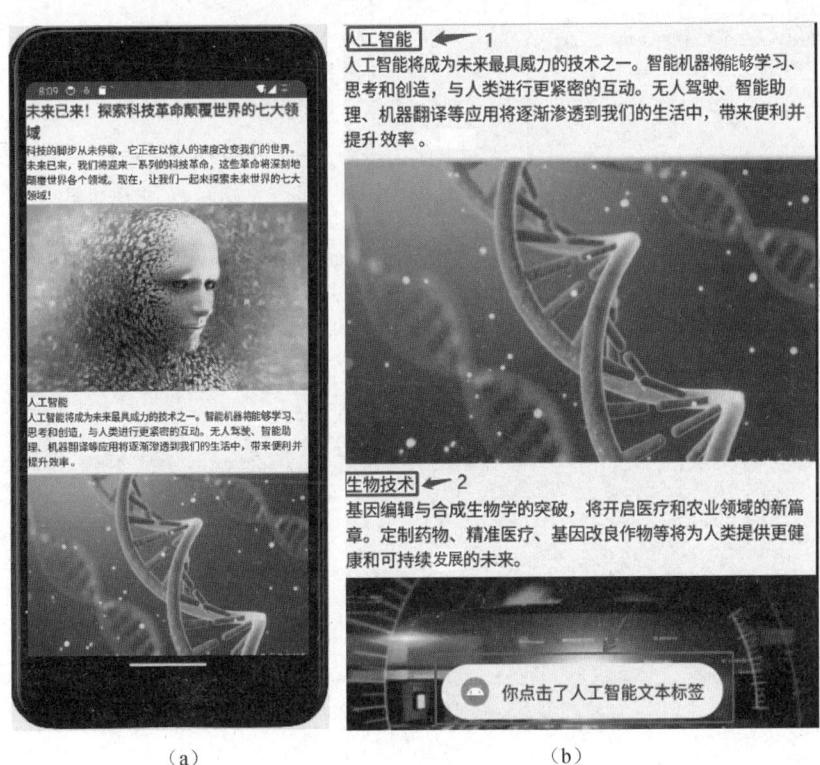

（a）　　　　　　　　　　　　（b）

图 8-2　"探索科技革命"的 UI 效果

2. 操作步骤

（1）创建一个 Android 项目。

（2）将图片素材复制到项目的 drawable 文件夹中。

（3）打开 activity_main.xml 布局文件，按照图 8-3 所示的"探索科技革命"的 Component

Tree 添加两个 TextView 组件和一个 RecyclerView 组件，并修改两个 TextView 组件的 text 属性，完成如图 8-4 所示的布局效果。

（4）在 Project 视图中右击 res 文件夹下的 layout 文件夹，在弹出的快捷菜单中选择 "New" →"XML" → "Layout XML File" 选项，在项目的 res/layout 文件夹中添加 rv_item.xml 文件，该文件用于规范每个条目的界面布局。rv_item.xml 文件代码如下。

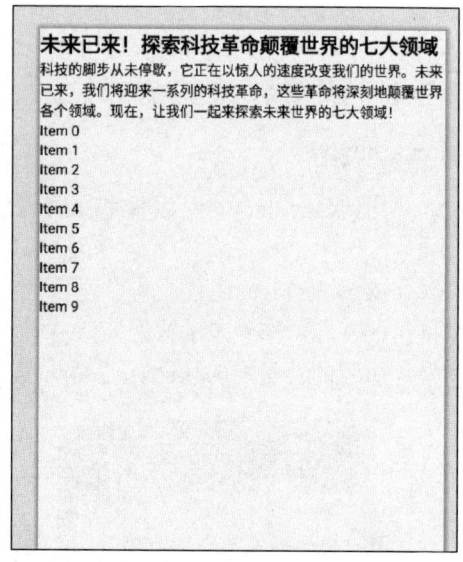

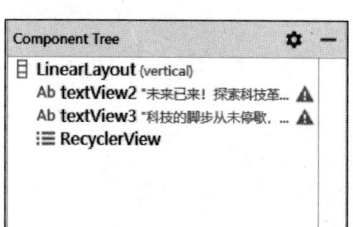

图 8-3　"探索科技革命" 的 Component Tree　　　　图 8-4　布局效果

```xml
1.  <?xml version="1.0" encoding="utf-8"?>
2.  <LinearLayout xmlns:android="http://schemas.***roid.com/apk/res/android"
3.      xmlns:app="http://schemas.***roid.com/apk/res-auto"
4.      android:layout_width="match_parent"
5.      android:layout_height="match_parent"
6.      android:orientation="vertical">
7.      <ImageView
8.          android:id="@+id/image"
9.          android:layout_width="match_parent"
10.          android:layout_height="261dp" />
11.      <TextView
12.          android:id="@+id/title"
13.          android:layout_width="match_parent"
14.          android:layout_height="wrap_content"
15.          android:text="TextView" />
16.      <TextView
17.          android:id="@+id/describe"
18.          android:layout_width="match_parent"
19.          android:layout_height="wrap_content"
20.          android:text="TextView" />
21.  </LinearLayout>
```

（5）在 java 文件夹中新建一个 rv_adapter.java 类文件，使 rv_adapter 类作为 RecyclerView 适配数据的适配器，并让 rv_adapter 类继承 RecyclerView.Adapter，同时重写 onCreateViewHolder()

等方法，具体代码如下。

```
1.  public class rv_adapter extends RecyclerView.Adapter {
2.      private Context mContext;
3.      private ImageView iv_image;
4.      private TextView tv_title,tv_describe;
5.      int[] mDataImage;
6.      String[] mDataTitle,mDataDescribe;
7.      //内部类，定义每个条目对应的布局
8.      public rv_adapter(Context context,int[] DataImage,String[]DataTitle,String[]
DataDescribe ){
9.          mContext=context;//传递上下文
10.         mDataImage=DataImage;//传递图片
11.         mDataTitle=DataTitle;//传递标题
12.         mDataDescribe=DataDescribe;//传递描述内容
13.     }
14.     class ViewHolder extends RecyclerView.ViewHolder{
15.         public ViewHolder(@NonNull View itemView) {
16.             super(itemView);
17.             tv_title=itemView.findViewById(R.id.title);//查找自定义布局中用于
显示标题的 TextView 组件
18.             tv_describe=itemView.findViewById(R.id.describe);//查找自定义布
局中用于显示描述内容的 TextView 组件
19.             iv_image=itemView.findViewById(R.id.image);//查找自定义布局中用于
显示图片的 ImageView 组件
20.         }
21.     }
22.     //用于创建 ViewHolder 实例，并把加载的布局传入 ViewHolder 的构造函数
23.     @NonNull
24.     @Override
25.     public RecyclerView.ViewHolder onCreateViewHolder(@NonNull ViewGroup
parent, int viewType) {
26.         View view= LayoutInflater.from(mContext).inflate(R.layout.rv_
item,null);//加载用于规范每个条目的显示版式的自定义布局
27.         ViewHolder myViewHolder=new ViewHolder(view);//实例化 ViewHolder，
从而实例化每个条目展示数据的组件
28.         return myViewHolder;
29.     }
30.     @Override
31.     public void onBindViewHolder(@NonNull RecyclerView.ViewHolder holder,
int position) {
32.         tv_title.setText(mDataTitle[position]);//绑定标题数据到相应的 TextView 组
件上
33.         tv_describe.setText(mDataDescribe[position]);//绑定描述数据内容到相应
的 TextView 组件上
34.         iv_image.setImageResource(mDataImage[position]);//绑定图片数据到相应
的 ImageView 组件上
35.         tv_title.setOnClickListener(new View.OnClickListener() {
36.             @Override
37.             public void onClick(View view) {
38.                 Toast.makeText(mContext,"你点击了"+mDataTitle[position]+"文
本标签",Toast.LENGTH_LONG).show();
39.             }
```

```
40.          });
41.      }
42.      @Override
43.      public int getItemCount() {
44.          return 6;
45.      }
46. }
```

第 2～6 行代码初始化数据。

第 8～13 行代码构造用于传递数据的函数。

第 14～21 行代码自定义内部类 ViewHolder，继承 RecyclerView.ViewHolder，用于传入参数为适配布局的 View 实例。

第 25～29 行代码创建 ViewHolder 的回调函数，传入 ViewGroup parent 和 int viewType，返回 myViewHolder。

第 31～34 行代码创建绑定 ViewHolder 的回调函数，传入自定义内部类的 ViewHolder holder 和 int position。

第 35～40 行代码给 tv_title 组件添加单击事件监听器，当触发单击事件时，弹出消息框，消息框显示的内容是"你点击了"+mDataTitle[position]+"文本标签"，其中 mDataTitle[position] 是被单击的 tv_title 组件的文本内容。

第 43～45 行代码确定 RecyclerView 组件的子项数目为 6。

（6）打开 java 文件夹中的 MainActivity.java 文件，修改代码，实现相关功能，具体代码如下。

```
1. public class MainActivity extends AppCompatActivity {
2.      String[] title = {"人工智能", "生物技术", "虚拟与增强现实", "区块链", "可再
生能源", "物联网", "空间探索"};
3.      String[] describe = {"人工智能将成为未来最具威力的技术之一。智能机器将能够学习、
思考和创造，与人类进行更紧密的互动。无人驾驶、智能助理、机器翻译等应用将逐渐渗透到我们的生活中，
带来便利并提升效率。", "基因编辑与合成生物学的突破将开启医疗和农业领域的新篇章。定制药物、精准
医疗、基因改良作物等将为人类提供更健康和可持续发展的未来。", "虚拟与增强现实技术将带我们进入一
个全新的数字世界。沉浸式游戏、虚拟旅游、远程教育等应用将改变我们对于现实和虚拟的感知和体验。",
"区块链技术将在金融和其他领域引发革命。去中心化的数字货币、智能合约、资产管理等应用将改变传统
的商业模式和交易方式，增加透明度和安全性。", "可再生能源将逐渐取代传统能源，成为未来的主导。太
阳能和风能的利用将大幅减少对化石燃料的依赖，实现环境保护和能源可持续发展。", "物联网将连接我们
周围的一切，构建智能化的生态系统。智能家居、智慧城市、智能交通等应用将提高我们的生活质量，实现
资源的高效利用。", "人类对于宇宙的探索将进入新阶段。私人航天、火星殖民地、外星文明的接触等梦想
正逐渐变成现实，我们将迈向更广阔的未来。"};
4.      int[] image={R.drawable.p1,R.drawable.p2,R.drawable.p3,R.drawable.p4,
R.drawable.p5,R.drawable.p6,R.drawable.p7};
5.      private RecyclerView RV;
6.      protected void onCreate(Bundle savedInstanceState) {
7.          super.onCreate(savedInstanceState);
8.          setContentView(R.layout.activity_main);
9.          RV=findViewById(R.id.RecyclerView);
10.          LinearLayoutManager LayoutManager =new LinearLayoutManager(this);//
创建一个线性布局管理器
11.          rv_adapter myadapter=new rv_adapter(this,image,title,describe);//
实例化适配器，将数据传至适配器内
12.          RV.setLayoutManager(LayoutManager);//设置 RecyclerView 的布局管理器
```

```
13.          RV.setAdapter(myadapter);//设置 RecyclerView 的适配器
14.       }}}
```

8.3.2 开心小秘书

1. 任务说明

"开心小秘书"用于管理日常信息，本任务除了需要完成如图 8-5（a）所示的"开心小秘书"布局效果，还需要实现以下功能。

（1）创建一个本地 SQLite 数据库 sec。

（2）在数据库 sec 中创建一个数据表 information，该表的结构如表 8-3 所示。

表 8-3 information 的结构

序 号	字 段 名	类 型	备 注 说 明
1	_id	text	主键
2	title	text	标题
3	message	text	信息内容
4	date	text	日期

（3）实现"添加"按钮功能：在单击"添加"按钮后，将文本框中的信息添加至数据库中，若添加成功，则显示消息"添加成功"，否则显示消息"添加不成功"。

（4）实现"刷新"按钮功能：在单击"刷新"按钮后，将数据表中的数据显示于按钮下方的 ListView 组件上。

（5）实现"查询"按钮功能：在 id 值编辑框中输入 id 值后，单击"查询"按钮，系统将查询数据表中_id 值与输入 id 值一致的各项数据，并将其显示在如图 8-5（b）所示的"添加数据"区域相对应的文本框中。

（6）实现"修改"按钮功能：当在如图 8-5（b）所示的"添加数据"区域修改数据后（如将 day 改为 today），单击"修改"按钮，即可将数据表中_id 值与输入 id 值相同的数据修改为最新数据。

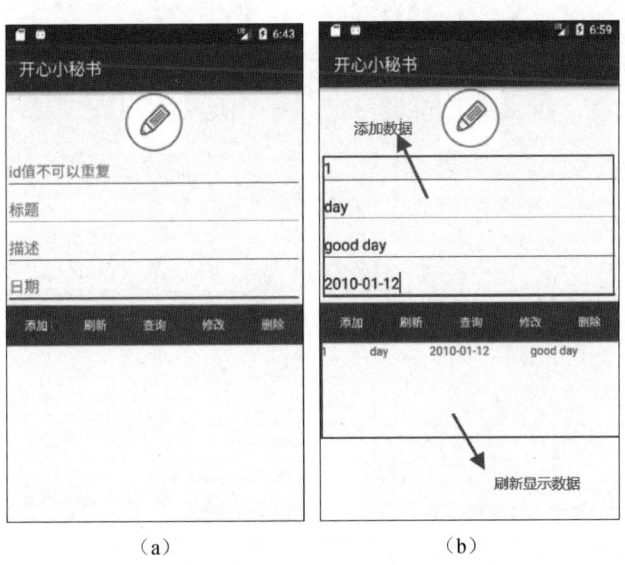

（a）　　　　　　　　　　（b）

图 8-5 "开心小秘书"

（7）实现"删除"按钮功能：当在 id 值编辑框中输入要删除的数据记录的 id 值后，单击"删除"按钮，即可将数据表中_id 值与输入 id 值相同的数据记录删除。

2. 操作步骤

（1）创建一个 Android 项目。

（2）将图片复制到项目的 drawable 文件夹中。

（3）打开 activity_main.xml 文件并完成布局效果，具体代码如下。

```
1.  <?xml version="1.0" encoding="utf-8"?>
2.  <LinearLayout xmlns:android="http://schemas.***roid.com/apk/res/android"
3.      xmlns:app="http://schemas.***roid.com/apk/res-auto"
4.      xmlns:tools="http://schemas.***roid.com/tools"
5.      android:layout_width="match_parent"
6.      android:layout_height="match_parent"
7.      android:orientation="vertical">
8.      <ImageView
9.          android:id="@+id/imageView"
10.         android:layout_width="match_parent"
11.         android:layout_height="wrap_content"
12.         android:src="@mipmap/sct" />
13.     <EditText
14.         android:id="@+id/editText2"
15.         android:layout_width="match_parent"
16.         android:layout_height="wrap_context"
17.         android:ems="10"
18.         android:hint="id 值不可以重复" />
19.     <EditText
20.         android:id="@+id/editText"
21.         android:layout_width="match_parent"
22.         android:layout_height="wrap_content"
23.         android:ems="10"
24.         android:hint="标题"
25.         android:inputType="textPersonName" />
26.     <EditText
27.         android:id="@+id/editText3"
28.         android:layout_width="match_parent"
29.         android:layout_height="wrap_content"
30.         android:ems="10"
31.         android:hint="描述"
32.         android:inputType="textMultiLine" />
33.     <EditText
34.         android:id="@+id/editText4"
35.         android:layout_width="match_parent"
36.         android:layout_height="wrap_content"
37.         android:ems="10"
38.         android:hint="日期"
39.         android:inputType="date" />
40.     <LinearLayout
41.         android:layout_width="match_parent"
42.         android:layout_height="wrap_content"
43.         android:orientation="horizontal">
44.         <Button
```

```
45.          android:id="@+id/button"
46.          android:layout_width="wrap_content"
47.          android:layout_height="wrap_content"
48.          android:layout_weight="1"
49.          android:background="#436EEE"
50.          android:onClick="add"
51.          android:text="添加"
52.          android:textColor="#ffffff" />
53.      <Button
54.          android:id="@+id/button2"
55.          android:layout_width="wrap_content"
56.          android:layout_height="wrap_content"
57.          android:layout_weight="1"
58.          android:background="#436EEE"
59.          android:onClick="refresh"
60.          android:text="刷新"
61.          android:textColor="#ffffff" />
62.      <Button
63.          android:id="@+id/button4"
64.          android:layout_width="wrap_content"
65.          android:layout_height="wrap_content"
66.          android:layout_weight="1"
67.          android:background="#436EEE"
68.          android:text="查询"
69.          android:onClick="find"
70.          android:textColor="#ffffff" />
71.      <Button
72.          android:id="@+id/button5"
73.          android:layout_width="wrap_content"
74.          android:layout_height="wrap_content"
75.          android:layout_weight="1"
76.          android:onClick="update"
77.          android:background="#436EEE"
78.          android:text="修改"
79.          android:textColor="#ffffff" />
80.      <Button
81.          android:id="@+id/button6"
82.          android:layout_width="wrap_content"
83.          android:layout_height="wrap_content"
84.          android:layout_weight="1"
85.          android:background="#436EEE"
86.          android:onClick="delete"
87.          android:text="删除"
88.          android:textColor="#ffffff" />
89.  </LinearLayout>
90.  <ListView
91.      android:id="@+id/ListView1"
92.      android:layout_width="match_parent"
93.      android:layout_height="wrap_content" />
94. </LinearLayout>
```

第 59、69、76、86 行代码的 android:onClick 属性设置了单击相应按钮时所调用的方法，对应的方法要在 MainActivity.java 文件中创建。

（4）在项目的 res/layout 文件夹中添加 item.xml 文件，该文件用于规范 ListView 组件中每个列表选项的界面布局。item.xml 文件代码如下。

```
1.    <?xml version="1.0" encoding="utf-8"?>
2.    <LinearLayout xmlns:android="http://schemas.***roid.com/apk/res/android"
3.        android:layout_width="match_parent"
4.        android:layout_height="match_parent">
5.        //textView1 用于显示数据表中的_id 值
6.        <TextView
7.            android:id="@+id/textView1"
8.            android:layout_width="wrap_content"
9.            android:layout_height="wrap_content"
10.           android:layout_weight="1"
11.           android:text="TextView" />
12.       //textView2 用于显示数据表中的 title 值
13.       <TextView
14.           android:id="@+id/textView2"
15.           android:layout_width="wrap_content"
16.           android:layout_height="wrap_content"
17.           android:layout_weight="1"
18.           android:text="TextView" />
19.       //textView3 用于显示数据表中的 message 值
20.       <TextView
21.           android:id="@+id/textView3"
22.           android:layout_width="wrap_content"
23.           android:layout_height="wrap_content"
24.           android:layout_weight="1"
25.           android:text="TextView" />
26.       //textView4 用于显示数据表中的 date 值
27.       <TextView
28.           android:id="@+id/textView4"
29.           android:layout_width="wrap_content"
30.           android:layout_height="wrap_content"
31.           android:layout_weight="1"
32.           android:text="TextView" />
33.   </LinearLayout>
```

（5）打开 java 文件夹中的 MainActivity.java 文件，修改代码，实现相关功能，具体代码如下。

```
1.    public class MainActivity extends AppCompatActivity{
2.        private EditText Et_id, Et_title, Et_message, Et_date;
3.        private SQLiteDatabase myDataBase;
4.        private ListView lv;
5.        protected void onCreate(Bundle savedInstanceState) {
6.            super.onCreate(savedInstanceState);
7.            setContentView(R.layout.activity_main);
8.            init();
9.            //创建或打开 SQLite 数据库 sec
10.           myDataBase = this.openOrCreateDatabase("sec", Context.MODE_PRIVATE,
null);
11.           createTable();
12.       }
13.       //此方法用于创建数据表
14.       public void createTable() {
15.           String cmd = "create table if not exists information(_id text primary
key ,title text,message text,date text)";//创建数据表的 SQL 语句
16.           myDataBase.execSQL(cmd);//执行 SQL 语句
```

```
17.        }
18.        //此方法用于组件的初始化
19.        public void init() {
20.            Et_id =findViewById(R.id.editText2);
21.            Et_title =findViewById(R.id.editText);
22.            Et_message =findViewById(R.id.editText3);
23.            Et_date =findViewById(R.id.editText4);
24.            lv =findViewById(R.id.ListView1);
25.        }
26.        //此方法用于添加数据记录
27.        public void add(View v) {
28.            String id = Et_id.getText().toString();
29.            String title = Et_title.getText().toString();
30.            String message = Et_message.getText().toString();
31.            String date = Et_date.getText().toString();
32.            //创建 ContentValues，用于存放每条数据记录的字段值
33.            ContentValues value = new ContentValues();
34.            value.put("title", title);
35.            value.put("message", message);
36.            value.put("_id", id);
37.            value.put("date", date);
38.            //调用 insert()方法插入数据记录，若插入数据记录成功，则返回插入数据记录在数
据表中的行号；若插入数据记录不成功，则返回数据值-1，可以依此来判断是否成功插入数据记录
39.            long i = myDataBase.insert("information", null, value);
40.            if (i >= 0) {
41.                Toast.makeText(this, "添加成功", Toast.LENGTH_SHORT).show();
42.            } else {
43.                Toast.makeText(this, "添加不成功", Toast.LENGTH_SHORT).show();
44.            }
45.        }
46.        //此方法用于将 information 数据表中的数据信息显示在 ListView 组件上
47.        public void refresh(View v) {
48.            Cursor c = myDataBase.query("information", null, null, null, null,
null, null);
49.            SimpleCursorAdapter adapter;
50.            adapter = new SimpleCursorAdapter(this, R.layout.item, c, new
String[]{"_id", "title", "date", "message"}, new int[]{R.id.textView1, R.id.text
View2, R.id.textView3, R.id.textView4});
51.            lv.setAdapter(adapter);
52.        }
53.        //此方法用于删除数据记录
54.        public void delete(View v) {
55.            String id = Et_id.getText().toString();
56.            //利用 delete()方法删除_id 值与 id 值编辑框中输入的 id 值一致的数据记录，若删除
成功，则返回受影响的行号，否则返回 0，可用返回值来判断是否删除成功
57.            int i =myDataBase.delete("information", "_id=?", new String[]{id});
58.            if (i > 0) {
59.                Toast.makeText(this, "删除成功", Toast.LENGTH_SHORT).show();
60.            } else {
61.                Toast.makeText(this, "删除不成功", Toast.LENGTH_SHORT).show();
62.            }
63.        }
64.        //此方法用于根据 id 值编辑框中输入的值修改数据表中对应_id 值的数据记录信息
65.        public void update(View v) {
66.            String id = Et_id.getText().toString();
67.            String title = Et_title.getText().toString();
68.            String message = Et_message.getText().toString();
69.            String date = Et_date.getText().toString();
```

```
70.        ContentValues value = new ContentValues();
71.        value.put("title", title);
72.        value.put("message", message);
73.        value.put("date", date);
74.        myDataBase.update("information", value, "_id=?", new String[]{id});
75.    }
76.    //此方法用于在数据表中查找_id值与id值编辑框中输入的id值一致的数据记录，并显示
在页面中
77.    public void find(View v) {
78.        String value = Et_id.getText().toString();
79.        Cursor c = myDataBase.query("information", null, "_id=?", new
String[]{value}, null, null, null);
80.        if(c.getCount() > 0) {//通过游标的记录数判断是否有满足条件的数据记录
81.            //将游标移动至第一条记录处，由于此处的_id是主键，因此查询结果只有一条记录
82.            c.moveToFirst();
83.            @SuppressLint("Range") String id=c.getString(c.getColumnIndex("_id"));//
获取游标中字段为_id的数据记录
84.            Et_id.setText(id);
85.            @SuppressLint("Range") String title = c.getString(c.getColumnIndex
("title"));
86.            Et_title.setText(title);
87.            @SuppressLint("Range") String message = c.getString(c.getColumnIndex
("message"));
88.            Et_message.setText(message);
89.            @SuppressLint("Range") String date = c.getString(c.getColumnIndex
("date"));
90.            Et_date.setText(date);
91.        }
92.    }
93. }
```

第15行代码中的 if not exists 语句用于判断创建的表是否已经存在，因为在创建表的过程中，若此表已存在，则重复创建时会报错，所以可通过 if not exists 语句进行判断，只有在该表不存在时才创建表。

第27行代码中的参数 View v 的作用是在 XML 文件的组件中通过添加 android:onClick 属性调用 add()方法。此参数不可省略。

第32～37行代码创建了一个 ContentValues，用于插入数据记录。这里必须用 ContentValues 的原因是 SQLiteDatabase 对象的 insert()方法为 public long insert (String table, String nullColumnHack, ContentValues values)，其中使用了 ContentValues values 参数。同理，在进行 SQLiteDatabase 对象的数据更新时也要将数据转换为 ContentValues 类型。

第83、85、87、89行代码中@SuppressLint ("Range") 的作用是忽略 getColumnIndex()方法执行时的错误警告。

小贴士

在进行 SQLite 数据库操作时，为了更清晰地了解数据库的情况，通常需要借助 adb.exe 工具进入 adb 内核进行数据库的相关操作，具体步骤如下。

第一步：进入 adb 内核。在 SDK 目录下找到 platform-tools 文件夹，adb.exe 就在这个文件夹中。在文件夹空白区域单击鼠标右键，同时按住 Shift 键，在弹出的快捷菜单中选择"在

此处打开命令窗口"选项，会弹出如图 8-6（a）所示的 cmd 窗口（也可以直接打开 cmd 窗口，进入相应的路径），在 cmd 窗口中输入 adb shell 命令，按 Enter 键执行命令，如图 8-6（b）所示。

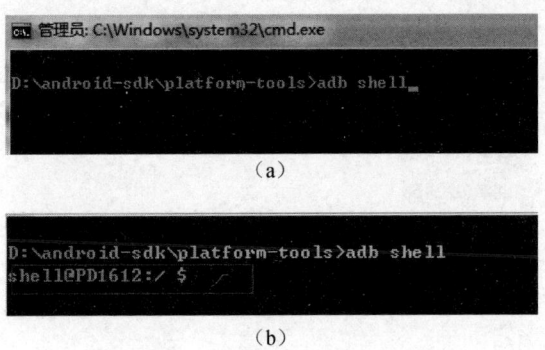

（a）

（b）

图 8-6　cmd 窗口中的相关操作

第二步：进入应用数据库目录，具体命令如下（com.xxx.xxx 是项目包名）。

```
# cd /data/data/com.xxx.xxx/databases
```

第三步：验证数据库文件，命令如下。

```
# ls
```

第四步：使用 sqlite3 命令打开数据库文件（xxx.db 是数据库名）。

```
# sqlite3 xxx.db
```

第五步：查看表，命令如下。

```
sqlite> .tables
```

8.4　创建"社区"Fragment

1. 知识点

➢ ListView 的添加方法。

➢ ListView 的常用属性。

➢ Fragment 创建方法。

2. 工作任务

制作"薪火传承"App"社区"模块的 UI 布局并创建相应的 Fragment。

3. 操作流程

（1）打开"薪火传承"项目，在 Project 视图中右击 res 文件夹下的 layout 文件夹，在弹出的快捷菜单中选择"New"→"XML"→"Layout XML File"选项，在项目的 res/layout 文件夹中新建 frag_community.xml 文件。

（2）打开 frag_community.xml 布局文件，按照图 8-7 所示的"社区"的 Component Tree 添加组件，完成如图 8-8 所示的布局效果。

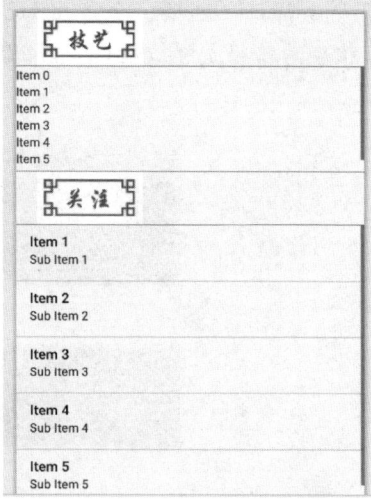

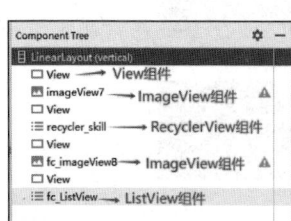

图 8-7 "社区"的 Component Tree
图 8-8 "社区"的布局效果

（3）打开 frag_community.xml 文件，修改各组件的相关属性，具体代码如下。

```
1.  <?xml version="1.0" encoding="utf-8"?>
2.  <LinearLayout xmlns:android="http://schemas.***roid.com/apk/res/android"
3.      xmlns:app="http://schemas.***roid.com/apk/res-auto"
4.      xmlns:tools="http://schemas.***roid.com/tools"
5.      android:layout_width="match_parent"
6.      android:layout_height="match_parent"
7.      android:orientation="vertical">
8.      <View
9.          android:layout_width="match_parent"
10.         android:layout_height="1dp"
11.         android:background="#AC9D72" />
12.     <ImageView
13.         android:id="@+id/imageView7"
14.         android:layout_width="wrap_content"
15.         android:layout_height="0dp"
16.         android:layout_weight="0.5"
17.         app:srcCompat="@drawable/jiyi" />
18.     <View
19.         android:layout_width="match_parent"
20.         android:layout_height="1dp"
21.         android:background="#AC9D72" />
22.     <androidx.recyclerview.widget.RecyclerView
23.         android:id="@+id/recycler_skill"
24.         android:layout_width="match_parent"
25.         android:layout_height="0dp"
26.         android:layout_weight="5">
27.     </androidx.recyclerview.widget.RecyclerView>
28.     <View
29.         android:layout_width="match_parent"
30.         android:layout_height="1dp"
31.         android:background="#AC9D72" />
```

```
32.        <ImageView
33.            android:id="@+id/fc_imageView8"
34.            android:layout_width="wrap_content"
35.            android:layout_height="0dp"
36.            android:layout_weight="0.5"
37.            app:srcCompat="@drawable/guangzhu" />
38.        <View
39.            android:layout_width="match_parent"
40.            android:layout_height="1dp"
41.            android:background="#AC9D72" />
42.
43.        <ListView
44.            android:id="@+id/fc_ListView"
45.            android:layout_width="match_parent"
46.            android:layout_height="0dp"
47.            android:layout_weight="4" />
48. </LinearLayout>
```

（4）在项目的 java/fragment 文件夹中新建 community_fragment.java 类文件，并让 community_fragment 类继承 Fragment，同时添加 onCreateView()方法。

（5）重写 community_fragment.java 类文件中的 onCreateView()方法，具体代码及相关功能说明如下。

```
1.    public View onCreateView(LayoutInflater inflater, ViewGroup container,
Bundle savedInstanceState) {
2.        // TODO Auto-generated method stub
3.        //利用布局加载器加载"社区"布局，将其转换为 View 对象
4.        View view = inflater.inflate(R.layout.frag_community, null);
5.        return view; //返回 View 对象
6.    }
```

8.5 将"社区"Fragment 组装至 App 主框架中

1. 知识点

Fragment 动态加载方法。

2. 工作任务

将创建完成的"社区"（此时"社区"页面是空白的）Fragment 组装至"薪火传承"App 主框架中，如图 8-9 所示。组装完成后，当选中 App 底部导航栏中的"社区"单选按钮（见图 8-9 序号 1）时，系统能够将"社区"Fragment 显示在 App 内（见图 8-9 序号 2）。

3. 操作流程

在 Project 视图中打开项目中的 MainActivity.java 文件，修改 navigation()方法，用于当选中底部导航栏中

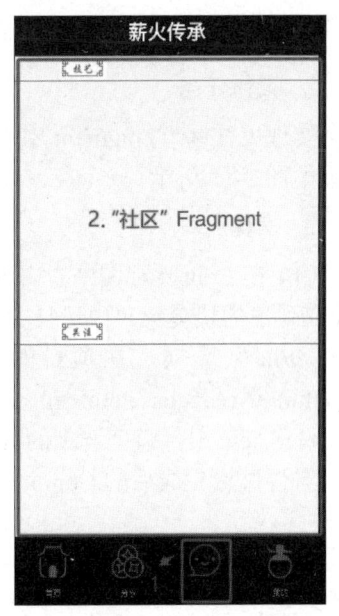

图 8-9 "社区"Fragment 组装效果

的"社区"单选按钮时，将"社区"页面加载至程序主框架中，如图 8-10 所示。在原有程序代码的基础上添加以下代码。

```
transaction.replace(R.id.MainActivity_FrameLayout,new community_fragment());
```

```
public void onCheckedChanged(RadioGroup radioGroup, int checkedId) {
    //调用此方法用于在每次切换选项时将所有选项的文字颜色复位为未被选时的字体颜色
    setAllColor();
    //调用此方法用于在每次切换选项时将所有选项的图片复位为未被选时的图片
    setAllImage();
    FragmentTransaction transaction = fgm.beginTransaction();
    if (checkedId == R.id.MainActivity_radioButton) {
        rbutton1.setTextColor(colorTrue);
        rbutton1.setCompoundDrawablesWithIntrinsicBounds( left: null, home_true, right: null, bottom: null);
        transaction.replace(R.id.MainActivity_FrameLayout, new home_fragment());
        Toast.makeText( context: MainActivity.this, text: "首页", Toast.LENGTH_LONG).show();
    } else if (checkedId == R.id.MainActivity_radioButton2) {
        rbutton2.setTextColor(colorTrue);
        rbutton2.setCompoundDrawablesWithIntrinsicBounds( left: null, community_true, right: null, bottom: null);
        transaction.replace(R.id.MainActivity_FrameLayout, new share_fragment());
        Toast.makeText( context: MainActivity.this, text: "分享", Toast.LENGTH_LONG).show();
    } else if (checkedId == R.id.MainActivity_radioButton3) {
        rbutton3.setTextColor(colorTrue);
        rbutton3.setCompoundDrawablesWithIntrinsicBounds( left: null, order_true, right: null, bottom: null);
        transaction.replace(R.id.MainActivity_FrameLayout, new community_fragment());          替换"社区" Fragment
        Toast.makeText( context: MainActivity.this, text: "社区", Toast.LENGTH_LONG).show();
    } else if (checkedId == R.id.MainActivity_radioButton4) {
        rbutton4.setTextColor(colorTrue);
```

图 8-10　修改 navigation()方法

8.6　实现"技艺"的数据适配功能

1. 知识点

➢ RecyclerView 数据适配方法。

2. 工作任务

实现"社区"Fragment 中"技艺"的数据适配功能，效果如图 8-11 所示。

3. 操作流程

（1）在 Project 视图中右击 res 文件夹下的 layout 文件夹，在弹出的快捷菜单中选择"New"→"XML"→"Layout XML File"选项，在项目的 res/layout 文件夹中新建 community_recycler_item.xml 文件，该文件用于规范 RecyclerView 组件每个选项的布局样式。向布局中添加组件，组件添加完成后的 Component Tree 如图 8-12 所示。

图 8-11　"技艺"的数据适配效果

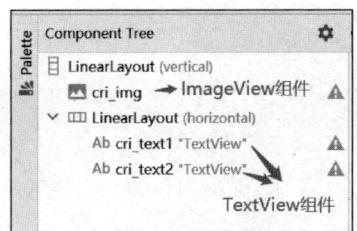

图 8-12　Component Tree

（2）修改布局中每个组件的属性，修改后的 community_recycler_item.xml 文件代码如下。

```
1. <?xml version="1.0" encoding="utf-8"?>
2. <LinearLayout xmlns:android="http://schemas.***roid.com/apk/res/android"
3.     android:layout_width="wrap_content"
4.     android:layout_height="wrap_content"
5.     android:orientation="vertical">
6.     <ImageView
7.         android:id="@+id/cri_img"
8.         android:layout_width="wrap_content"
9.         android:layout_height="wrap_content"
10.         android:layout_gravity="center_horizontal"
11.         android:adjustViewBounds="true"
12. //adjustViewBounds 是 ImageView 的属性，用于调整 ImageView 的边界以适应图像的尺寸
13.         android:scaleType="fitCenter" />
14.     <LinearLayout
15.         android:layout_width="wrap_content"
16.         android:layout_height="wrap_content"
17.         android:layout_gravity="center"
18.         android:addStatesFromChildren="true"
19.         android:orientation="horizontal">
20.         <TextView
21.             android:id="@+id/cri_text1"
22.             android:layout_width="wrap_content"
23.             android:layout_height="match_parent"
24.             android:layout_gravity="center_horizontal"
25.             android:gravity="center"
26.             android:text="TextView"
27.             android:textColor="#070707"
28.             android:textSize="18sp" />
29.         <TextView
30.             android:id="@+id/cri_text2"
31.             android:layout_width="wrap_content"
32.             android:layout_height="match_parent"
33.             android:gravity="center"
34.             android:text="TextView" />
35.     </LinearLayout>
36. </LinearLayout>
```

（3）在 adapter 文件夹中新建一个 skill_recycler_adapter.java 类文件，使 skill_recycler_adapter 类作为 RecyclerView 数据适配的适配器，并继承 RecyclerView.Adapter，同时重写 RecyclerView.ViewHolder onCreateViewHolder()等方法，具体代码如下。

```
1.  public class skill_recycler_adapter extends RecyclerView.Adapter{
2.      private Context mContext;
3.      private  ImageView image;
4.      TextView text1_tv,text2_tv;
5.      private int[] mylist;
6.      private  String[] mytext1,mytext2;
7.      public class MyViewHolder extends RecyclerView.ViewHolder{
8.          public MyViewHolder(View itemView) {
9.              super(itemView);
10.               image = itemView.findViewById(R.id.cri_img);
11.               text1_tv=itemView.findViewById(R.id.cri_text1);
12.               text2_tv=itemView.findViewById(R.id.cri_text2);
13.          }
14.      }
15.       public skill_recycler_adapter(Context mContext,int[]list,String[]
text1,String[] text2) {
16.          this.mContext = mContext;
17.          mylist=list;
18.          mytext1=text1;
19.          mytext2=text2;
20.      }
21.   public RecyclerView.ViewHolder onCreateViewHolder(@NonNull ViewGroup
parent, int viewType) {
22.     View view= LayoutInflater.from(mContext).inflate(R.layout.community_
recycler_item,parent,false);
23.        MyViewHolder holder = new MyViewHolder(view);
24.        return holder;      }
25.     @Override
26.      public void onBindViewHolder(@NonNull RecyclerView.ViewHolder holder,
int position) {
27.        image.setImageResource(mylist[position]);
28.        text1_tv.setText(mytext1[position]);
29.        text2_tv.setText(mytext2[position]);
30.      }
31.     @Override
32.      public int getItemCount() {
33.         return mylist.length;
34.      }
35. }
```

（4）打开 community_fragment.java 文件，在该文件中添加代码以实现相关功能，具体代码如下。

```
1.    public class community_fragment extends Fragment {
2.      int[] image = {R.drawable.sq1, R.drawable.sq5, R.drawable.sq6, R.drawable.
sq4, R.drawable.sq2, R.drawable.sq3};
3.      String[] text1 = {"福建", "浙江", "广东", "江西", "四川", "云南"};
4.      String[] text2 = {"146个技艺", "178个技艺", "109个技艺", "102个技艺", "160
个技艺", "116个技艺"};
5.      RecyclerView recycler_skill;
6.       public View onCreateView(@NonNull LayoutInflater inflater, @Nullable
```

```
ViewGroup container, @Nullable Bundle savedInstanceState) {
7.          View view = inflater.inflate(R.layout.frag_community, null);
8.          skill(view);
9.          return view;
10.    }
11.    private void skill(View v) {
12.        recycler_skill = v.findViewById(R.id.recycler_skill);
13.        skill_recycler_adapter adapter = new skill_recycler_adapter(getActivity(),
image, text1, text2);
14.            StaggeredGridLayoutManager manager = new StaggeredGridLayout
Manager(2, LinearLayout.VERTICAL);//设置循环视图的布局管理器
15.        recycler_skill.setItemAnimator(new DefaultItemAnimator());
16.        recycler_skill.setLayoutManager(manager);
17.        recycler_skill.setAdapter(adapter);
18.    }
19. }
```

第 2~4 行代码用于初始化数据。

第 11~18 行代码用于 RecyclerView 组件通过步骤（3）中自定义的适配器显示数据。

小贴士

利用适配器适配数据的大致流程：准备数据源（由第 2~5 行代码完成）→创建适配器（由第 14 行代码完成）→组件绑定适配器（由第 17 行代码完成）。

8.7　实现"分享"的关注功能

1. 知识点

➢ SQLiteOpenHelper 的使用方法。

➢ SQLiteDatabase 添加数据的方法。

2. 工作任务

本工作任务主要实现"薪火传承"App"分享"Fragment 的上下文菜单中的"关注"功能，如图 8-13 所示。当用户选择"关注"选项时，系统将该分享内容的相关数据存储到本地数据库 share.db 中，关注成功后将显示如图 8-14 所示的消息框。

3. 操作流程

（1）打开"薪火传承"项目，右击 Project 视图中 java 文件夹下的项目源程序文件夹，在弹出的快捷菜单中选择"New"→"Package"选项，新建 dao 包，存放数据库辅助类程序。

（2）右击 dao 包，在弹出的快捷菜单中选择"New"→"Java Class"选项，创建 DBOpenHelper.java 类文件，使 DBOpenHelper 类继承 SQLiteOpenHelper，用于对 SQLite 数据库的管理，具体代码如下。

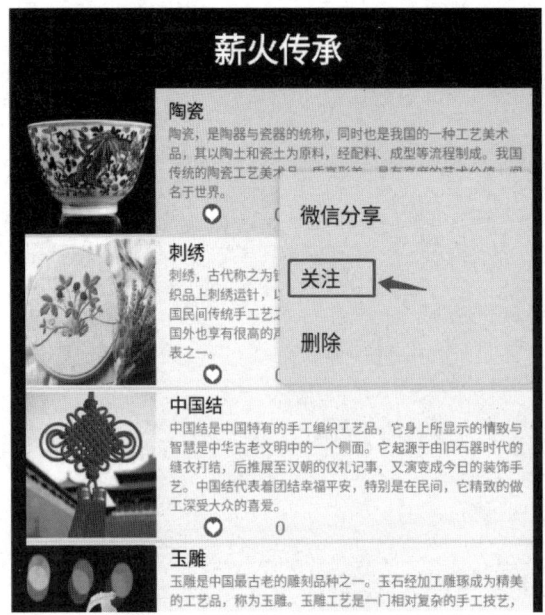

图 8-13　"分享"中的关注功能　　　　　　　　图 8-14　关注成功

```
1.  public class DBOpenHelper extends SQLiteOpenHelper {
2.      //构造函数中 4 个参数的意义：参数 context 为上下文对象；参数 name 为数据库的名称；
参数 factory 用于创建 Cursor 对象，该参数默认设置为 null；参数 version 为数据库的版本
3.      public DBOpenHelper(@Nullable Context context, @Nullable String name,
@Nullable SQLiteDatabase.CursorFactory factory, int version) {
4.          super(context, name, factory, version);
5.      }
6.      //在数据库第一次生成，即创建时会调用 onCreate()方法，一般在这个方法中生成数据表
7.      public void onCreate(SQLiteDatabase db) {
8.          String cmd="create table share_info(_id integer primary key
autoincrement,comment text,name text,image blob)";
9.          db.execSQL(cmd);
10.     }
11.     //当数据库需要升级时，Android 会主动调用 onUpgrade()方法，一般在这个方法中删除
数据表，并建立新的数据表，是否需要进行其他操作取决于应用的需求
12.     public void onUpgrade(SQLiteDatabase db, int oldVersion, int newVersion) {
13.     }
14. }
```

（3）打开项目中的 share_fragment.java 文件，在该文件中添加 getPicture()方法，用于将 Drawable 图片转换成字节数组，以便存储在数据库中，具体代码及相关说明如下。

```
1.  private byte[] getPicture(Drawable drawable) {
2.      if (drawable == null) {
3.          return null;
4.      }
5.      BitmapDrawable bd = (BitmapDrawable) drawable;//将 Drawable 图片转换成
BitmapDrawable 类型
6.      Bitmap bitmap = bd.getBitmap();//将 BitmapDrawable 类型转换成 Bitmap 类型
7.      ByteArrayOutputStream os = new ByteArrayOutputStream();//创建字节数组
```

```
输出流
8.        //利用 bitmap.compress()方法将 Drawable 图片转换成字节数组
9.        bitmap.compress(Bitmap.CompressFormat.PNG, 100, os);
10.       return os.toByteArray();
11.   }
```

（4）在 share_fragment.java 文件中添加 share()方法，用于将关注数据存储在本地数据库 share.db 中，具体代码及相关说明如下。

```
1.    public void share(int select index) {
2.        //打开或创建 share.db 数据库
3.        openHelper = new DBOpenHelper(this.getActivity(), "share.db",null, 1);
4.        SQLiteDatabase sqliteDatabase = openHelper.getWritableDatabase();//得到
SQLiteDatabase 数据库
5.        ContentValues values = new ContentValues();
6.        values.put("name", list.get(select_index).get("usermame").toString());
7.
8.        values.put("comment", list.get(select_index).get("comment").toString());
9.        values.put("image",
getPicture(this.getResources().getDrawable((Integer) list.get(select_index).
 get("image")))));
10.        long i = sqliteDatabase.insert("share_info", null, values);
11.       if (i > -1) {
12.       Toast.makeText(getActivity(), "亲，已关注", Toast.LENGTH_SHORT).show();
13.       }
14.       sqliteDatabase.close();
15.   }
```

第 5～9 行代码创建一个 ContentValues，将要添加至数据库中的数据添加进去，为后续将数据插入数据库中做准备。其中 select_index 记录了 ListView 组件中被选中的需要进行关注的行序号。

（5）在 share_fragment.java 文件中的 onContextItemSelected()方法的"关注"分支中调用 share()方法，如图 8-15 所示。

```
public boolean onContextItemSelected(@NonNull MenuItem item) {
    //获取在ListView中被选择被选项的序号
    AdapterView.AdapterContextMenuInfo info= (AdapterView.AdapterContextMenuInfo) item.getMenuInfo();
    switch( item.getItemId()){
        case 1:
            showMsg();//调用对话框，让用户选择是否要微信分享
            break;
        case 2:
            share(info.position);       ← 调用share()方法将关注内容保存至数据库
            Toast.makeText(getActivity(), text: "晚一点帮您关注",Toast.LENGTH_LONG).show();
            break;
        case 3:
            list.remove(info.position);//从当前ListView中移除当前选中的item
            adapter.notifyDataSetInvalidated();//刷新数据
            break;
    }
    return super.onContextItemSelected(item);
}
```

图 8-15　调用 share()方法

8.8 实现"社区"中"关注"区域数据的显示

1. 知识点

➢ 用 SQLiteDatabase 查询数据的方法。

➢ BaseAdapter 的使用方法。

2. 工作任务

将在"分享"页面关注的信息显示在"社区"的"关注"区域，实现如图 8-16 所示的效果。

图 8-16　"关注"的效果

3. 操作流程

（1）在 Project 视图中右击 res 文件夹下的 layout 文件夹，在弹出的快捷菜单中选择
"New"→"XML"→"Layout XML File"选项，在项目的 res/layout 文件夹中新建 concern_
listview_item.xml 文件，该文件用于规范"社区"的"关注"区域中 ListView 组件的每个选项
（item）的布局。

（2）打开 concern_listview_item.xml 文件，将相关组件添加至布局中，完成后的 Component
Tree 如图 8-17 所示。

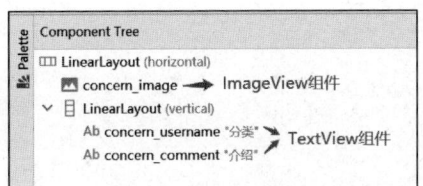

图 8-17   Component Tree

（3）修改每个组件的属性，修改后的 concern_listview_item.xml 文件代码如下。

```
1. <?xml version="1.0" encoding="utf-8"?>
2. <LinearLayout xmlns:android="http://schemas.***roid.com/apk/res/android"
3.     android:layout_width="match_parent"
4.     android:layout_height="match_parent"
5.     android:orientation="horizontal">
6.     <ImageView
7.         android:id="@+id/concern_image"
8.         android:layout_width="80dp"
9.         android:layout_height="53dp"
10.        android:layout_gravity="center_vertical"
11.        android:paddingLeft="30dp"
12.        android:scaleType="fitStart" />
13.    <LinearLayout
14.        android:layout_width="match_parent"
15.        android:layout_height="wrap_content"
16.        android:layout_gravity="center_vertical"
17.        android:orientation="vertical">
18.        <TextView
19.            android:id="@+id/concern_username"
20.            android:layout_width="wrap_content"
21.            android:layout_height="wrap_content"
22.            android:layout_gravity="center_vertical"
23.            android:maxLines="5"
24.            android:text="分类"
25.            android:textColor="#000" />
26.        <TextView
27.            android:id="@+id/concern_comment"
28.            android:layout_width="wrap_content"
29.            android:layout_height="wrap_content"
30.            android:text="介绍"
31.            android:textColor="#60000000"
32.            android:textSize="10sp" />
33.    </LinearLayout>
34. </LinearLayout>
```

（4）在 java/adapter 文件夹中新建一个类文件 ConcernBaseAdapter.java，使 ConcernBaseAdapter 类继承 BaseAdapter，用于数据的适配，具体代码如下。

```
1. public class ConcernBaseAdapter extends BaseAdapter {
2.    List<HashMap> mylist;
3.    Context mycontext;
4.    public ConcernBaseAdapter(Context context, List list) {
5.        mylist = list;
```

```
6.          mycontext = context;
7.      }
8.    public int getCount() {
9.        return mylist.size();
10.   }
11.   public Object getItem(int position) {
12.       return null;
13.   }
14.   public long getItemId(int position) {
15.       return 0;
16.   }
17.   public View getView(final int position, View convertView, ViewGroup parent) {
18.       LayoutInflater inflater = LayoutInflater.from(mycontext);
19.       View v = inflater.inflate(R.layout.concern_listview_item, null);
20.       TextView comment = v.findViewById(R.id.concern_comment);
21.       TextView username = v.findViewById(R.id.concern_username);
22.       ImageView img = v.findViewById(R.id.concern_image);
23.       comment.setText(mylist.get(position).get("comment").toString());
24.       username.setText(mylist.get(position).get("name").toString());
25.       img.setBackground((Drawable) mylist.get(position).get("image"));
26.       return v;
27.   }
28. }
```

（5）打开 community_fragment.java 文件，在文件中声明 lv_share 对象和 ShareList 对象，具体代码如图 8-18 所示。

```
public class community_fragment extends Fragment {
    1 usage
    int[] image = {R.drawable.sq1, R.drawable.sq5, R.drawable.sq6, R.drawable.sq4, R.drawable.sq2, R.drawable.sq3};
    1 usage
    String[] text1 = {"福建", "浙江", "广东", "江西", "四川", "云南"};
    1 usage
    String[] text2 = {"146个技艺", "178个技艺", "109个技艺", "102个技艺", "160个技艺", "116个技艺"};
    4 usages
    RecyclerView recycler_skill;
    2 usages
    ListView lv_share;            ← 声明lv_share对象用于显示关注内容
    2 usages
    List<HashMap> ShareList = new ArrayList<>();   ← 声明 ShareList 对象用于存储从数据库中读取到的关注数据
```

图 8-18 声明 lv_share 对象和 ShareList 对象

（6）在 community_fragment.java 文件中添加 getShare()方法，用于从数据库中读取数据，具体代码及相关说明如下。

```
1.    private void getShare() {
2.        DBOpenHelper openHelper = new DBOpenHelper(getActivity(), "share.db",
null, 1);
3.        SQLiteDatabase database = openHelper.getReadableDatabase();
4.        Cursor cursor = database.query("share_info", null, null, null, null,
null, null, null);
5.        //遍历数据
6.        if (cursor != null && cursor.getCount() > 0) {
7.            while (cursor.moveToNext()) {
```

```
8.              String comment = cursor.getString(1).toString();
9.              String name = cursor.getString(2).toString();
10.             byte[] image_byte = cursor.getBlob(3);
11.             HashMap map=new HashMap();
12.             Bitmap bitmap = BitmapFactory.decodeByteArray(image_byte, 0,
image_byte.length);
13.             Drawable image_drawable = new BitmapDrawable(bitmap);
14.             map.put("comment",comment);
15.             map.put("name",name);
16.             map.put("image",image_drawable);
17.             ShareList.add(map);
18.          }
19.       }
20.    }
```

第 8～18 行代码利用 Cursor 将数据从数据库中逐条读取出来，并存放于 HashMap 中，同时将所有的数据放入 ShareList。

（7）在 community_fragment.java 文件中添加 ShowShare()方法，用于将数据适配至"关注"区域的 ListView 组件中，具体代码如下。

```
1. private void ShowShare(View v) {
2.      lv_share = v.findViewById(R.id.fc_ListView);
3.      getShare();
4.      ConcernBaseAdapter myadapter = new ConcernBaseAdapter(this.getActivity(),
ShareList);
5.      lv_share.setAdapter(myadapter);
6.   }
```

（8）修改 community_fragment.java 文件中的 onCreateView()方法，调用 ShowShare()方法，在"社区"Fragment 加载时显示"关注"页面内容。修改后的 onCreateView()方法代码如图 8-19 所示。

```
public View onCreateView(@NonNull LayoutInflater inflater, @Nullable ViewGroup container, @Nullable Bundle savedInstanceState) {
    View view = inflater.inflate(R.layout.frag_community, root: null);
    skill(view);
    ShowShare(view);          ← 调用ShowShare()方法显示关注的内容
    return view;
}
```

图 8-19　修改后的 onCreateView()方法代码

8.9　工作小憩

【心灵驿站】

树牢科技报国信念　坚守强国有我誓言

南京告诉我们：真正能够保护自己、制止敌人暴行的，只有国家强大。国家的强大是靠每一个人自强不息的努力，而不是依赖于某些特权阶层。

习近平总书记指出："新中国成立以来，广大科技工作者在祖国大地上树立起一座座科技创新的丰碑，也铸就了独特的精神气质。""我国科技事业取得的历史性成就，是一代又一代矢志报国的科学家前赴后继、接续奋斗的结果。"在中华民族迎来从站起来、富起来到强起来的历史性飞跃进程中，科技发挥着至关重要的作用。

科技强国，奋斗有我。以科技创新推动中华民族伟大复兴，这一接力棒已交到当代青年，尤其是青年科技工作者的手中。而今，在这片红土地上，越来越多有理想的青年科技工作者正以蓬勃向上的朝气、创新自强的志气、勇攀高峰的锐气，成为新时代科技发展的生力军。

部分内容摘自《中华儿女》杂志 2023 年第 12 期

 【轻松时刻】

现在人类对大脑的研究、关注越来越多，很多普通人也都开始关注大脑的开发。下面我们来测试一下记忆水平吧。

规则：记录第一次完整背诵出下面所有内容的时间，看一看用时多少。不可以超过五分钟哦！

（1）以青春之名，书清澈热爱。

（2）以心中红星，献建党百年。

（3）愿以吾辈奋斗，捍卫盛世中华。

（4）青春不在正当年，脏累轻松把空填。我等喜成铺路石，复兴大道扑头前。

（5）国泰民安须思危，富国强军防未然。

（6）请党放心，强国有我。我们要把青春和力量，献给党、献给祖国，听党话、感党恩、跟党走。

（7）科技兴则国家兴，科技强则国家强。

（8）科技创新是推动社会发展的重要动力，也是实现国家现代化的关键。

（9）科技创新是推动经济发展和社会进步的重要力量，也是实现可持续发展的必要条件。

（10）科技创新能力是决定国家综合实力的重要因素，也是提高国际竞争力的关键。

按照规律，背诵时间在 1 分钟左右说明记忆水平很高。

（以上测试仅供娱乐）

 【深度思考】

华为芯片断供"卡脖子"倒逼攻坚给了我们哪些教训？

项目 9

登录验证

 【教学目标】

✧ 掌握 Tava 线程的常用方法。
✧ 掌握 Handler 的使用方法。
✧ 了解 Android 网络开发常用技术。
✧ 掌握利用 HttpURLConnection 类进行 Android 网络开发的方法。
✧ 掌握使用 SharedPreferences 对象存储数据的方法。
✧ 掌握利用 Android 原生技术解析 JSON 的方法。
✧ 掌握 ProgressDialog 的使用方法。

9.1 工作任务概述

本项目的工作任务是实现"薪火传承"App 登录验证功能，需要完成以下工作子任务。

（1）实现在"登录"界面［见图 9-1（a）］输入用户名及密码，点击登录图标后，将用户名及用户密码上传至服务器，服务器对用户身份进行验证，并将验证结果返回客户端的功能。

（2）将服务器返回的信息进行 JSON 解析，判断用户个人信息是否通过验证，若通过验证，则将用户名保存至 SharedPreferences 中，关闭"登录"界面，将"个人中心"的"待君登录"修改为服务器返回的用户名［见图 9-1（b）］，否则显示内容为"用户名或密码错误"的消息框。

（a）　　　　　　　　　　　　　　（b）

图 9-1 "登录验证"效果图

9.2 预备知识

9.2.1 线程

1. 与 Android 相关的线程简介

一个 Android 应用程序默认只有一个进程，但是一个进程可以有多个线程。其中，主线程也被称为 UI 线程，即 UI Thread，它在 Android 应用程序开始运行时就被创建，该线程主要负责控制 UI 界面的显示、更新和组件交互。所有的 Android 应用程序组件（包括 Activity、Service、BroadcastReceiver）都在应用程序的主线程中运行。任何组件中的耗时操作都可能阻塞其他组件的运行，包括 Service 和可见的 Activity。主线程如果长时间无法响应，将出现 ANR（应用程序无响应）错误，为了避免出现 ANR 错误，耗时操作一般都在子线程中处理。

2. 线程的常用方法

start()：参数类型为 void，用于启动一个线程，执行该方法后，系统会开启一个新线程来执行用户编写的任务，并分配相应的资源。

run()：参数类型为 void，当通过 start()方法启动了一个线程后，若该线程获得 CPU 执行时间，则自动进入 run()方法。因此必须重写 run()方法，在 run()方法中定义要执行的任务。

Thread.sleep(long millis)：参数类型为 void，sleep()方法可以使线程睡眠，释放 CPU 资源以执行其他任务。但是 sleep()方法不会释放 monitor，如果当前线程持有某个对象，即使该线程进入睡眠状态，其他线程依旧无法访问该对象。因此使用 sleep()方法需要捕获异常。

interrupt()：参数类型为 void，通过 interrupt()方法可以中断处于阻塞状态的线程。

isInterrupted()：参数类型为 Boolean，用于判断一个线程是否被中断。interrupt()方法和 isInterrupted()方法结合使用可以中断处于非阻塞状态的线程。

3. 创建线程

创建线程有两种方法：一是使用 Thread 类，二是使用 Runnable 接口。在使用 Runnable 接口时需要建立一个 Thread 实例。无论是使用 Thread 类还是使用 Runnable 接口创建线程，都必须建立 Thread 类或其子类的实例。

方法一：使用 Thread 类重写 run()方法。

```
1.   public class ThreadDemo1 {
2.      public static void main(String[] args){
3.         Demo d = new Demo();//创建线程实例
4.         d.start();//开启线程
5.      }
6.   }
7.   class Demo extends Thread{
8.      public void run(){
9.             System.out.println("我是demo1的线程");
10.       }
11.  }
```

方法二：使用 Runnable 接口重写 run()方法。

```
1.    public class ThreadDemo2 {
2.       public static void main(String[] args){
3.           Demo2 d =new Demo2();
4.           Thread t = new Thread(d);
5.           t.start();
6.              }
7.    }
8.    class Demo2 implements Runnable{
9.       public void run(){
10.          System.out.println("我是demo2的线程");
11.       }
12.   }
```

9.2.2　Handler

1. Handler 概述

Android 应用程序在启动时，首先会开启主线程（UI 线程），负责管理界面中的 UI 控件。如果某操作用时 5 秒还未完成，那么系统会发出错误提示。因此一般在处理一些比较耗时的操作（如联网读取数据、读取较大的本地数据等）时，会将这些操作放在一个子线程中，但子线程不能修改 UI。Handler 则可以解决主线程与子线程通信的问题，Handler 运行在主线程（UI 线程）中，它与子线程可以通过 Message 对象来传递数据，从而达到主线程与子线程通信的目的。

2. 简单的 Handler 的使用步骤

第一步：在主线程中创建一个 Handler 对象，并且重写其 handleMessage()方法。

第二步：创建一个子线程，并在此线程中创建一个 Message 对象，设置其相应的属性。

第三步：使用第一步创建的 Handler 对象将第二步创建的 Message 对象发送到主线程的消息队列中。

第四步：主线程中的 Looper 对象会不断地监听消息队列中的内容，当监听到消息队列中有新的内容时，就会从消息队列中获取此消息，并将该消息交给发送这个消息的 Handler 对象，由 Handler 对象的 handleMessage()方法进行处理。

3. Handler 的常用方法

handleMessage()：用于处理消息。通过重写 handleMessage()方法，处理从其他地方发送过来的消息。

sendMessage (message)：用于发送消息。

9.2.3　SharedPreferences

1. SharedPreferences 概述

SharedPreferences 存储方式是一种在 Android 中存储轻量级数据的方式，主要用来存储一些简单的配置信息，内部以 Map 方式进行存储，因此需要使用键值对形式提交和保存数据，保存的数据以 XML 格式存放在本地的/data/data/<packagename>/shares_prefs 文件夹中。SharedPreferences 有以下 3 个特点。

（1）使用简单，便于存储轻量级的数据。

（2）只支持 Java 基本数据类型，不支持自定义数据类型。

（3）属于单例对象，在整个应用内共享数据，无法在其他应用内共享数据。

2. 使用 SharedPreferences 对象存储数据的步骤

（1）第一步：获得 SharedPreferences 对象。因为 SharedPreferences 对象必须使用上下文获得，所以在使用 SharedPreferences 时，注意先要获得上下文。获得 SharedPreferences 对象的方法如下。

```
SharedPreferences sharedPreferences = getSharedPreferences(参数一,参数二);
```

参数一：要保存的 XML 文件名，不同的文件名产生的对象不同，但同一文件名可以产生多个引用，从而可以保证数据共享。注意此处在指定参数一时，不用手动添加 .xml 后缀，而由系统自动添加。

参数二：创建模式，常用的有 MODE_PRIVATE、MODE_WORLD_READABLE、MODE_WORLD_WRITEABLE、MODE_APPEND 4 种模式。

第 1 种模式使 SharedPreferences 存储的数据只能在本应用内获得；第 2 种模式和第 3 种模式分别使其他应用可以读、写本应用 SharedPreferences 存储的数据，但可能带来安全问题，从 Android N（Android API 24）开始，这两种模式已经被移除；第 4 种模式使系统检查文件是否存在，若存在则在文件中追加内容，否则创建新文件。

（2）第二步：获得 editor 对象。使用第一步中获得的 SharedPreferences 对象获得 editor 对象，方法如下。

```
Editor editor = sharedPreferences.edit();
```

（3）第三步：对数据进行增、删、查、改。
添加、修改数据的方法如下。

```
editor.putString(key,value);
```

若此方法操作的键值对中的 key 不存在，则实现添加数据的功能，否则实现修改数据的功能。putString()方法用于添加字符串类型的 value，若要添加其他类型的 value，则需要替换 String。例如，若要添加 float 类型的 value，则需要使用 putFloat (key, value)方法。
删除数据的方法如下。

```
editor.remove(key);
```

删除以参数部分 key 为键的键值对。
清空数据的方法如下。

```
editor.clear();
```

提交数据的方法如下。

```
editor.commit;
```

（4）第四步：查询数据，方法如下。

```
String result = sharedPreferences.getString(key1,key2);
```

key1 是要查询的键，当键存在时，返回对应的值；当键不存在时，返回 key2 作为结果。
使用 SharedPreferences 对象存储数据的示例代码如下。

```
1.   protected void onCreate(Bundle savedInstanceState) {
2.       super.onCreate(savedInstanceState);
3.       setContentView(R.layout.activity_main);
```

```
4.      sharedPreferences = getSharedPreferences("info2", MODE_PRIVATE);
5.      editor = sharedPreferences.edit();
6.      et_key = (EditText) findViewById(R.id.et_key);
7.      et_value = (EditText) findViewById(R.id.et_value);
8.      et_query = (EditText) findViewById(R.id.et_query);
9.      tv_query = (TextView) findViewById(R.id.tv_content);
10.     et_delete = (EditText) findViewById(R.id.et_delete);
11.     public void insert(View v) {
12.     //获取键、值数据
13.     String key = et_key.getText().toString().trim();
14.     String value = et_value.getText().toString().trim();
15.         //使用 editor 保存数据
16.     editor.putString(key, value);
17.     //一定要提交，此步骤非常容易被忽略
18.     editor.commit();
19.     }
20.     public void query(View v) {
21.         //获得查询的键
22.         String query_text = et_query.getText().toString().trim();
23.         //使用 SharedPreferences 查询数据
24.         String result = sharedPreferences.getString(query_text, null);
25.         if(result == null) {
26.             tv_query.setText("您查询的数据不存在");
27.         }else {
28.             tv_query.setText(result);
29.         }
30.     }
31.     public void delete(View v) {
32.         //获得删除的键
33.         String delete = et_delete.getText().toString().trim();
34.         //使用 editor 删除数据
35.         editor.remove(delete);
36.         //一定要提交，该步骤非常容易被忽略
37.         editor.commit();
38.     }
39.     public void clear(View v) {
40.         //使用 editor 清空数据
41.         editor.clear();
42.         //一定要提交，该步骤非常容易被忽略
43.         editor.commit();
44.     }
45. }
```

9.2.4　ProgressDialog

1. ProgressDialog 概述

在程序的执行过程中，有些操作可能需要较长时间，如某些资源的加载、文件的下载、大量数据的处理等，这时可以使用进度条告知用户明确的操作结束时间，让用户能够了解程序当前的进度及状态，利用 ProgressDialog（进度条对话框）可以实现上述目的。

2. ProgressDialog 的常用方法

ProgressDialog 的使用方法比较简单，只需先将其显示到前台，再启动一个后台线程定时更改表示进度的数值。ProgressDialog 的常用方法及其作用如表 9-1 所示。

表 9-1 ProgressDialog 的常用方法及其作用

方　　法	作　　用
setProgressStyle()	设置进度条风格，如圆形
setTitle()	设置 ProgressDialog 的标题
setMessage()	设置 ProgressDialog 的提示信息
setIcon()	设置 ProgressDialog的标题图标
setIndeterminate()	设置 ProgressDialog 的进度条是否不明确
setCancelable()	设置 ProgressDialog 是否可以按返回键取消
setButton()	设置 ProgressDialog 的一个 Button（需要监听 Button 事件）
show()	显示 ProgressDialog

9.2.5　Android 网络编程

1. HTTP 概述

HTTP 是一个属于应用层的、面向对象的协议，适用于分布式超媒体信息系统。

HTTP 的主要特点如下。

（1）简捷快速：当客户向服务器请求服务时，只需要传送请求方法和路径。

（2）常用的请求方法有 GET、HEAD、POST，这些方法规定了客户端与服务器联系的类型，方法不同，联系的类型不同。

（3）HTTP 十分简单，这使得 HTTP 服务器的程序规模小、通信速度快。

（4）灵活：HTTP 允许传输任意类型的数据对象。传输的类型由 Content-Type 标记。

（5）无连接：无连接的含义是限制每次连接只能处理一个请求。

（6）服务器处理完客户端的请求，并在收到客户端的应答后断开连接。

（7）采用 HTTP 可以节省传输时间。

（8）无状态：HTTP 是无状态协议，无状态协议是指协议对于事务处理没有记忆能力。这意味着若后续处理过程需要先前的信息，则必须重新传送信息，这样可能导致每次连接时传送的数据量增大。如果服务器不需要处理先前的信息，那么它的应答速度就较快。

2. Android 网络编程简介

下面介绍常用的 Android 网络开发技术。

（1）HttpClient。原来 Android SDK 中包含 HttpClient，但 6.0 版本的 Android 直接删除了 HttpClient 类库，如果仍想使用该类库，那么可以通过以下方法实现。

如果使用的是 Eclipse，那么在 libs 中加入 org.apache.http.legacy.jar 包即可，该 jar 包位于 sdk/platforms/android-23/optional 目录中（需要下载 6.0 版本的 Android 的 SDK）。

如果使用的是 Android Studio，那么在相应的项目的 build.gradle 文件中添加以下代码即可。

```
1.   android {
2.       useLibrary 'org.apache.http.legacy'
3.   }
```

（2）HttpURLConnection。对于 2.2 及之前版本的 Android，HttpURLConnection 存在一些 bug，

在此阶段使用 HttpClient 是较好的选择。而对于 2.3 及之后版本的 Android，HttpURLConnection 则是最佳的选择，其 API 简单，体积较小，因而非常适用于 Android 项目。另外，HttpURLConnection 的压缩和缓存机制可以有效减少网络访问的流量，在提升速度和省电方面也非常有优势。

（3）Volley。在 2013 年 Google I/O 大会上推出了一个新的网络通信框架，即 Volley。Volley 既可以访问网络并取得数据，也可以加载图片，并且其在性能方面也非常有优势。Volley 非常适用于进行数据量不大但通信频繁的网络操作，而对于大数据量的网络操作，如下载文件等，Volley 的表现则非常糟糕。

（4）OkHttp。OkHttp 是目前应用较多的网络框架，它解决了很多网络问题，可以从很多常见的连接问题中自动恢复。如果服务器配置了多个 IP 地址，当第一个 IP 地址连接失败时，OkHttp 会自动尝试连接下一个 IP 地址。此外，OkHttp 还解决了代理服务器问题和 SSL 握手失败问题。

3. HttpURLConnection

无论是开发人员自己封装的网络请求类还是第三方开发的网络请求框架，都离不开 HttpURLConnection 类库。JDK 的 java.net 包提供了 HttpURLConnection 类，用于访问 HTTP 的基本功能。

HttpURLConnection 是 Java 的标准类，继承自 URLConnection，可用于向指定网站发送 GET 请求和 POST 请求，它在 URLConnection 的基础上提供了以下便捷的方法。

int getResponseCode()：获取服务器的响应代码。

String getResponseMessage()：获取服务器的响应消息。

String getResponseMethod()：获取发送请求的方法。

void setRequestMethod (String method)：设置发送请求的方法。

HttpURLConnection 的使用步骤如下。

第一步：创建一个 URL 对象。

```
URL url = new URL(http://www.baidu.com);
```

第二步：利用 HttpURLConnection 对象从网络中获取网页数据。

```
HttpURLConnection conn = (HttpURLConnection) url.openConnection();
```

第三步：设置连接超时。

```
conn.setConnectTimeout(6*1000);//单位为毫秒
```

第四步：对响应信息进行判断。

```
1.   if (conn.getResponseCode() != 200)    //从 Internet 获取网页，发送请求，将网
页以流的形式返回
2.   throw new RuntimeException("请求 url 失败");
```

第五步：处理输入/输出流。

```
1.   InputStream is = conn.getInputStream();//获取输入流
2.   String result = readData(is, "GBK"); //利用自定义方法 readData()读取输入流中的数据
3.   conn.disconnect();//关闭数据连接
```

示例代码如下。

```
1.   public class NetUtils {
```

```
2.      public static String post(String url, String content) {
3.      HttpURLConnection conn = null;
4.      try {
5.          //创建一个 URL 对象
6.          URL mURL = new URL(url);
7.          //调用 URL 的 openConnection()方法，获取 HttpURLConnection 对象
8.          conn = (HttpURLConnection) mURL.openConnection();
9.          conn.setRequestMethod("POST");//设置请求方法为 POST
10.         conn.setReadTimeout(5000);//设置读取超时为 5 秒
11.         conn.setConnectTimeout(10000);//设置连接网络超时为 10 秒
12.         conn.setDoOutput(true);//设置此方法，允许向服务器输出内容
13.         //POST 请求的参数
14.         String data = content;
15.         //获得一个输出流，向服务器写数据，默认情况下，系统不允许向服务器输出内容
16.         OutputStream out = conn.getOutputStream();
17.         out.write(data.getBytes());
18.         out.flush();
19.         out.close();
20.         int responseCode = conn.getResponseCode();//用于获取 HTTP 响应的状态码，
200 表示请求成功
21.         if (responseCode == 200) {
22.             InputStream is = conn.getInputStream();
23.             String response = getStringFromInputStream(is);
24.             return response;
25.         } else {
26.             throw new NetworkErrorException("response status is "+responseCode);
27.         }
28.     } catch (Exception e) {
29.         e.printStackTrace();
30.     } finally {
31.         if (conn != null) {
32.             conn.disconnect();//关闭连接
33.         }
34.     }
35.     return null;
36.     }
37.     public static String get(String url) {
38.         HttpURLConnection conn = null;
39.         try {
40.             //利用 String url 构建 URL 对象
41.             URL mURL = new URL(url);
42.             conn = (HttpURLConnection) mURL.openConnection();
43.             conn.setRequestMethod("GET");
44.             conn.setReadTimeout(5000);
45.             conn.setConnectTimeout(10000);
46.             int responseCode = conn.getResponseCode();
47.             if (responseCode == 200) {
48.                 InputStream is = conn.getInputStream();
49.                 String response = getStringFromInputStream(is);
50.                 return response;
51.             } else {
52.                 throw new NetworkErrorException("response status is
"+responseCode);
53.             }
54.         } catch (Exception e) {
55.             e.printStackTrace();
56.         } finally {
57.             if (conn != null) {
```

```
58.            conn.disconnect();
59.        }
60.    }
61.    return null;
62. }
63.    private static String getStringFromInputStream(InputStream is) throws
IOException {
64.        ByteArrayOutputStream os = new ByteArrayOutputStream();
65.        //模板代码，必须熟练掌握
66.        byte[] buffer = new byte[1024];
67.        int len = -1;
68.        while ((len = is.read(buffer)) != -1) {
69.            os.write(buffer, 0, len);
70.        }
71.        is.close();
72.        //将流中的数据转换成字符串，采用的编码是 UTF-8（模拟器默认编码）
73.        String state = os.toString();
74.        os.close();
75.        return state;
76.    }
77. }
```

9.2.6　用 Android 原生技术解析 JSON

1. JSON 概述

JSON（JavaScript Object Notation）是一种轻量级的数据交换格式。因为解析 XML 比较复杂，而且需要编写大段代码，所以客户端和服务器的数据交换往往通过 JSON 进行。尤其对于 Web 开发来说，JSON 数据格式在客户端可以直接通过 JavaScript 进行解析。

JSON 有两种数据结构。一种是以键值对（key:value）形式存在的无序 JSONObject 对象，JSONObject 对象以"{"开始，以"}"结束。键和值之间用":"分隔，键值对之间用","分隔。例如，{"name":"xiaoluo"}就是一个最简单的 JSONObject 对象，对于这种数据格式，key 必须是 String 类型，而 value 可以是 String、Number、Object、Array 等数据类型。另一种数据格式 JSONArray 是有序的 value 的集合，它的形式为数组。数组以"["开始，以"]"结束，值之间使用","分隔。示例代码如下：

```
1. [
2.        {"id":1,"ide":"Eclipse","name":"java"},
3.        {"id":2,"ide":"XCode","name":"Swift"},
4.        {"id":3,"ide":"Visual Studio","name":"C##"}
5. ]
```

2. Android 的 JSON 解析部分主要用到的两个类

（1）JSONObject：可以将其看作 JSON 对象，它是系统中 JSON 定义的基本单元，包含一系列 key:value 键值对。在 JSONObject 对象中封装了 getXXX()等一系列方法，用于根据 JSON 对象中的 key 获取对应的 value 值。JSONObject 类的 value 类型有 Boolean、JSONArray、Number、String 及默认值 JSONObject.NULLobject。

（2）JSONArray：代表一组有序的数值。将 JSONArray 转换为 String 输出（toString）的形式是用方括号包裹，数值间以","分隔（如[value1,value2,value3]）。JSONArray 封装的 get()方法可以通过 index 索引返回指定的数值，put()方法用来添加或替换数值。JSONArray 类的 value 类型有 Boolean、JSONArray、JSONObject、Number、String 及默认值 JSONObject. NULLobject。

3. 用 Android 原生技术解析 JSON

例如，有一个 student 字段，其中包含了该 student 的一些基本属性，具体代码如下。

```
1.  {
2.      "student":{
3.          "name":"rose",
4.          "age":"18",
5.          "isMan":true
6.      }
7.  }
```

若一段代码被"{}"包含，则为 JSONObject 对象；若被"[]"包含，则为 JSONArray 对象。由此可以判断出上面这段代码为 JSONObject 对象，其内部包含了一个 student 字段，该字段的值也是一个 JSONObject 对象。

```
1.  public class PullJSON {
2.      public static String json = "{\" student \":{\" name \":\" rose
\",\"age\":\"18\",\"isMan\":true}}";
3.      public static void main(String[] args){
4.      JSONObject obj = new JSONObject(json);//最外层的 JSONObject 对象
5.      JSONObject user = obj.getJSONObject("student");//通过 student 获取
其所对应的 JSONObject 对象
6.      String name = user.getString("name");//通过 name 获取其所对应的字符串
7.          System.out.println(name);
8.      }
9.  }
```

上面这段代码的输出结果为 rose。

9.3 热身任务

9.3.1 我的进度条对话框

1. 任务说明

"我的进度条对话框"的效果如图 9-2 所示。单击图 9-2（a）中的"圆形进度条"按钮，弹出如图 9-2（b）所示的圆形进度条对话框。单击图 9-2（a）中的"长形进度条"按钮，弹出如图 9-2（c）所示的长形进度条对话框。

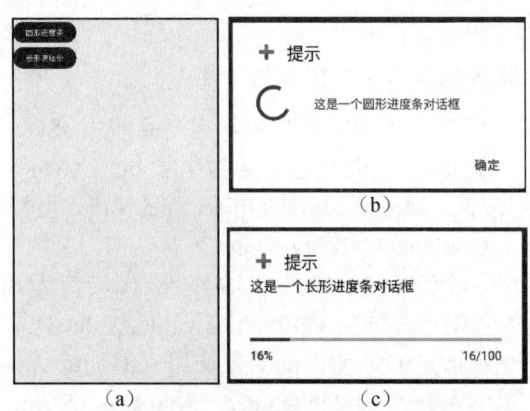

图 9-2 "我的进度条对话框"的效果

2. 操作步骤

（1）创建一个 Android 项目。

（2）打开 activity_main.xml 文件，编写代码完成布局效果，具体代码如下。

```xml
1.   <?xml version="1.0" encoding="utf-8"?>
2.   <LinearLayout xmlns:android="http://schemas.***roid.com/apk/res/android"
3.       xmlns:app="http://schemas.***roid.com/apk/res-auto"
4.       xmlns:tools="http://schemas.***roid.com/tools"
5.       android:layout_width="match_parent"
6.       android:layout_height="match_parent"
7.       android:orientation="vertical"
8.       tools:context=".MainActivity">
9.       <Button
10.          android:id="@+id/Button1"
11.          android:layout_width="wrap_content"
12.          android:layout_height="wrap_content"
13.          android:onClick="Dspinner"
14.          android:text="圆形进度条"/>
15.      <Button
16.          android:id="@+id/Button2"
17.          android:layout_width="wrap_content"
18.          android:layout_height="wrap_content"
19.          android:onClick="Dhorizaton"
20.          android:text="长形进度条"/>
21.  </LinearLayout>
```

（3）打开 java 文件夹中的 MainActivity.java 文件，修改代码以实现相关功能，具体代码如下。

```java
1.   public class MainActivity extends AppCompatActivity{
2.       ProgressDialog xh_pDialog;
3.       int xh_count;
4.       protected void onCreate(Bundle savedInstanceState) {
5.           super.onCreate(savedInstanceState);
6.           setContentView(R.layout.activity_main);
7.       }
8.       public void Dspinner(View v) {
9.           //创建 ProgressDialog 对象
10.          xh_pDialog = new ProgressDialog(this);
11.          //设置进度条风格为圆形、旋转
12.          xh_pDialog.setProgressStyle(ProgressDialog.STYLE_SPINNER);
13.          //设置 ProgressDialog 标题
14.          xh_pDialog.setTitle("提示");
15.          //设置 ProgressDialog 提示信息
16.          xh_pDialog.setMessage("这是一个圆形进度条对话框");
17.          //设置 ProgressDialog 标题图标
18.          xh_pDialog.setIcon(android.R.drawable.ic_input_add);
19.          //设置 ProgressDialog 的进度条是否不明确，false 表示不设置为不明确
20.          xh_pDialog.setIndeterminate(false);
21.          //设置 ProgressDialog 是否可以按返回键取消
22.          xh_pDialog.setCancelable(true);
23.          //设置 ProgressDialog 的一个 Button
24.          xh_pDialog.setButton("确定", new DialogInterface.OnClickListener() {
25.              @Override
26.              public void onClick(DialogInterface dialogInterface, int i) {
27.                  dialogInterface.cancel();// 单击"确定"按钮取消显示对话框
```

```
28.              }
29.          });
30.          //显示 ProgressDialog 对话框
31.          xh_pDialog.show();
32.      }
33.      public void Dhorizaton(View v) {
34.          xh_count = 0;
35.          //创建 ProgressDialog 对象
36.          xh_pDialog = new ProgressDialog(this);
37.          //设置进度条风格为长形
38.          xh_pDialog.setProgressStyle(ProgressDialog.STYLE_HORIZONTAL);
39.          //设置 ProgressDialog 标题
40.          xh_pDialog.setTitle("提示");
41.          //设置 ProgressDialog 提示信息
42.          xh_pDialog.setMessage("这是一个长形进度条对话框");
43.          //设置 ProgressDialog 标题图标
44.          xh_pDialog.setIcon(android.R.drawable.ic_input_add);
45.          //设置 ProgressDialog 的进度条是否不明确，false 表示不设置为不明确
46.          xh_pDialog.setIndeterminate(false);
47.          //设置 ProgressDialog 进度条进度
48.          xh_pDialog.setProgress(100);
49.          //设置 ProgressDialog 是否可以按返回键取消
50.          xh_pDialog.setCancelable(true);
51.          //显示 ProgressDialog 对话框
52.          xh_pDialog.show();
53.          new Thread() {
54.              @Override
55.              public void run() {
56.                  try {
57.                      while (xh_count <= 100) {
58.                          //由线程来控制进度
59.                          xh_pDialog.setProgress(xh_count++);
60.                          Thread.sleep(100);
61.                      }
62.                      xh_pDialog.cancel();
63.                  } catch (Exception e) {
64.                      xh_pDialog.cancel();
65.                  }
66.              }
67.          }.start();
68.      }
69. }
```

9.3.2　我激动，我数数

1. 任务说明

本任务在实现如图 9-3 所示的"我激动，我数数"效果的同时完成以下两项功能。

功能一：单击"开始数数"按钮，计数文本标签从 0 开始，以每秒累加 1 的方式显示总数。

功能二：单击"停止数数"按钮，停止计数功能。

2. 操作步骤

（1）创建一个 Android 项目。

（2）将图片复制到项目的 drawable 文件夹中。

图 9-3 "我激动,我数数"效果

（3）在布局文件中添加相应组件,实现相应的布局效果。布局文件代码如下。

```
1.  <?xml version="1.0" encoding="utf-8"?>
2.  <LinearLayout xmlns:android="http://schemas.***roid.com/apk/res/android"
3.      xmlns:app="http://schemas.***roid.com/apk/res-auto"
4.      xmlns:tools="http://schemas.***roid.com/tools"
5.      android:layout_width="match_parent"
6.      android:layout_height="match_parent"
7.      android:orientation="vertical"
8.      tools:context=".MainActivity">
9.      <TextView
10.         android:id="@+id/count"
11.         android:layout_width="match_parent"
12.         android:layout_height="wrap_content"
13.         android:textColor="#ff0000"
14.         android:gravity="center"
15.         android:textSize="40sp"
16.         android:text="0" />
17.     <ImageView
18.         android:id="@+id/imageView"
19.         android:layout_width="match_parent"
20.         android:layout_height="wrap_content"
21.         android:src="@drawable/counter" />
22.     <Button
23.         android:id="@+id/start"
24.         android:layout_width="match_parent"
25.         android:layout_height="wrap_content"
26.         android:text="开始数数" />
27.     <Button
28.         android:id="@+id/end"
29.         android:layout_width="match_parent"
```

```
30.        android:layout_height="wrap_content"
31.        android:text="停止数数" />
32. </LinearLayout>
```

（4）打开 MainActivity.java 文件，添加代码，实现相应功能，具体代码及其功能说明如下。

```
1. public class MainActivity extends AppCompatActivity implements View.OnClick
Listener {
2.     private Button bt_start, bt_end;
3.     private TextView tv_count;
4.     MyThread myThread;
5.     private int count = 0;
6.     Handler handler;
7.     protected void onCreate(Bundle savedInstanceState) {
8.         super.onCreate(savedInstanceState);
9.         setContentView(R.layout.activity_main);
10.        //子线程每发送过来一条信息，Handler 就将 TextView 组件显示的数字累加 1 并更新
11.        handler = new Handler() {
12.            public void handleMessage(Message msg) {
13.                switch (msg.what) {
14.                    case 1:
15.                        count++;//将显示的数字加 1
16.                        tv_count.setText(count + "");//修改 TextView 组件属性
17.                        break;
18.                }
19.            }
20.        };
21.        init();
22.    }
23.
24.    public void init() {
25.        bt_start = (Button) findViewById(R.id.start);
26.        bt_end = (Button) findViewById(R.id.end);
27.        tv_count = (TextView) findViewById(R.id.count);
28.        bt_start.setOnClickListener(this);
29.        bt_end.setOnClickListener(this);
30.    }
31.    public void onClick(View view) {
32.        if (view.getId() == R.id.start) {
33.            myThread = new MyThread();
34.            myThread.start();//开启线程
35.            Toast.makeText(this, "start", Toast.LENGTH_SHORT).show();
36.            //若单击的是"开始数数"按钮，则开启子线程
37.        } else if (view.getId() == R.id.end) {
38.            myThread.interrupt();//中断线程
39.            Toast.makeText(this, "end", Toast.LENGTH_SHORT).show();
40.            //若单击的是"停止数数"按钮，则中断子线程
41.        }
42.    }
43.    public class MyThread extends Thread {
44.        public void run() {
45.            //只要线程不中断，子线程就每隔 1 秒发送一次内容为 1 的信息给主线程的 Handler
进行 UI 修改操作
```

```
46.          while (!Thread.interrupted()) {
47.              try {
48.                  Thread.sleep(1000);
49.                  handler.sendEmptyMessage(1);
50.              } catch (InterruptedException e) {
51.                  e.printStackTrace();
52.                  break;
53.              }
54.          }
55.      }
56.  }
57. }
```

第 11～20 行代码创建了一个 Handler，用于实现主线程与子线程的通信。

第 24～30 行代码创建了一个 init()方法，用于初始化组件。需要注意的是，第 28 行及第 29 行代码是另一种添加监听器的方法，这种方法多用于对多个组件添加同一个监听器，其使用要求是在类定义时通过 implements 添加监听接口，如第 1 行代码所示，同时要实现监听接口所要求的方法，如第 31～42 行代码所示。

第 43～56 行代码定义了一个内部类 MyThread，该类继承 Thread 类，并重写 run()方法实现每隔 1 秒向 Handler 发送一次内容为 1 的信息的功能。

小贴士

当使用了 sleep()方法、同步锁的 wait()方法、socket 的 receiver()方法、accept()方法等方法时，线程会处于阻塞状态。当调用线程的 interrupt()方法时，系统会抛出一个 InterruptedException 异常，可在代码中通过捕获异常和 break 语句跳出循环状态，使线程正常结束。若要正常结束 run()方法，则要先捕获 InterruptedException 异常，再通过 break 语句来跳出循环。

9.3.3　中国名人榜

1. 任务说明

"中国名人榜"效果如图 9-4 所示。当单击图 9-4（a）中的"中国名人榜"按钮后，可从自建服务器中的 celebrity 接口请求数据，若请求成功，则服务器返回数据的 JSON 字符串（见图 9-5），接着通过 Android 原生技术解析出请求的 JSON 数据并显示到界面中，如图 9-4（b）所示。

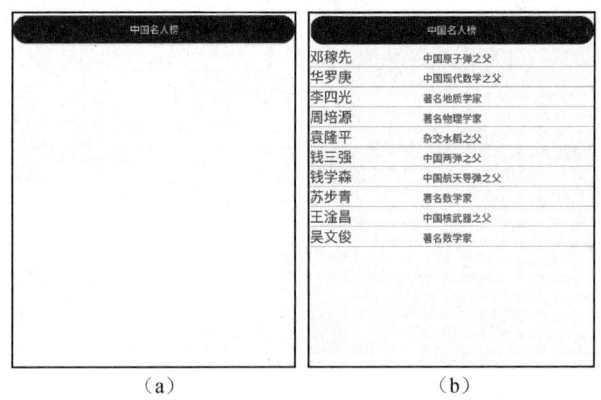

　　（a）　　　　　　　　　　　（b）

图 9-4　"中国名人榜"效果

{'list':[{'name':'邓稼先','deed':'中国原子弹之父'},{'name':'华罗庚 ','deed':'中国现代数学之父'},{'name':'李四光','deed':'著名地质学家'},{'name':'周培源','deed':'著名物理学家'},{'name':'袁隆平','deed':'杂交水稻之父 '},{'name':'钱三强','deed':'中国两弹之父'},{'name':'钱学森','deed':'中国航天导弹之父'},{'name':'苏步青','deed':'著名数学家'},{'name':'王淦昌','deed':'中国核武器之父'},{'name':'吴文俊','deed':'著名数学家 '}]]}

图 9-5　JSON 字符串

2. 操作步骤

（1）运行本书素材中服务器程序 book_web_server 文件夹中的 myserver 应用程序（见图 9-6），启动本机服务器，服务器成功启动的界面如图 9-7 所示。

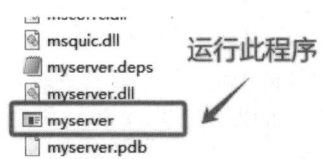

图 9-6　myserver 应用程序

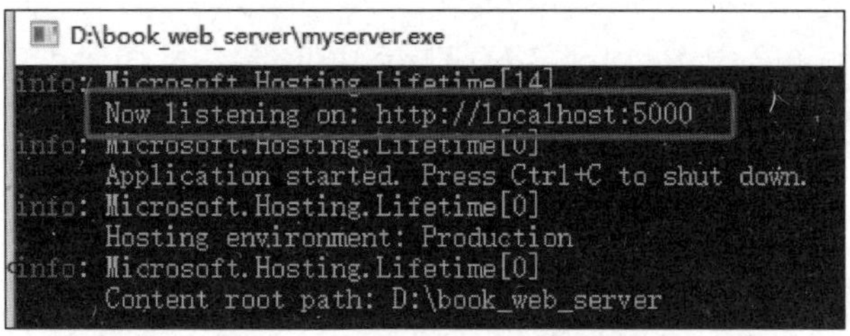

图 9-7　服务器成功启动的界面

（2）创建一个 Android 项目。

（3）打开 activity_main.xml 文件，编写代码实现布局效果，具体代码如下。

```
1. <?xml version="1.0" encoding="utf-8"?>
2. <LinearLayout xmlns:android="http://schemas.***roid.com/apk/res/android"
3.     xmlns:app="http://schemas.***roid.com/apk/res-auto"
4.     xmlns:tools="http://schemas.***roid.com/tools"
5.     android:layout_width="match_parent"
6.     android:layout_height="match_parent"
7.     android:orientation="vertical"
8.     tools:context=".MainActivity">
9.     <Button
10.        android:id="@+id/button"
11.        android:layout_width="match_parent"
12.        android:layout_height="wrap_content"
13.        android:onClick="LoginThread"
14.        android:text="中国名人榜" />
15.    <ListView
16.        android:id="@+id/list"
17.        android:layout_width="match_parent"
18.        android:layout_height="610dp" />
19. </LinearLayout>
```

（4）在项目的 res/layout 文件夹中添加 list_item.xml 文件，用于规范每个选项元素的界面布局。list_item.xml 文件代码如下。

```
1.   <?xml version="1.0" encoding="utf-8"?>
2.   <LinearLayout xmlns:android="http://schemas.***roid.com/apk/res/android"
3.       android:layout_width="match_parent"
4.       android:layout_height="match_parent"
5.       android:gravity="center_vertical">
6.       <TextView
7.           android:id="@+id/name"
8.           android:layout_width="0dp"
9.           android:layout_height="wrap_content"
10.          android:layout_weight="2"
11.          android:textSize="20sp"
12.          android:textColor="#5CACEE"
13.          android:text="TextView" />
14.      <TextView
15.          android:id="@+id/deed"
16.          android:layout_width="0dp"
17.          android:layout_height="wrap_content"
18.          android:layout_weight="3"
19.          android:textColor="#66CD00"
20.          android:text="TextView" />
21.  </LinearLayout>
```

（5）打开 java 文件夹中的 MainActivity.java 文件，修改代码以实现相关功能，具体代码如下。

```
1.   public class MainActivity extends AppCompatActivity{
2.       ListView list;
3.       ArrayList arraylist;
4.       private Handler handler = new Handler() {
5.           public void handleMessage(Message msg) {
6.               switch (msg.what) {
7.                   case 1:
8.                       String answer = msg.obj.toString().trim();
9.                       jsonParser(answer, "list");
10.                      SimpleAdapter adapter = new SimpleAdapter(getApplication
Context(), arraylist, R.layout.list_item, new String[]{"name", "deed"}, new int[]
{R.id.name, R.id.deed});
11.                      list.setAdapter(adapter);
12.                      break;
13.                  case 2:
14.                      Toast.makeText(getApplicationContext(), "网络异常，请重新
连接",Toast.LENGTH_LONG).show();
15.                      break;
16.                  case 3:
17.                      Toast.makeText(getApplicationContext(), "出现不明异常，请
待会儿再试",Toast.LENGTH_LONG).show();
18.                      break;
19.                  case 4:
20.                      Toast.makeText(getApplicationContext(), "JSON 解析不成功",
Toast.LENGTH_LONG).show();
21.                      break;
22.              }
23.              super.handleMessage(msg);
24.          }
25.      };
26.      protected void onCreate(Bundle savedInstanceState) {
27.          super.onCreate(savedInstanceState);
```

```
28.          setContentView(R.layout.activity_main);
29.          list = findViewById(R.id.list);//查找 ListView 组件
30.       }
31.    //开启一个新线程，用于网络请求
32.    public void LoginThread(View v) {
33.       Thread login = new Thread(new Runnable() {
34.          public void run() {
35.             LoginHttpServlet();
36.          }
37.       });
38.       login.start();
39.    }
40.    public void LoginHttpServlet() {
41.       HttpURLConnection conn = null;
42.       InputStream is = null;
43.       try {
44.          //URL 地址
45.          String path = "http://10.0.2.2:5000/celebrity";
46.          URL url = new URL(path);//得到访问地址的 URL
47.          conn = (HttpURLConnection) url.openConnection();//得到网络访问
对象 java.net.HttpURLConnection
48.          conn.setConnectTimeout(3000); //设置超时时间
49.          conn.setRequestMethod("GET"); //设置获取信息的方式
50.          conn.setRequestProperty("Charset", "UTF-8"); //设置接收数据的编
码格式
51.          if (conn.getResponseCode() == 200) {
52.             is = conn.getInputStream();//获取数据流
53.             byte[] buffer = new byte[1024];
54.             int len = 0;
55.             StringBuilder sb = new StringBuilder();//创建 StringBuilder,
用于拼接接收数据
56.             while ((len = is.read(buffer)) != -1) {
57.                is.read(buffer);
58.                String data = new String(buffer);
59.                sb.append(data);
60.             }
61.             String response = sb.toString();
62.             Message msg = new Message();
63.             msg.what = 1;
64.             msg.obj = response;//将接收的数据捆绑至 Message 中，以便发送至主
线程
65.             handler.sendMessage(msg);
66.          }
67.       } catch (MalformedURLException e) {
68.          handler.sendEmptyMessage(2);
69.          e.printStackTrace();
70.       } catch (Exception e) {
71.          handler.sendEmptyMessage(3);
72.          e.printStackTrace();
73.       } finally {
74.          //意外退出时进行连接关闭保护
75.          if (conn != null) {
76.             conn.disconnect();
77.          }
78.          if (is != null) {
79.             try {
80.                is.close();//关闭连接
81.             } catch (IOException e) {
```

```
82.              e.printStackTrace();
83.            }
84.          }
85.        }
86.      }
87.      //JSON 解析数据，并存放至 ArrayList
88.      public void jsonParser(String jsonStr, String ArrayName) {
89.          /**这些是案例中请求到的数据
90.          {
91.          list:[{
92.          'name':'邓稼先','deed':'中国原子弹之父'
93.          },{
94.          name':'华罗庚 ','deed':'中国现代数学之父'
95.          },{
96.          'name':'李四光','deed':'著名地质学家'
97.          },{
98.          'name':'周培源','deed':'著名物理学家'
99.          },{
100.         'name':'袁隆平','deed':'杂交水稻之父 '
101.         },{
102.         'name':'钱三强','deed':'中国两弹之父'
103.         },{
104.         'name':'钱学森','deed':'中国航天导弹之父'
105.         },{
106.         'name':'苏步青','deed':'著名数学家'
107.         },{
108.         'name':'王淦昌','deed':'中国核武器之父'
109.         },{
110.         'name':'吴文俊','deed':'著名数学家 '
111.         }]]}   **/
112.         try {
113.             arraylist = new ArrayList();
114.             //将请求到的 JSON 字符串转换成 JSONObject
115.             JSONObject jsonObject = new JSONObject(jsonStr);
116.             //从 JSONObject 中抽取名为 list 的 key 对应的 value,由于这个 value 是一
个数组，所以需要把它转换成 JSONArray
117.             JSONArray jsonArray = jsonObject.getJSONArray("list");
118.             for (int i = 0; i < jsonArray.length(); i++) {
119.                 //先将 JSONArray 中的每个元素转换为 JSON 对象，再使用 JSON 对象解析
数据的方法对数据进行解析
120.                 JSONObject obj = (JSONObject) jsonArray.get(i);
121.                 String name = obj.getString("name");//提取 name
122.                 String deed = obj.getString("deed");//提取 deed
123.                 HashMap map = new HashMap();
124.                 map.put("name", name);
125.                 map.put("deed", deed);
126.                 arraylist.add(map);
127.             }
128.         } catch (JSONException e) {
129.             handler.sendEmptyMessage(4);
130.             e.printStackTrace();
131.         }
132.     }
133. }
```

第 45 行代码中的 URL 地址是本机的 Web 服务接口，在一般的 Web 程序开发中，我们通常使用 localhost 或者 127.0.0.1 来访问本机的 Web 服务，但在 Android 模拟器中访问本机服务

时，一般会将 localhost 或者 127.0.0.1 换成 10.0.2.2。本书开启的服务器程序的端口号是 5000，如图 9-7 所示，因此代码中端口号为 5000。celebrity 是服务器程序接口名。

第 88～132 行代码主要用于 JSON 字符串数据的解析，在进行解析时一定要清晰解析对象的结构。本案例对象的结构可分解为如图 9-8 所示的形式。

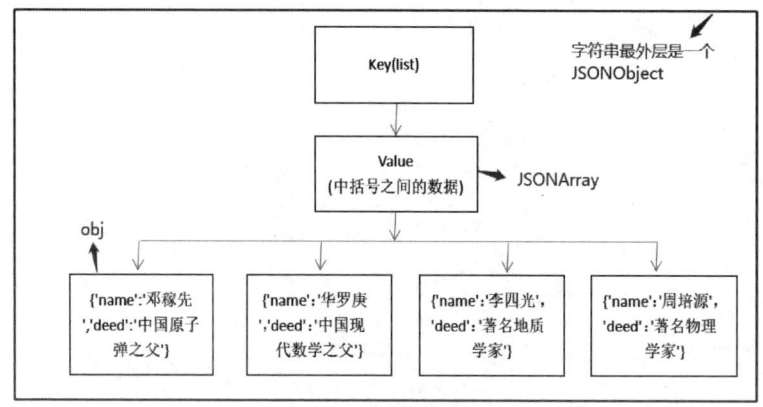

图 9-8　对象结构分解

（6）打开项目的 manifests 文件夹中的 AndroidManifest.xml 文件，在图 9-9 序号 1 标识位置添加代码<uses-permission android: name="android.permission.INTERNET"/>，开启 App 的 HTTP 网络访问权限，Google 为了用户数据的安全性，强制要求高版本的 Android 应用必须使用 HTTPS 请求，而 HTTP 请求将失效，由于本书使用 HTTP 请求，因此需要在此文件中配置属性 android: usesCleartextTraffic="true"（见图 9-9 序号 2）。

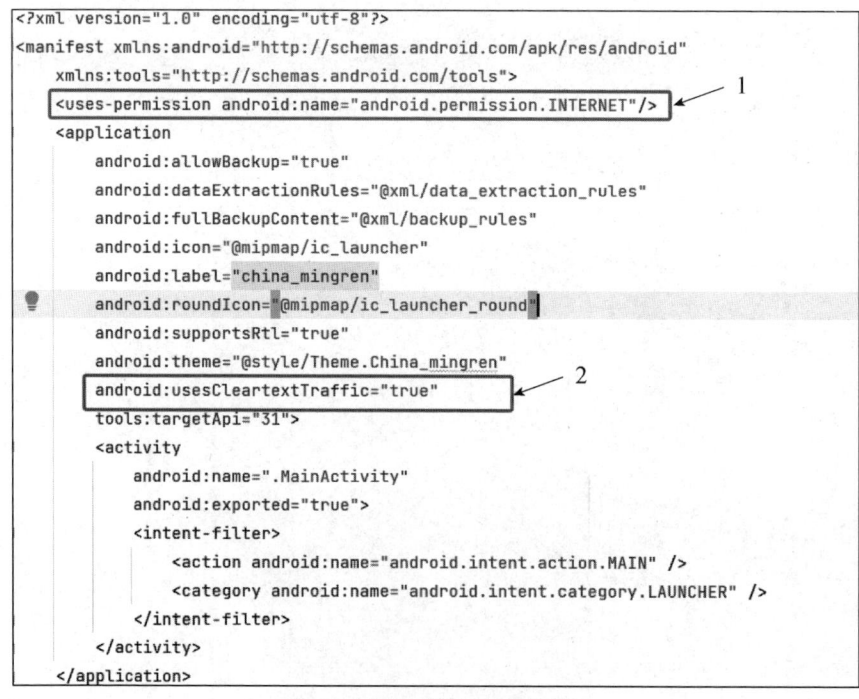

图 9-9　添加代码并配置属性

小贴士

由于 Android 中的网络操作也是一种耗时操作，因此在处理网络操作时，需要先开启一个新的网络线程，然后利用 Handler 来实现主线程及网络线程之间的通信。

9.4　实现登录验证

1. 知识点

➤ Handler 通信机制。

➤ 利用 HttpURLConnection 进行 HTTP 网络通信的方法。

➤ 利用 Android 原生技术解析 JSON 对象的方法。

➤ 添加 ProgressDialog 的方法。

2. 工作任务

实现"薪火传承"App 的登录验证功能，主要验证流程为：当用户在"登录"界面（见图 9-10）的用户名输入框和密码输入框中输入数据，并点击登录图标后，系统通过自建服务器 login 接口程序将用户名及密码上传至自建服务器，并对用户身份进行验证（正确的用户名是 moon，密码是 123456），将验证结果返回客户端（当用户名与密码都正确时，服务器返回值为{"msg":"ok","UserName":"我是神人"}；当用户名或密码不正确时，服务器返回值为{"msg":"nook"}）。

图 9-10　"登录"界面

3. 操作流程

（1）运行本书素材中服务器程序 book_web_server 文件夹中的 myserver 应用程序（见

图 9-11），启动本机服务器，服务器成功启动的界面如图 9-12 所示。

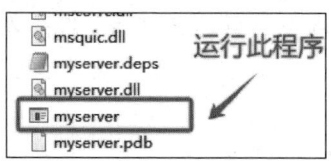

图 9-11　myserver 应用程序

（2）打开"薪火传承"项目中的 LoginActivity.java 文件，添加相应的代码，具体代码及其功能说明如下。

```
1.   public class Login extends Activity {
2.       EditText ETusername, ETpassword;//用户名及密码输入框
3.       ImageView loginup;//登录图标
4.       ProgressDialog dialog;
5.       private Handler handler = new Handler() {
6.           public void handleMessage(Message msg) {
7.               switch (msg.what) {
8.                   case 1:
9.                       dialog.dismiss();
10.                      String answer = msg.obj.toString().trim();
11.                      Toast.makeText(getApplicationContext(),answer,  Toast.
LENGTH_SHORT).show();
12.                      break;
13.                  case 2:
14.                      dialog.dismiss();
15.                      Toast.makeText(getApplicationContext(), "网络异常，请重新
连接", Toast.LENGTH_LONG).show();
16.                      break;
17.                  case 3:
18.                      dialog.dismiss();
19.                      Toast.makeText(getApplicationContext(), "出现不明异常，让
我理一理", Toast.LENGTH_LONG).show();
20.                      break;
21.                  default:
22.                      dialog.dismiss();
23.                      Toast.makeText(getApplicationContext(), "系统繁忙，请稍
后再试", Toast.LENGTH_LONG).show();
24.                      break;
25.              }
26.              super.handleMessage(msg);
27.          }
28.      };
29.      protected void onCreate(Bundle savedInstanceState) {
30.          super.onCreate(savedInstanceState);
31.          setContentView(R.layout.activity_login);
```

```
32.              intView();
33.         }
34.      private void intView() {
35.          // TODO Auto-generated method stub
36.          ETusername = findViewById(R.id.Login_editText);
37.          ETpassword = findViewById(R.id.Login_editText2);
38.          loginup = findViewById(R.id.Login_imageView);
39.          loginup.setOnClickListener(new View.OnClickListener() {
40.              public void onClick(View arg0) {
41.                  String username = ETusername.getText().toString();
42.                  String password = ETpassword.getText().toString();
43.                  if (username.length() != 0 && password.length() != 0) {
44.                      //提示框
45.                      dialog = new ProgressDialog(Login.this);
46.                      dialog.setTitle("提示");
47.                      dialog.setMessage("正在登录，请稍后...");
48.                      dialog.setCancelable(false);
49.                      dialog.show();
50.                      //创建子线程，进行数据传输
51.                      LoginThread(username, password);
52.                  } else {
53.                      Toast.makeText(Login.this, "不能为空", Toast.LENGTH_
SHORT).show();
54.                  }
55.              }
56.          });
57.      }
58. //开启新的线程进行 HTTP 网络通信
59.      public void LoginThread(final String username, final String password) {
60.          Thread login = new Thread(new Runnable() {
61.              public void run() {
62.                  LoginHttp(username, password);
63.              }
64.          });
65.          login.start();
66.      }
67. //通过 HTTP 请求将用户名及密码上传至服务器进行验证，服务器将验证的结果返回，此方法将
接收的数据通过 Handler 发送至主线程
68.      public void LoginHttp(String username, String password) {
69.          HttpsURLConnection conn = null;
70.          InputStream is = null;
71.          try {
72.              String path = "http://10.0.2.2:5000/login";//服务器验证程序地址
73.              path = path + "?username=" + username + "&password=" + password;//
用户名、密码
74.              conn = (HttpsURLConnection) new URL(path).openConnection();
75.              conn.setConnectTimeout(3000); //设置超时时间
76.              conn.setDoInput(true);
77.              conn.setRequestMethod("GET"); //设置获取信息的方式
78.              conn.setRequestProperty("Charset", "UTF-8"); //设置接收数据的编
码格式
79.              if (conn.getResponseCode() == 200) {
80.                  is = conn.getInputStream();
81.                  byte[] buffer = new byte[1024];
82.                  int len = 0;
```

```
83.              StringBuilder sb = new StringBuilder();//创建 StringBuilder,
用于拼接接收数据
84.              while ((len = is.read(buffer)) != -1) {
85.                  is.read(buffer);
86.                  String data = new String(buffer);
87.                  sb.append(data);
88.              }
89.              String response = sb.toString();
90.              Message msg = new Message();
91.              msg.what = 1;
92.              msg.obj = response;
93.              handler.sendMessage(msg);
94.          }
95.      } catch (MalformedURLException e) {
96.        handler.sendEmptyMessage(2);
97.        e.printStackTrace();
98.      } catch (Exception e) {
99.        handler.sendEmptyMessage(3);
100.       e.printStackTrace();
101.     } finally {
102.         //意外退出时进行连接关闭保护
103.         if (conn != null) {
104.            conn.disconnect();
105.         }
106.         if (is != null) {
107.            try {
108.                is.close();
109.            } catch (IOException e) {
110.                e.printStackTrace();
111.            }
112.         }
113.     }
114. }
```

第 72 行代码是本机的 Web 服务接口，在一般的 Web 程序开发中，我们通常使用 localhost 或者 127.0.0.1 来访问本机的 Web 服务，但在 Android 模拟器中访问本机服务时，一般会将 localhost 或者 127.0.0.1 换成 10.0.2.2。如图 9-12 所示，由于本书开启的服务器程序的端口号是 5000，所以代码中端口号为 5000。login 是服务器程序接口名。?username=" + username + "&password=" + password 使用 GET 方式将用户名与密码传递给服务器。

思考

结合热身任务"中国名人榜"，思考使用 HTTP 网络请求时，还需要在 AndroidManifest.xml 文件中进行什么设置才能实现其网络功能。

9.5 实现登录信息的本地保存

1. 知识点

➢ 使用 Android 原生技术解析 JSON 对象的方法。

➢ SharedPreferences 存储方式的使用方法。

2. 工作任务

对服务器返回信息进行 JSON 解析，判断用户个人信息是否通过验证。若验证通过，则将用户名保存至 SharedPreferences 中，关闭"登录"界面，将"个人中心"的"待君登录"修改为服务器返回的用户名［见图 9-13（a）］，同时设置以后此处用户名都来源于 SharedPreferences；若验证未通过，则显示内容为"用户名或密码不正确"的消息框［见图 9-13（b）］。

|　（a）　|　（b）　|

图 9-13　登录信息本地保存效果

3. 操作流程

（1）打开"薪火传承"项目中的 LoginActivity.java 文件，新建 save()方法，该方法通过 SharedPreferences 将个人信息保存至本地，具体代码及相关功能说明如下。

```
1. private void save(String username) {
2.    SharedPreferences sp = this.getSharedPreferences("user_info", Context.
MODE_PRIVATE);//创建 SharedPreferences
3.    SharedPreferences.Editor editor = sp.edit(); //创建 Editor
4.    editor.putString("username", username);//将数据保存至 username
5.    editor.commit();//提交业务
6. }
```

（2）新建 jsonParser()方法，该方法利用 Android 原生技术对服务器返回的 JSON 字符串进行解析，具体代码及相关功能说明如下。

```
1.  private String jsonParser(String jsonStr) {
2.      /**当用户信息通过验证时，服务器返回值为{"msg":"ok","UserName":"我是神人"}
3.        当用户信息未通过验证时，服务器返回值为{"msg":"nook"}
4.      **/
5.      String user = "nook";
6.      try {
7.          //将请求到的 JSON 字符串转换成 JSONObject
8.          JSONObject jsonObject = new JSONObject(jsonStr);
```

```
9.          String  isok = jsonObject.getString("msg");//获取 JSONObject 中 msg
的 value 值
10.             if (isok.equals("ok")) {
11.                 //若 msg 的值是 ok，说明验证通过，则获取 JSONObject 中的用户名信息
12.                 user = jsonObject.getString("UserName");
13.             }else {
14.                 //若 msg 的值不是 ok，说明验证不通过，则显示内容为"用户名或密码不正确"的消
息框
15.                 Toast.makeText(LoginActivity.this,"用户名或密码不正确",Toast.LENGTH_
LONG).show();
16.             }
17.         } catch (JSONException e) {
18.             e.printStackTrace();
19.         }
20.         return user;
21.     }
```

（3）对程序中 Handler 的 case 1 分支进行修改，实现对 JSON 解析方法的调用及对服务器返回信息的判断，以确定用户是否登录成功，若登录成功则调用 save()方法进行信息储存，否则显示内容为"用户名或密码不正确"的消息框。修改后的代码如图 9-14 所示。

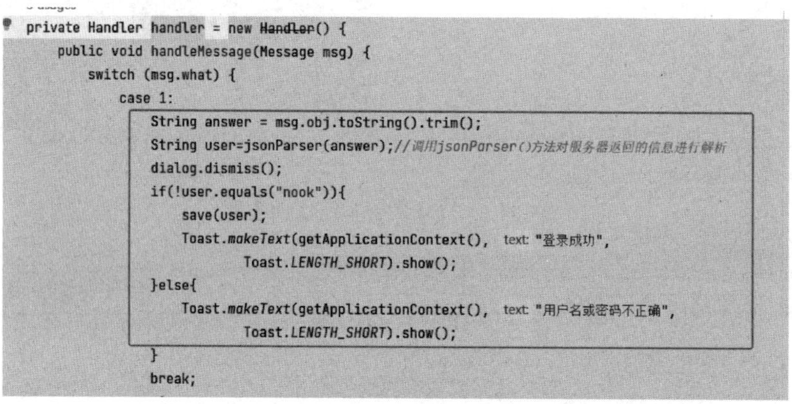

图 9-14　修改后的代码

（4）打开项目中的 me_fragment.java 文件，在该文件中新建 initUser()方法，用于从本地 SharedPreferences 中读取数据并显示在"个人中心"界面，具体代码如下。

```
1. public void initUser(View v) {
2.     SharedPreferences sp = getActivity().getSharedPreferences("user_info",
3.             android.content.Context.MODE_PRIVATE);
4.     String name = sp.getString("username", "notsave");
5.     TextView login = v.findViewById(R.id.textView);
6.     if (name != "notsave") {
7.         login.setText(name);
8.     }
9. }
```

（5）重写 me_fragment.java 中的 onResume()方法，实现调用 initUser()方法的功能，具体代码如下。

```
1. public void onResume() {
```

```
2.    initUser(view);
3.    super.onResume();
4. }
```

思考

为什么要在 onResume()方法中调用 initUser()方法呢?

9.6　工作小憩

 【心灵驿站】

　　人生中的每个目标都需要时间和精力去实现,而实现过程中所付出的持续的努力不仅仅是一蹴而就的冲刺,更是一种长期的积累和坚持。就像修建一座大楼一样,每一块砖都是靠精心的打磨和团队的努力来完成的。没有一块砖的付出,就不会有一幢高楼的崛起。

　　在付出努力的过程中,我们也许会遇到各种各样的困难和挑战。这时候,我们需要坚定自己的内心,勇敢面对,通过努力克服这些困难和挑战。面对困难,不要放弃,因为只有付出才能得到回报。正如一位古人所言:"高处不胜寒,起舞弄清影;逆境出人才,顺境骄人心。"

 【轻松时刻】

　　心理测试:你是一个有毅力、坚持不懈的人吗?

　　有志者事竟成,破釜沉舟,百二秦关终属楚;苦心人天不负,卧薪尝胆,三千越甲可吞吴。古往今来,在无数的成功者身上,我们都能发现一个道理,那就是成功者取得成功的一个重要因素就是毅力,坚强的意志是一个人成功的必要条件,只有坚持不懈,持之以恒,才能圆满地实现自己的人生目标。想要知道自己是否有毅力吗?不妨来做一个小小的测试吧。

题目:

1. 当你看到失败的迹象时,就想要放弃,有时还急于放弃。

A. 根本不是这样——3 分

B. 有时这样——2 分

C. 经常这样——1 分

2. 一个人认为自己能有所作为,关键是要按照既定目标坚持到底。你同意该观点吗?

A. 部分同意——3 分

B. 非常同意——2 分

C. 不同意——1 分

3. 你会因为一本引人入胜的小说而彻夜难眠吗?

A. 不会——3 分

B. 会——1 分

C. 不确定——2 分

4. 你是否感到你所付出的努力没有得到认可？

A. 有时——2分

B. 经常——1分

C. 很少——3分

5. 当在学习中感到疲劳时你会怎么做？

A. 把注意力放在身体的疲劳上，很难继续学习——1分

B. 不顾疲劳继续工作——3分

C. 上述二者之间——2分

6. 面对失败，你的态度是：

A. 破罐破摔，反正也没希望了——1分

B. 使失败变为成功的契机——3分

C. 有时也总结一下经验——2分

7. 为实现某个目标，你能不怕吃苦、以苦为乐吗？

A. 能——3分

B. 不能——1分

C. 有时能——2分

8. 当你决定做一件事时，你常常：

A. 找借口拖延——2分

B. 说干就干——3分

C. 想办法躲避，让它落空——1分

9. 如果你知道自己的观点与别人的观点截然相反，那么你还能直抒己见吗？

A. 能——3分

B. 不能——1分

C. 这要看具体情况——2分

测试结果：

A. 22～27分

你的毅力特别强，你是一个很能坚持、很有活力的人。你的一生全靠自己，凭借自己的坚强一路走到现在，别人很难劝退你。希望你能坚持自己的奋斗目标，做一个成功之人，感染周围的人，发挥实力，越来越强大！

B. 14～21分

你的毅力不是特别强，但你是一个很有想法、很聪明的人，你能够靠着自己的毅力和基础，在事业上获得成就，发挥真正的实力，好运不断，财运高涨，富贵到来。你的毅力是一个巨大的优势，会让你有极大可能性获得成功。希望你能保持自己的原则，无论什么时候，你都是最闪耀的、最成功的，并且会得到大家的认可！

C. 10～13分

你是一个很容易放弃的人，个性有一点软弱，也有一点自卑，不敢相信自己，就算有强大的实力和不错的背景，但还是不相信自己。你不敢放开手脚，不敢真正地前进，这是一个巨大的缺陷，会导致你的生活出现问题。你的毅力并不强，做什么事都容易放弃，在很多时候，大家会不理解你，因为挺一挺就过去了，但是你根本挺不下去，因为

你内心软弱，很容易就会被攻陷，这是一个急需改变的致命弱点，一定要好好学习，提升自己的实力。

（以上测试仅供娱乐）

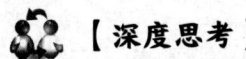 【深度思考】

为什么做事不能坚持下去？

项目 10

"启动页"的设计与实现

【教学目标】

✧ 了解启动页、闪屏和引导页的区别。
✧ 掌握 ViewPager 的使用方法。
✧ 掌握 LayoutParams 的使用方法。

10.1 工作任务概述

本项目的工作任务是完成"薪火传承"App 的"启动页",该页面在每次启动 App 时出现,"启动页"由 3 张图片组成,每隔 3 秒更换一次图片,同时下面的圆点指示器在相应位置改变,"启动页"播放结束后,用户可通过点击"进入体验"按钮进入 App,具体效果如图 10-1 所示。

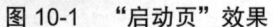

图 10-1 "启动页"效果

10.2 预备知识

10.2.1 启动页、闪屏和引导页的区别

1. 启动页（launch screen）

在 App 被用户打开后的启动过程中被用户所看到的过渡页面（或动画）被统称为启动页。App 的启动需要一定的时间，启动页是为了给用户一个过渡页面，缓解用户打开 App 时等待的焦虑情绪。

2. 闪屏（splash screen）

闪屏基本上等于启动页，又称开机广告。由于闪屏主要用于活动推广和商业上的广告宣传，容易造成用户排斥心理，所以这类闪屏多数有倒计时和跳过的功能。该页面出现在启动页之后，目前许多应用会在冷启动出现启动页之后紧接着显示闪屏。

3. 引导页（onboarding screen）

引导页是指用户第一次安装 App 或者在 App 更新后首次启动时展示的 3～5 个可滑动的页面，其主要作用是向用户展示产品功能和产品亮点。

10.2.2 ViewPager

ViewPager 可以使视图滑动，用于实现多页面切换的效果，ViewPager 具有如下特点。

● 由于 ViewPager 类直接继承了 ViewGroup 类，所以它是一个容器类，可以在其中添加其他的 View 类。

● ViewPager 类需要 PagerAdapter 适配器类为它提供数据。

● ViewPager 通常与 Fragment 结合使用。Android 提供专门的 FragmentPagerAdapter 类和 FragmentStatePagerAdapter 类供 Fragment 中的 ViewPager 使用。

（1）ViewPager 的常用方法。

● setAdapter()：设置适配器。

● setCurrentItem()：设置当前选中页面的索引。

● getCurrentItem()：获取当前选中页面的索引。

● addOnPageChangeListener (mOnPageChangeListener)：为 ViewPager 添加页面改变事件监听器。

● removeOnPageChangeListener (mOnPageChangeListener)：移除 ViewPager 的页面改变事件监听器。

● clearOnPageChangeListeners()方法：清除 ViewPager 中所有的页面改变事件监听器。

（2）ViewPager 的使用步骤。

第一步：在布局文件中添加一个 ViewPager 组件。

```
1.    <androidx.viewpager.widget.ViewPager
2.      android:id="@+id/mViewPager"
3.      android:layout_width="wrap_content"
4.      android:layout_height="wrap_content">
```

```
5.    </androidx.viewpager.widget.ViewPager>
```

第二步：在代码中找到该组件。

```
mViewPager =findViewById(R.id.mViewPager);
```

第三步：新建一个继承 PagerAdapter 类的 MyAdapter 类，并重写 PagerAdapter 类中的 getCount()方法、isViewFromObject()方法、instantiateItem()方法、destroyItem()方法，具体代码如下。

```
1.    class MyAdapter extends PagerAdapter{
2.        //返回当前有效视图的个数，即 ViewPager 中页面的数量
3.        @Override
4.        public int getCount () {
5.            return imageId.length;
6.        }
7.        //判断 instantiateItem(ViewGroup, int)方法所返回的页面视图 object 与页面视图 view 是否代表的是同一个视图（即比对当前视图和对应的页面实体是否一致）
8.        @Override
9.        public boolean isViewFromObject (View view, Object object) {
10.           return view == object;
11.       }
12.       //创建指定位置的页面视图
13.       @Override
14.       public Object instantiateItem (ViewGroup container, int position) {
15.           Log.d (TAG, "instantiateItem: "+position);
16.           ImageView iv = new ImageView (getApplicationContext ());
17.           iv.setImageResource (imageId[position]);
18.           //向容器中添加一个 View
19.           container.addView (iv);
20.           return iv;
21.       }
22.       //移除一个给定位置的页面视图
23.       @Override
24.       public void destroyItem (ViewGroup container, int position, Object object) {
25.           Log.d (TAG, "destroyItem: "+position);
26.           //从容器中删除一个 View
27.           container.removeView ((View)object);
28.       }
29. }
```

第四步：创建 MyAdapter 对象。

```
adapter = new MyAdapter();
```

第五步：通过 setAdapter()方法为 ViewPager 设置 MyAdapter 对象。

```
mViewPager.setAdapter(adapter);
```

10.2.3　LayoutParams

LayoutParams 类继承自 Android.View.ViewGroup.LayoutParams 类，其相当于 Layout 的信息包，封装了 Layout 的位置、高度、宽度等信息。假设屏幕的一块区域中只有一个 Layout，如果将一个 View 添加到该 Layout 中，那么最好给出用户期望的布局方式，也就是将一个用户认可的 LayoutParams 传递到该 Layout 中。LayoutParams 类用于 child View（子视图）向其

parent View（父视图）传达自己的意愿（可以理解为孩子向其父亲说明自己想变成什么样子）。

LayoutParams 有以下几个特点。

（1）LayoutParams 是一个 ViewGroup 的内部类，它属于基类，主要描述了宽度与高度的信息。宽度与高度有以下 3 种指定方式。

① FILL_PARENT(renamed MATCH_PARENT in API Level 8 and higher)：填充父窗体。

② WRAP_CONTENT：包裹内容。

③ an exact number：精准描述。

（2）每个继承自 ViewGroup 的容器都有其对应的 LayoutParams，并且这些 LayoutParams 拥有各自独特的属性。

（3）在获取 LayoutParams 时，子组件的容器类型一定要和父组件的容器类型保持一致。例如，TextView 位于 LinearLayout 下面，那么 LayoutParams 必须是 LinearLayout.LayoutParams。

下面是一个 LayoutParams 的案例。

（1）新建一个 Android 项目，在 Activity_main.xml 文件中编写代码，进行 UI 设计。

```xml
1.    <?xml version="1.0" encoding="utf-8"?>
2.    <LinearLayout xmlns:android="http://schemas.***roid.com/apk/res/android"
3.        xmlns:app="http://schemas.***roid.com/apk/res-auto"
4.        xmlns:tools="http://schemas.***roid.com/tools"
5.        android:layout_width="match_parent"
6.        android:layout_height="match_parent"
7.        android:orientation="vertical"
8.        android:id="@+id/Root"
9.        tools:context=".MainActivity">
10.       <TextView
11.           android:layout_width="100dp"
12.           android:layout_height="30dp"
13.           android:text="参照物"
14.           android:gravity="center"
15.           android:background="#6f00" />
16.   </LinearLayout>
```

（2）在 MainActivity.java 文件中动态添加组件代码。

```java
1.    public class MainActivity extends Activity {
2.        private LinearLayout mRootView;
3.        private LinearLayout mLinearLayout;
4.        protected void onCreate(Bundle savedInstanceState) {
5.            super.onCreate(savedInstanceState);
6.            setContentView(R.layout.activity_main);
7.            //将 LinearLayout 添加到布局中
8.            //为 LinearLayout 新建一个 LinearLayout.LayoutParams，并且通过新建的
LinearLayout.LayoutParams(etLayoutParams)更新 Layout
9.            // LayoutParams 可以从父组件获得，也可以自己创建，这里采用自己创建的方式
10.           mLinearLayout = new LinearLayout(this);//新建一个 LinearLayout（线性布局）
11.           mLinearLayout.setBackgroundColor(Color.parseColor("#0000ff"));
12.           mRootView=findViewById(R.id.Root);
13.           //新建一个 LayoutParams
14.       LinearLayout.LayoutParams layoutParams = new LinearLayout.LayoutParams
(LinearLayout.LayoutParams.MATCH_PARENT,LinearLayout.LayoutParams.WRAP_CONTENT);
15.           //将新建的 LayoutParams 应用于新创建的线性布局
16.           mLinearLayout.setLayoutParams(layoutParams);
17.           mRootView.addView(mLinearLayout);
```

```
18.         mLinearLayout.setGravity(Gravity.CENTER);
19.         //将 TextView 添加到第 10 行代码创建的线性布局 mLinearLayout 中
20.         TextView textView = new TextView(this);
21.         textView.setText("新添加");
22.         textView.setBackgroundColor(Color.parseColor("#ff0000"));
23.         textView.setGravity(Gravity.CENTER);
24.         mLinearLayout.addView(textView);
25.         //为 TextView 获取对应父组件类型的 LayoutParams 并设置参数更新 Layout
26.         LinearLayout.LayoutParams textParams = new LinearLayout.LayoutParams
(textView.getLayoutParams());
27.         textParams.width = 200;
28.         textParams.height = 200;
29.         textView.setLayoutParams(textParams);
30.     }
31. }
```

（3）本案例的 UI 布局效果如图 10-2（a）所示。利用动态添加组件的方法和 LayoutParams 设置 UI 布局的相关属性，效果如图 10-2（b）所示。

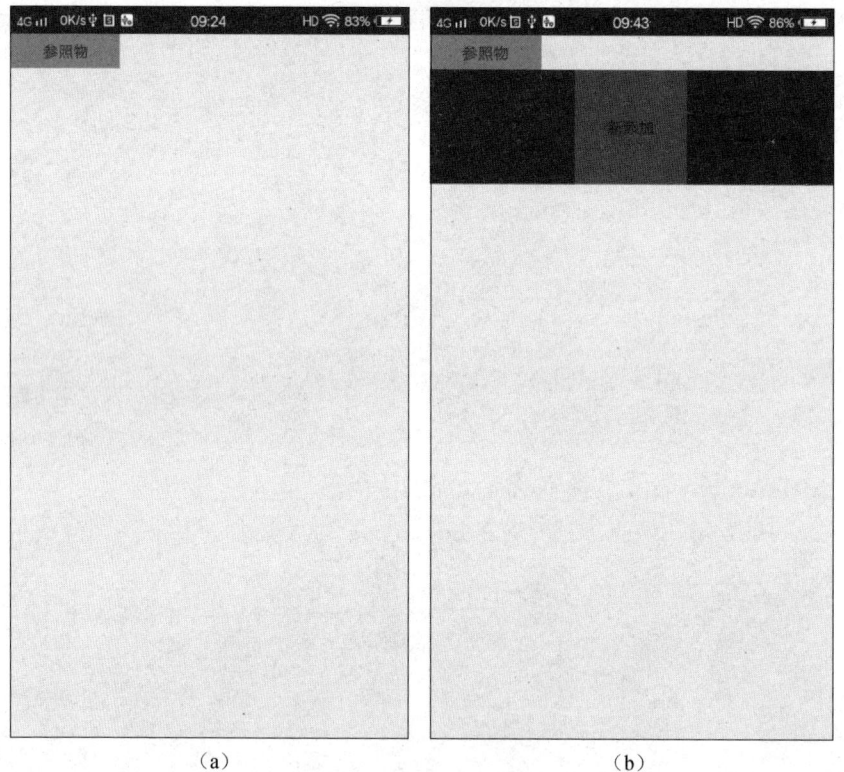

（a）　　　　　　　　　　　　　（b）

图 10-2　LayoutParams 案例的 UI 布局效果

10.3　热身任务——找不同

1. 任务说明

本任务主要利用 ViewPager 实现两张图的左右滑动切换。"找不同"的效果如图 10-3 所示。

（a）　　　　　　　　　　　　（b）

图 10-3 "找不同"的效果

2. 操作步骤

（1）创建一个 Android 项目。

（2）将 diff1.png 及 diff2.png 两张图片复制到项目的 app/res/drawable 文件夹中。

（3）在布局文件中添加 ViewPager。布局文件代码如下。

```
1. <?xml version="1.0" encoding="utf-8"?>
2. <androidx.constraintlayout.widget.ConstraintLayout xmlns:android="http://
schemas.***roid.com/apk/res/android"
3.     xmlns:app="http://schemas.***roid.com/apk/res-auto"
4.     xmlns:tools="http://schemas.***roid.com/tools"
5.     android:layout_width="match_parent"
6.     android:layout_height="match_parent"
7.     tools:context=".MainActivity">
8.     <androidx.viewpager.widget.ViewPager
9.        android:id="@+id/ViewPager1"
10.        android:layout_width="match_parent"
11.        android:layout_height="match_parent" />
12. </androidx.constraintlayout.widget.ConstraintLayout>
```

（4）打开 MainActivity.java 文件，并对其进行修改，具体代码如下。

```
1.   public class MainActivity extends Activity {
2.       private ViewPager viewPager;
3.       private ImageView imageView;
4.       private List<View> views;//定义变量 views，用于存放显示至 ViewPager 的
ImageView 组件
5.       private int imagelist[] = { R.drawable.diff1, R.drawable.diff2 };//
定义 int 数组，用于存放图片
```

```
6.        protected void onCreate(Bundle savedInstanceState) {
7.            super.onCreate(savedInstanceState);
8.            setContentView(R.layout.activity_main);
9.            InitImageView();
10.           InitViewPager();
11.       }
12.       private void InitImageView() {
13.           views = new ArrayList(); //新建一个 ArrayList 对象，用于存放要显示的
ImageView
14.           for (int i = 0; i <= 1; i++) {
15.               ImageView Image = new ImageView(this);//新建一个 ImageView 对象
16.               Image.setBackgroundResource(imagelist[i]);//设置 ImageView 对象的
背景图片
17.               views.add(Image);//将创建好的 ImageView 添加到 List 中
18.           }
19.       }
20.       private void InitViewPager() {
21.           viewPager =findViewById(R.id.ViewPager1);//查找 ViewPager 组件
22.           viewPager.setAdapter(new myAdapter());//设置 ViewPager 适配器为自定
义的 myAdapter
23.       }
24.       private class myAdapter extends PagerAdapter {
25.           public int getCount() {
26.               return views.size();//ViewPager 要显示的视图个数
27.           }
28.           public boolean isViewFromObject(View arg0, Object arg1) {
29.               // TODO Auto-generated method stub
30.               return arg0 == arg1;//判断显示的 View 是否为当前的 View
31.           }
32.           //移除页面视图
33.           public void destroyItem(ViewGroup container,int position,Object
object) {
34.               // TODO Auto-generated method stub
35.               container.removeView(views.get(position));
36.           }
37.           public int getItemPosition(Object object) {
38.               // TODO Auto-generated method stub
39.               return super.getItemPosition(object);
40.           }
41.           //创建页面视图
42.           public Object instantiateItem(ViewGroup container, int position) {
43.               container.addView(views.get(position));
44.               return views.get(position);
45.           }
46.       }
47.  }
```

第 12～19 行的 InitImageView()方法用于将要显示的两张图片放于 ImageView 中，并将 ImageView 添加到 List 中。

第 20～23 行的 InitViewPager()方法用于将要显示的两张图片适配到 ViewPager，其适配器使用的是第 24～46 行代码创建的内部类 myAdapter。

第 24～46 行代码创建一个继承 PagerAdapter 的内部类 myAdapter，它是 ViewPager 的适配器，用于将图片在 ViewPager 内进行显示。

10.4　实现"启动页"

1. 知识点

➢ Handler 通信机制。

➢ ViewPager 的使用方法。

➢ PagerAdapter 的使用方法。

➢ LayoutParams 的使用方法。

2. 工作任务

该"启动页"在每次启动"薪火传承"App 时出现，"启动页"由 3 张图片组成，每隔 3 秒更换一次图片，同时下面的圆点指示器在相应位置改变（用户也可手动切换图片），"启动页"自动播放结束后，用户可通过点击"进入体验"按钮进入 App，图片轮播效果如图 10-4 所示。

图 10-4　图片轮播效果

3. 操作流程

（1）打开"薪火传承"项目，在 Project 视图中右击项目中的 res 文件夹，在弹出的快捷菜单中选择"File"→"New"→"Activity"→"Empty Views Activity"选项，打开向导，在"Activity Name"文本框中输入"LaunchActivity"，在"Layout Name"文本框中输入"activity_launch"，完成"启动页"的布局文件及 Activity 文件的创建。

（2）打开 activity_launch.xml 文件，在布局中添加 ViewPager，并修改其属性，完成后的布局文件代码如下。

```
1. <?xml version="1.0" encoding="utf-8"?>
2. <androidx.constraintlayout.widget.ConstraintLayout xmlns:android="http://
schemas.***roid.com/apk/res/android"
```

```
3.    xmlns:app="http://schemas.***roid.com/apk/res-auto"
4.    xmlns:tools="http://schemas.***roid.com/tools"
5.    android:layout_width="match_parent"
6.    android:layout_height="match_parent"
7.    tools:context=".LaunchActivity">
8.    <androidx.viewpager.widget.ViewPager
9.        android:id="@+id/vp"
10.       android:layout_width="match_parent"
11.       android:layout_height="match_parent" />
12. </androidx.constraintlayout.widget.ConstraintLayout>
```

第 8～11 行代码用于添加 ViewPager，此时由于 ViewPager 的宽度与高度都与其父组件一致，因此不用设置其约束位置。

（3）在 Project 视图中右击 res 文件夹下的 layout 文件夹，在弹出的快捷菜单中选择 "New" → "XML" → "Layout XML File" 选项，在项目的 res/layout 文件夹中新建 launch_item.xml 文件，该文件用于规范 ViewPager 中每个选项的布局样式。launch_item.xml 文件代码如下。

```
1. <?xml version="1.0" encoding="utf-8"?>
2. <androidx.constraintlayout.widget.ConstraintLayout xmlns:android="http://schemas.***roid.com/apk/res/android"
3.    xmlns:app="http://schemas.***roid.com/apk/res-auto"
4.    android:layout_width="match_parent"
5.    android:layout_height="match_parent" >
6.    <ImageView
7.        android:layout_width="match_parent"
8.        android:layout_height="match_parent"
9.        android:id="@+id/iv"
10.       android:scaleType="fitXY"
11.       ></ImageView>
12.    <RadioGroup
13.       android:id="@+id/rg"
14.       android:layout_width="wrap_content"
15.       android:layout_height="wrap_content"
16.       android:orientation="horizontal"
17.       app:layout_constraintBottom_toBottomOf="parent"
18.       app:layout_constraintLeft_toLeftOf="parent"
19.       app:layout_constraintRight_toRightOf="parent"
20.       app:layout_constraintTop_toTopOf="parent"
21.       app:layout_constraintVertical_bias="0.95"></RadioGroup>
22.    <Button
23.       android:layout_width="wrap_content"
24.       android:layout_height="wrap_content"
25.       android:id="@+id/btn"
26.       android:text="进入体验"
27.       android:textSize="30dp"
28.       android:visibility="gone"
29.       app:layout_constraintBottom_toBottomOf="parent"
30.       app:layout_constraintLeft_toLeftOf="parent"
31.       app:layout_constraintRight_toRightOf="parent"
32.       app:layout_constraintTop_toTopOf="parent"
33.       app:layout_constraintVertical_bias="0.6"
34.       ></Button>
35. </androidx.constraintlayout.widget.ConstraintLayout></RelativeLayout>
```

第 12～21 行代码创建单选按钮组，用于生成启动页中的圆点指示器。

第 28 行代码隐藏按钮，只有当启动页到达最后一页时才会将按钮显示出来。

（4）在项目的 adapter 文件夹中新建一个 LaunchViewPagerAdapter.java 类文件，使 LaunchViewPagerAdapter 类作为 ViewPager 的数据适配器，并继承 PagerAdapter，同时重写 instantiateItem()等方法，具体代码如下。

```
1. public class LaunchViewPagerAdapter  extends PagerAdapter {
2.     public List<View> list;
3.     public LaunchViewPagerAdapter(Context context, int[] images) {
4.         list = new ArrayList<>();
5.         for (int i = 0; i < images.length; i++) {
6.             View view = LayoutInflater.from(context).inflate(R.layout.launch_
item, null);//加载用于规范 ViewPager 中每个 item 页面布局的布局文件
7.             ImageView iv = view.findViewById(R.id.iv); //实例化 launch_item.xml
布局文件中的 ImageView
8.             iv.setImageResource(images[i]);//设置"启动页"中每页要显示的图片
9.                 RadioGroup  rg = view.findViewById(R.id.rg);// 实 例 化
launch_item.xml 布局文件中的单选按钮组
10.            for (int j = 0; j < images.length; j++) {
11.                RadioButton rb = new RadioButton(context);
12.                rb.setLayoutParams(
13.                    new ViewGroup.LayoutParams(
14.                        ViewGroup.LayoutParams.WRAP_CONTENT,
15.                        ViewGroup.LayoutParams.WRAP_CONTENT
16.                    )
17.                );
18.                rg.addView(rb);
19.            }
20.            ((RadioButton) rg.getChildAt(i)).setChecked(true);//将显示页对应
的单选按钮设置为选中状态
21.            if (i == images.length - 1) {
22.                Button btn = view.findViewById(R.id.btn);
23.                btn.setVisibility(View.VISIBLE);//显示按钮
24.                btn.setOnClickListener(new View.OnClickListener() {
25.                    @Override
26.                    public void onClick(View view) {
27.                        Toast.makeText(context, "进入 App", Toast.LENGTH_
SHORT).show();
28.                        context.startActivity(new Intent(context,
MainActivity.class));
29.                    }
30.                });
31.            }
32.            list.add(view);
33.        }  }
34.    @Override
35.    public int getCount() {
36.        return list.size();
37.    }
38.    @Override
39.     public boolean isViewFromObject(@NonNull View view, @NonNull Object
```

```
object) {
    40.         return view == object;
    41.     }
    42.     @NonNull
    43.     @Override
    44.     public Object instantiateItem(@NonNull ViewGroup container, int
position) {
    45.         View v = list.get(position);
    46.         container.addView(v);
    47.         return v;    }
    48.     @Override
    49.     public void destroyItem(@NonNull ViewGroup container, int position,
@NonNull Object object) {
    50.         container.removeView(list.get(position));
    51.     }
    52. }
```

第 3~33 行代码是适配器的构造方法，主要实现两项功能：一是传递上下文及适配引导页显示的图片；二是创建 3 个启动页的显示视图。其中，第 10~20 行代码为每个视图添加 3 个单选按钮。第 21~31 行代码实现若为第三个视图，则显示视图中的按钮，并为按钮添加一个单击事件监听器以进行页面跳转的功能。

（5）打开 LaunchActivity.java 文件，在该文件中添加代码以实现相关功能，具体代码如下。

```
1. public class LaunchActivity extends AppCompatActivity {
2. private static final int[] images = {R.drawable.splash_p1,R.drawable.splash_
p2,R.drawable.splash_p3};
3.     Handler handler;
4.     Thread tr;
5.     protected void onCreate(Bundle savedInstanceState) {
6.         super.onCreate(savedInstanceState);
7.         setContentView(R.layout.activity_launch);
8.         ViewPager vp = findViewById(R.id.vp);
9.         LaunchViewPagerAdapter adapter = new LaunchViewPagerAdapter(this,
images);
10.         vp.setAdapter(adapter);
11.         timer();
12.         handler = new Handler() {
13.             @Override
14.             public void handleMessage(@NonNull Message msg) {
15.                 switch (msg.what) {
16.                     case 1:
17.                         vp.setCurrentItem((vp.getCurrentItem() + 1));
18.                         break; }
19.             }
20.         };
21.     }
22.     public void timer() {
23.         tr = new Thread(new Runnable() {
24.             @Override
25.             public void run() {
26.                 try {
27.                     for(int i=0;i<2;i++){
```

```
28.                        Thread.sleep(3000);
29.                        handler.sendEmptyMessage(1);
30.                    }
31.                } catch (InterruptedException e) {
32.                    e.printStackTrace();
33.                }
34.            }
35.        });
36.        tr.start();
37.    }
38. }
```

（6）打开 AndroidManifest.xml 文件，修改 intent-filter 过滤信息，使得 App 的起始页为启动页，修改后的代码如图 10-5 所示。

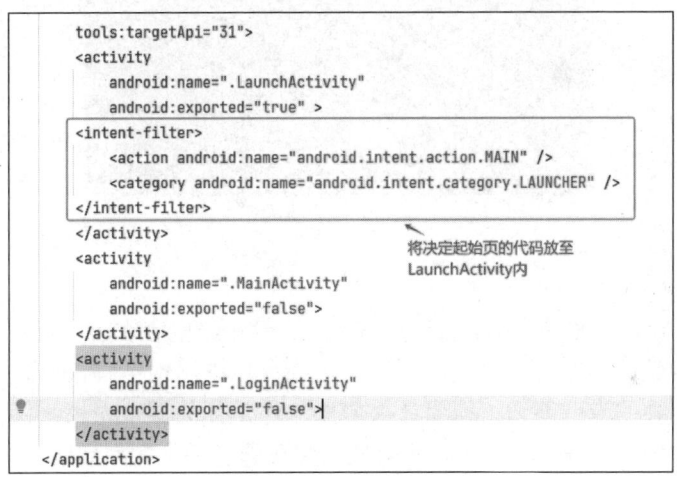

图 10-5　修改后的代码

10.5　工作小憩

【心灵驿站】

德国工匠精神——聪明人要学会下笨功夫

　　德国工匠精神是世界闻名的，因为它代表了德国人民对工艺品质量、精确度和可靠性的追求。德国工匠精神的核心价值包括精确性、实用性、创新性和可持续性。德国工匠们注重细节和精确度，追求完美的工艺品质量。他们致力于创造出实用且耐用的产品，以满足人们的需求。同时，德国工匠也非常注重创新，不断探索新的材料和技术，以提升产品的功能性和工作效率。德国工匠还秉持可持续发展的理念，注重环境友好和资源节约。

　　唯有匠心，不负光阴。"工匠精神"的核心是：不是只把工作当作赚钱的工具，而是树立一种对工作执着、对所做的事情和生产的产品精益求精、精雕细琢的精神。

【轻松时刻】

趣味测试：测测你的匠人潜质。
观察下面的图片，说说你第一眼看到的是什么？
A. 一个女孩在读书
B. 一个男子的脸
C. 一张桌子

测试结果：

A：具有创造力的"工匠"

通过测试可以看出，你所独有的创造力是"工匠"，这里所讲的"工匠"，就是工匠精神。你能够在你的专业领域内，发挥极大的创造力，你可以提出很多解决问题的方案，并且富有创造力与想象力，你的专业能力不得不让人佩服。但是你的创造力也仅仅局限在你的专业方面，因此，你是具有工匠精神的匠人。你总是能够在遇到棘手的问题时，提出建设性的方案，为团队解决问题。

B：具有创造力的"发明"

通过测试可以看出，你所独有的创造力是"发明"，是从 0 到 1 的发明。你具有较强的洞察力，你知道在生活和工作中缺少什么、需要创造什么，而且你可以成为一名很好的企业家，就像乔布斯那样。你总是能够通过创造事物、概念来解决问题，你的思路是独到的，总能够准确地把握创造发明的本质是什么，那就是解决当前的需求。

C：具有创造力的"改造"

通过测试可以看出，你所独有的创造力是"改造"，是对简单事物的宜人化改造，你把一件件死的事物改造成人性化的事物。你的思维总是偏感性的，你知道人们内心在想什么。你总是忍受不了仅仅具有功能性的事物，能够把它们改造得既具有功能性，又符合人体工程学和审美观。

（以上测试仅供娱乐）

 【深度思考】

（1）你认为工匠精神的核心是什么？
（2）工匠精神与职场有什么联系？